绿色催化材料的设计与应用

Design and Application of Green Catalytic Materials

张秋云　张玉涛　编著

中国农业大学出版社
·北京·

内 容 简 介

绿色生物燃料的开发,既是环境保护的需要,又是我国可持续发展的需要;而绿色生物燃料的制备,离不开绿色催化材料和绿色催化技术的发展。本书先介绍了绿色化学的发展及内容,随后详细概述了国内外金属有机框架(MOFs)基催化材料、金属氧化物基催化材料的设计及应用,着重阐述了催化材料的结构和性能之间的关系。此外,本书还就镍基 MOFs 固载多酸复合材料、MOFs 固载金属掺杂的多酸复合材料和 MOFs 衍生金属氧化物固载多酸复合物等一系列绿色催化材料的合成及应用进行了介绍,通过各种技术手段对其形貌特征及物理化学性质进行分析,并将其应用于催化制备生物柴油,为工业上制备绿色生物燃料提供数据参考。

图书在版编目(CIP)数据

绿色催化材料的设计与应用 / 张秋云,张玉涛编著 . --北京:中国农业大学出版社,2023.6

ISBN 978-7-5655-2987-0

Ⅰ.①绿… Ⅱ.①张…②张… Ⅲ.①催化剂-化工材料 Ⅳ.①TQ426

中国国家版本馆 CIP 数据核字(2023)第 099569 号

书　　名	绿色催化材料的设计与应用
	Lüse Cuihua Cailiao de Sheji yu Yingyong
作　　者	张秋云　张玉涛　编著

策划编辑	梁爱荣	责任编辑	张　妍　梁爱荣
封面设计	郑　川　李尘工作室		
出版发行	中国农业大学出版社		
社　　址	北京市海淀区圆明园西路 2 号	邮政编码	100193
电　　话	发行部 010-62733489,1190	读者服务部	010-62732336
	编辑部 010-62732617,2618	出　版　部	010-62733440
网　　址	http://www.caupress.cn	E-mail	cbsszs@cau.edu.cn
经　　销	新华书店		
印　　刷	北京虎彩文化传播有限公司		
版　　次	2023 年 7 月第 1 版　2023 年 7 月第 1 次印刷		
规　　格	170 mm×228 mm　16 开本　15.25 印张　270 千字		
定　　价	60.00 元		

前　言 ●●●●

　　随着人类社会的不断进步和发展，人们对能源的需求量日益增加，然而化石能源面临枯竭的危险，同时使用化石能源所带来的环境污染、气候变暖等负面问题也不容忽视。习近平总书记强调："能源安全是关系国家经济社会发展的全局性、战略性问题，对国家繁荣发展、人民生活改善、社会长治久安至关重要。"在此背景下，开发生物燃料（biofuel）、构建高效绿色催化材料、推动绿色催化工艺的转型升级，对优化我国能源需求结构，实现能源供给质、量双提升，促进国家经济绿色可持续发展，推动双碳目标落实，助力乡村振兴计划的实施具有积极的意义。

　　生物柴油作为生物燃料的一种，原材料来自食用植物油、非粮植物油、动物脂肪、微生物油脂、地沟油等油脂，实现对化石燃料的替代，被人们称为绿色柴油。目前，生物柴油一般采用均相酸碱催化法制备，但使用均相酸碱催化剂存在易腐蚀设备、活性组分易流失、催化剂难以循环使用、污染环境等突出问题，限制了其应用。在当今提倡绿色化学与化工的理念下，设计和开发出具有高活性、高选择性、立体定向、稳定性好、寿命长、环保的新型绿色催化材料和相应的催化技术，成为广大化学工作者普遍关注的问题。

　　本书介绍了张秋云教授、张玉涛教授团队近年来在多酸基 MOFs 复合材料的合成及应用方面的研究成果与最新研究进展。本书得到了贵州省高校乡村振兴研究中心（黔教合协同创新字〔2021〕02 号）、国家自然科学基金（22262001）、贵州省科学技术基金（黔科合基础〔2020〕1Y054）、贵州省高等学校农业资源与环境研究重点实验室（黔教技〔2023〕025 号）、贵州省高等学校多孔材料与绿色催化创新团队（黔教技〔2023〕086 号）、安顺学院农业资源与环境重点支持学科、2022 年贵州省高等学校教学内容和课程体系改革项目（2022252）的资助。在课题研究过程中，得到了王家录博士、马培华教授、张红霞教授、杨伟教授、李伟华副教授、邓陶丽副教授、赵荣飞副教授、程劲松老师等的无私帮助。

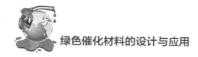

另外，在本研究过程中许多研究生和本科生付出了辛勤的劳动，在此一并致以最衷心的感谢！

由于编者的知识和认识水平有限，研究深度尚需挖掘，且对研究中所涉科学问题的解释和分析存在诸多不足，书中难免存在遗漏或失当之处，敬请各位专家和读者批评指正。

编　者

2023 年 5 月于娄湖

目 录 ●●●●

第1章 绿色化学

现如今,为了逐步减少化工应用在环境中造成的污染,研究者将绿色化学这一理念应用于化学工艺中,不断对其加以研究,使其能够降低化工生产中的原材料成本和废弃物排放,从而起到环境保护的作用和实现资源的合理运用。随着国家可持续发展政策的不断深入,绿色化学的实现已经逐渐成为必然趋势。

1.1 传统化学工业面临的挑战

化学工业(chemical industry)又称化学加工工业,一般是指化学方法在生产过程中占主导地位的过程工业。化学工业形成于19世纪初,并作为一个工业部门迅速发展;化学工业在我国一直都占据国民经济的重要地位,也有着相对长久的历史发展,对于传统的化学工艺来说,现如今面临的挑战就是化学工业与生态环境之间的可持续发展和化学工业与科技之间的创新。

1.1.1 能源危机

能源危机是指能源供应短缺或价格上涨影响经济发展。这通常涉及石油、电力或其他自然资源的短缺,能源危机通常会导致经济衰退。目前,我国虽是能源生产大国,但也是能源消费大国。2019年,全球煤炭已探明储量为10 696.36亿t,我国煤炭已探明储量占比达13.2%,排名全球第四;另外,在煤炭储产比上,2019年美国煤炭储产比达390年,俄罗斯达369年,而我国仅为37年,表明我国煤炭已探明储量虽在全球排行前列,但储产比远远低于其他国家,这是由于我国煤炭产量远高于其他国家,对于煤炭存在过度开发的问题。伴随着我国经济的快速发展,我国能源需求快速增长,能源消耗总量也逐渐增长,在此背景下,积极开发利用核能、太阳能、风能、电能、生物质能、地热能、海洋能等可再生能源,改善我国能源供给结

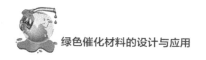

构,是实现我国经济社会能源战略可持续发展的必然选择。

目前我国能源危机还存在着政策的危机。我国正处于能源高消费时期,中石油、中石化和中海油这三家国有石油巨头正探索着国际市场,为此我国政府也在积极开展能源外交。但是,在全国政协委员、新奥集团董事局主席王玉锁看来,我国的能源政策依然存在着很多不完善之处。

"政策直接主导着产业的方向和进程,能源政策同样影响着能源危机的缓解或加剧。"王玉锁曾向全国政协提案组提交了《关于建立市场传导机制,调整能源政策,从根本上解决能源危机的建议》提案,提出了三点建议:

(1)出台相关配套政策,加快非公有制经济准入进程。国家相关部门制定相关配套政策,特别是在行业准入许可方面。在坚持平等准入、公平对待的原则下,加快非公有制经济进入能源领域,扩大能源产品经营范围。在能源的国际商务方面,比如石油和液化天然气的进口和海外能源领域的投资等,国家应尽早出台政策来支持非公有制经济尽快地进入,让企业用市场行为到国外获取能源。

(2)简化报批操作程序,加快能源政策实施。在执行能源配套政策的操作上,以创新的方式简化常规流程。

(3)推进新清洁能源产业化,加快出台行业标准与产品标准。

1.1.2 传统化学工业对生态环境的影响

传统化工是对环境中各种资源进行化学处理和转化的生产部门,其特点是原料、产品路线和生产方法的多样化。正因此生产特点,化工行业被称作环境污染严重的行业。化工生产的废弃物从化学组成上来讲也是多样化的,而且数量相当庞大,这些工业废物含量达到一定浓度时是有害的,甚至还有一些是剧毒物质,进入生态环境后会造成严重的环境污染现象。传统化工产品在使用过程中也会引起一些生态环境的污染,甚至比生产本身所造成的污染更为严重、更为广泛,图 1-1 为一些典型的环境污染历史事件。

对于传统化学工业带来的污染物主要来源大致可以分为两个方面:原材料、半成品和产品,在化学生产过程中排放的废物。传统宏观量上看化学反应,原子利用率越高,反应产生的废弃物越少,对环境造成的污染也越少。在一般的有机合成反应中[A+B=C(主产物)+D(副产物)],其反应产生的副产物 D 往往是废弃物,成为生态环境的污染源。

化学工业的发展推动人们生活质量提高的同时也给生态环境带来了一定的影响。因此,在工业的快速发展中,我们也开始面临着资源的稀缺以及生活环境质量下降等突出问题,这不得不让我们开始重视资源的可持续利用。

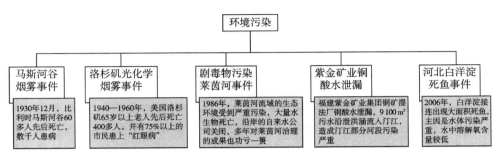

图 1-1 环境污染历史事件

1.1.3 可持续发展的思考

传统化学工业领域,许多废水、废气与废渣未经严格处理就外排,造成了严重的环境污染,且严重威胁着人们的生活环境以及自身健康。自 1990 年以来,绿色化学的概念迅速兴起,成为石油化工在内的化工行业的发展方向,受到政府、企业界和学术界的普遍关注。从当前我国的环境保护、经济水平和社会要求等方面来看,我国化学工业已经无法再承担使用和产生有害物质的费用,为此需大力研究与开发从源头上减少和消除污染的绿色化学技术。

绿色化学可充分利用资源和能源,采用无毒、无害的原料;绿色化学可变废为宝,大大地提高经济效益;绿色化学可在无毒、无害的条件下进行反应,减少废物向环境的排放,生产出有利于环境保护、社区安全和人体健康的环境友好产品。从而做到不再产生和处理废弃物与副产品。绿色化学在环境保护中起着相当大的作用,正是实现预防污染的基础和重要工作。

1.2 绿色化学的兴起与发展

绿色化学与技术已成为世界各国政府最关注的重要问题之一,也是各国企业界和学术界十分感兴趣的重要研究领域。政府的直接参与,产学研的紧密结合,促进了绿色化学的蓬勃发展。绿色化学是当今社会提出来的一个新概念,它要求在化学反应过程中尽可能采用无毒无害的原料、催化剂和溶剂。这样一来,绿色化学可在化工行业中实现对人们生活环境的改善、减少环境污染、降低有毒气体排放和减少废物副产品的处理,达到绿色、无污染的目标。

1.2.1　绿色化学的诞生

1.绿色化学在国外的发展简史

(1)初级阶段(1990—1994年)　1990年,美国环境保护署(Environmental Protection Agency)颁布了污染预防法令,该法令源于"废物最小化"的理念。它的基本内涵是通过采取防止产品及其生产过程污染的策略来减少污染物的产生,体现了绿色化学的理念,是绿色化学的雏形。该法令强调防止污染物的形成,而不是预防和控制被污染的环境。它的颁布确定和推动了绿色化学在美国的兴起和迅速发展。同年,联合国环境规划署在全球范围内倡导"清洁生产",呼吁世界各国逐步从末端污染控制战略转向一体化污染预防战略,以减少环境污染。

1991年,"绿色化学"首先由美国化学会提出,并成为美国环境保护署的中心口号,从而确立了绿色化学的重要地位。与此同时,美国环境保护署污染预防和毒物办公室(Office of Pollution Prevention and Toxicology)启动了"为防止污染变更合成路线"的研究基金计划。因此,由工厂、研究所、政府机关等自愿结合组成的绿色化学组织诞生了。1994年,美国环境保护署研究和发展办公室与美国国家科学基金会(National Science Foundation, United States)成立了新科学成果研究小组,该小组每年举办题为"可持续环境工艺"的专题研讨会。美国工业界的工程师和商业领袖们开始研究如何在未来的化学发展中引领世界,分析在不断变化的商业世界中影响工业竞争的因素,并预测未来的发展。

(2)发展阶段(1995—1998年)　1995年3月16日,美国总统比尔·克林顿发起了"美国总统绿色化学挑战奖",共设有五个奖项,分别是:绿色合成路线奖、绿色反应条件奖、绿色化学品设计奖、小企业奖、学术奖,这较好地促进污染防治和工业生态领域的合作研究,鼓励和支持重大创新科技突破,从根本上减少或消除化学污染源,通过美国环境保护署和化学化工界的合作,实现新的环境目标。美国环境保护署和国家科学基金会成立了专项基金,支持具有重要实践前景的绿色化学课题。从1995年到1998年,共有82项研究成果获得了总计240万美元的奖励。美国环境保护署污染防治和毒物办公室开展了名为"为环境而设计"和"绿色化学"(Design for the Environment and Green Chemistry)的研究项目。日本还开展了"新阳光计划",该项目专注于对环境无害制造技术等绿色化学。1996年,联合国环境规划署对绿色化学给出了新的定义:"用化学技术和方法去减少或消灭那些对人类健康或环境有害的原料、产物、副产物、溶剂和试剂的生产和应用",这更准确地界定绿色化学的范围。1997年,美国国家科学院举办了首届绿色化学与工程学术会议,介绍了绿色化学领域的重要研究成果,包括生物催化、超临界流体反应、过程与反应器设计、技术展望等;次年,第二届绿色化学与工程大会以"绿色化学:全球性展望"为主题举行,这次会议由美国化学学会主办,与会专家为环境友好型合成工艺的建成和工艺发展所取得的成就"点赞",并建议在技术上进行创新,为行业可持续发展贡献力量。1997 年,美国国家实验室、大学和企业联合成立绿色化学院,美国化学会成立绿色化学研究所。1998 年 8 月,举行的第三次戈登(Gordon)研究会议决定今后将联合世界各国每年召开一次会议,并出版了绿色化学论文集。在 1998 年 2 月的经济发展和合作治理危险顾问小组会议上,美国环境保护署提出了四项创新活动,其中之一是绿色化学(朱文祥,2001)。

(3)高潮阶段(1999 年至今)　1999 年,绿色化学达到了世界性的发展阶段。首先诞生了世界上第一本英文国际期刊 *Green Chemistry*,同时还在互联网上建立了绿色化学网站。绿色化学戈登研究会议在英国牛津多次召开,在欧洲掀起了绿色化学的浪潮。英国出版了第一本绿色化学专著 *Theory and Application of Green Chemistry*。1999 年 8 月,美国化学会举办了"如何利用再生资源"国际会议,研究如何从可再生资源中利用化学物质。

2000 年,美国化学会出版了第一本绿色化学教材,推动了绿色化学教育的发展。由莫纳什大学和联邦政府共同赞助的澳大利亚研究协会专门研究中心成立,形成一个国际认可的绿色化学研究中心。2000 年首届英国绿色化学奖颁给了英国帝国理工学院的 Chris Braddock 教授,他获得了"Jerwood Salters 环境奖";德斯达(Dystar)英国有限公司和工业共聚物生产公司分别获得首届工业奖和小型企业奖。绿色化学组织和绿色化学网站在美国、意大利及英国的创立表明绿色化学已成为一个世界科技发展的热点。

绿色化学的国际发展史如图 1-2 所示。

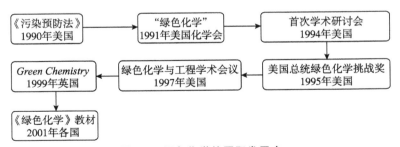

图 1-2　绿色化学的国际发展史

2.绿色化学在中国的发展简史

在人类社会发展的历史长河中,有三个具有转折意义的关键点。

(1)大约在 200 万年以前,人类通过摩擦生火,第一次支配了一种自然力,脱离了动物界,过着采集渔猎的生活,完成了从猿到人的进化。

(2)在 2 万年以前,人类开始了开发土地的农业活动,随着工具制作的进步,商品交换的开始,进入了以种植和养殖为主要生产的农业社会。

(3)200 多年前产业革命兴起,人类社会进入了工业社会。工业化使人类获得了一种催化剂,致使发展过程的迅速加快和世界面貌的急剧改观。人口的激增、城市的扩大、地下资源的大规模开采、地表结构的变化,这些环境剧变削弱了地球生命支持系统的恢复,主要表现在目前全球突出的十大环境问题:大气污染、臭氧层破坏、全球变暖、海洋污染、淡水资源紧张和污染、土地退化和沙漠化、森林锐减、生物多样性减少、环境公害、有毒化学品和危险废物,其中至少有 7 个直接与化学和化工产品的化学物质污染有关,化学的发展面临着严峻的挑战。

1995 年,中国科学院化学部确定了"绿色化学与技术"的院士咨询课题。1996年,召开了"工业生产中绿色化学与技术"研讨会,并出版了《绿色化学与技术研讨会学术报告汇编》。1997 年,国家自然科学基金委员会与中国石油化工集团公司联合立项资助了"九五"重大基础研究项目"环境友好石油化工催化化学与化学反应工程";中国科技大学绿色科技与开发中心举行了专题讨论会,并出版了《当前绿色科技中的一些重大问题》论文集;香山科学会议以"可持续发展问题对科学的挑战——绿色化学"为主题召开了第 72 次学术讨论会。1998 年,在合肥举办了第一届国际绿色化学高级研讨会,《化学进展》杂志出版了《绿色化学与技术》专辑,四川联合大学也成立了绿色化学与技术研究中心,1999 年在北京召开了第 16 次九华山科学论坛"绿色化学"科学问题;2008 年"十一五"国家级规划教材《绿色化学》出版,以上推动了我国绿色化学的发展。

绿色化学在中国的发展史如图 1-3 所示。

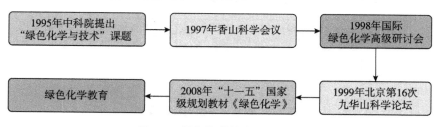

图 1-3 绿色化学的中国发展史

3. 我国绿色化学的研究现状

目前,我国在高原子经济性特别是过渡金属催化的有机合成方法等方面开展了一些高水平的工作,如过渡金属催化的炔烃异构化反应,烯烃的分子内成环反应等原子利用率都为 100%,这方面的工作已被各国科学家广泛应用于目标分子的合成中,在国际上有一席之地。在"九五"重大基础研究项目"环境友好石油化工催化化学与化学反应工程"中,对基本有机化学品生产技术的绿色化进行了导向性的基础研究,现已取得阶段性成果。我国在绿色化学的另一个热点领域,从手性配体的合成到不对称催化的不对称合成方面做了大量工作。另外,我国在超临界流体方面也做了许多工作,包括化合物在超临界 CO_2 中的物理化学行为,超临界 CO_2 在催化反应和聚合反应中的应用(曾取,2007)。在多相催化研究方面,我国也有长期的积累和学术水平较高的研究队伍,因为实现绿色化学的一个重要科学基础就是催化,化学工业 90%以上的过程涉及催化技术,催化剂在实现绿色化学中起着非常重要的作用。

绿色化学的出现,为我国化工行业的快速发展提供了良好契机。绿色化工技术和科技产品的逐渐完善,将通过"变废为宝"做到"清洁生产"、资源利用一体化,使新兴化工工业园区实现循环经济。化学工业的发展在不断促进人类进步的同时,客观上也带来环境污染、温室效应等负面影响。一些著名的环境事件多与化学工业有关,诸如臭氧层空洞、白色污染、酸雨和水体富营养化(如太湖蓝藻大面积暴发事件)等。然而,把所有的环境问题归因于"都是化学惹的祸"显然不公平。在早期的化学工艺流程中,根本没有把废气和废渣的处理纳入考虑范围,因此很多化学工艺都会带来环境污染,导致有些人把化学和化工当成了污染源,甚至谈"化"色变。这些仅仅是对化学的偏见,而事实上,监测、分析和治理环境的却恰恰是化学家。为了应对化学工业所面临的挑战,消除人们对化学工业的误解,提倡绿色化学已刻不容缓。

4. 绿色化学现今的发展简史

随着时间的推移,绿色化学一词的使用率一直呈较优的线性方式快速增长。绿色化学是近些年才产生和发展起来的,是一个"新化学婴儿",它涉及有机合成、催化、生物化学、分析化学、环境化学等学科领域,内容广泛,具体如图 1-4 所示。绿色化学的最大特点是在始端就采用预防污染的科学手段,因而过程和终端均为零排放或零污染。世界上很多国家和地区已把化学的绿色化作为 21 世纪化学进展的主要方向之一。

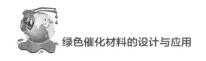

绿色化学在洗涤剂中	表面活性剂对人的温和性、安全性及与环境的相容性一直为人们所关注,通过研究结构性能关系进行分子设计,开发和使用性能优越、对人体温和、生态友好的新型绿色表面活性剂已成为表面活性剂和洗涤剂生产商的生态责任。温和型表面活性剂,如烷基多苷、醇醚羧酸盐、脂肪酸甲酯磺酸钠、脂肪酸甲酯乙氧基化物和葡糖酰胺等的用量将增大。
绿色化学在水处理中	从绿色化学的角度考虑,新型缓蚀剂是用钼酸盐替代原来的铬酸盐和重铬酸盐,由脂肪胺替代芳香胺,其毒性和污染性都显著降低,如用绿色产品聚天冬氨酸替代原来的有机磷酸铬和磷酸盐类。中水是生活污水和工业污水经绿色化学技术处理以后,可用于工农业生产的非饮用水。
绿色化学在能源中	将淀粉或维素降解成葡萄糖,再用细菌发酵和酶进行催化,生产出我们所需的化学物质。利用废弃的生物物质经石灰消化处理,然后进行发酵,生产出有机化品和燃料。此外,太阳能、水力能、海洋能、风力能、生物物质能均属于清洁能源。
绿色化学在合成有机物上	1991年美国著名有机化学家Trost首先提出了原子经济性的概念,认为高效的有机合成应最大限度地利用原料分子中的每一个原子,使之结合到目标分子中,实现"零排放"。目前在大工业品中,如氢甲酰化反应、从丁二烯和氢氰酸合成己二腈等都是原子经济性反应的典范。
绿色化学在农药中	在众多的新型农药中,生物农药可以说是绿色农药的首选。近年来,我国已经生产了一些植物源农药,用于绿色食品生产中,如苦楝素、鱼藤酮、苦参碱等,绝大部分植物源杀虫剂都具有对人畜安全,不污染环境、不易使害虫产生抗药性等优点。开发单一活性异构体农药或降低产品中无效、低效性异构体的比例是当代农药生产的发展方向之一,如顺式氰戊菊酯、顺式氯氰菊酯的药效分别是氰戊菊酯、氯氰菊酯的4倍和2~3倍。

图 1-4 绿色化学在部分领域的应用

1.2.2 绿色化学的定义

绿色化学(green chemistry)又被称为"环境友好化学""环境无害化学"或"清洁化学"。早在 1991 年美国环境保护署曾提出绿色化学并定义为:在化学品的设计、制造和使用时采用的一系列新原理,以便减少或消除有毒物质的使用或产生。后来在 1996 年,联合国环境规划署对绿色化学又进行了新的定义:用化学技术和方法去减少或消灭那些对人类健康或环境有害的原料、产物、副产物、溶剂和试剂的生产和应用。最新的绿色化学是指减少或消除有害物质的使用及生产的化学品和工艺的设计。其目标是从根本上保护环境,又能推进工业生产的发展。与传统化学和化工污染后治理的模式不同,绿色化学的宗旨是从流程的始端就对污染进行控制和治理,对可持续发展和人类生活的改善具有重要意义。

绿色化学的定义是不断演变的。当它第一次出现时,它代表一个想法和一个愿望。随着学科的发展,它在不断地发展和变化中逐渐趋向于应用,它的发展与化学密切相关。绿色化学倡导者、美国绿色化学研究所前所长、耶鲁大学 P. T. Anastas 教授在 1992 年提出的"绿色化学"定义是"Chemical products and processes that reduce or eliminate the use and generation of hazardous substance",即"减少或消除危险物质的使用及生产的化学品和过程的设计"。从这个定义来看，绿色化学是以化学为基础的，其应用和实施更像是化学工业。绿色化学的应用越来越广泛。

对于生产过程来说，绿色化学包括：节约原材料和能源，淘汰有毒原材料，在生产过程排放废物之间降低废物的数量和毒性；对产品来说，绿色化学旨在减少从原料的加工到产品的最终处置全周期的不利影响。绿色化学主张利用化学技术和方法，减少或停止对人体健康、社区安全和生态环境有害的原料、催化剂、溶剂和试剂、产品和副产物的使用和生产。

绿色化学不同于污染控制化学。污染控制化学的研究对象是对被污染的环境进行处理，使其面貌恢复到被污染前的化学技术和原理。绿色化学的理念是在生产源头消除污染，使整个合成过程和生产过程环境友好，不再使用有毒有害物质，不再产生废物，不再处理废物，这是消除污染的根本途径。

1.2.3 绿色化学的 12 项基本原则的提出

绿色化学的口号最早产生于化学工业发达的美国。1990 年，美国通过了一个"防止污染行动"的法令。1991 年后，"绿色化学"由美国化学会提出并成为美国环境保护署的中心口号。经过多年的研究和探索，绿色化学的研究者们总结出了绿色化学的 12 条原则(Anastas 等，1998)，这些指导原则有助于从一开始就保持正确的方向，减少创新工作中对环境的影响，提供能够提高可再生成分含量、减少原材料使用并降低环境影响的新技术。

(1)预防 预防废物产生比在废物产生之后再处理或清理更好；

(2)原子经济性 合成方法的设计应该把生产过程中所使用的材料最大限度地转化为最终产品；

(3)危害性小的化学合成 无论在哪里，合成方法的可行设计都应该是使用和产生对人类健康和环境毒性极小或没有毒性的物质；

(4)设计更安全的化学物 化学产品的设计应确保在实现其预期功能的同时把毒性最小化；

(5)更安全的溶剂和助剂 只要可能，利用辅助性物质(如溶剂、分离媒介)应该是不必要的，即使使用，也应该是无害的；

(6)能源效益设计 由于其环境和经济影响，应该认识到化学过程的能量需求

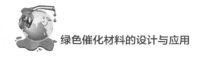

并把它最小化,如果可能,应该在一定的温度和压力环境下使用合成方法;

(7)使用可更新原料　只要技术上和经济上可行,原材料或进料应该是可更新的,而不是耗损性的;

(8)减少衍生物　减少不必要的衍生过程(使用阻塞基、保护或除去保护、物理或化学过程的临时改变),如果可能,避免衍生化,这样的过程需要额外的反应物,会产生废物;

(9)催化剂　催化反应物(尽可能地挑选)要优于化学计量反应物;

(10)降解设计　必须设计化学产品以便它们在其功能终端分解成无害的降解产品,不会在环境中持久存在;

(11)旨在防止污染的实时分析　必须进一步研制分析方法以便在过程中进行实时监测,在有害物质形成以前进行控制;

(12)采用本质上更安全的化学物以预防事故　应该对化学过程中使用的物质和物质形式进行选择,以使泄漏、爆炸和火灾在内的化学事故发生的可能性最小。

1.3　绿色化学的研究内容

1.3.1　绿色化学研究的主要内容

1.开发"原子经济性"反应

Trost 在 1991 年首先提出了"原子经济性"(atom economy)的概念,即原料分子中究竟有百分之几的原子转化成产物。理想的原子经济反应是原料分子中的原子百分之百地转变成产物,不产生副产物或废物,实现废物的"零排放"(zero emission),计算公式如式(1.1)所示。对于大宗基本有机原料的生产来说,选择原子经济反应十分重要。目前,在基本有机原料的生产上,有的采用原子经济反应,如丙烯氢甲酰化制丁醛、甲醇羰化制乙酸、乙烯或丙烯聚合、丁二烯和氢氰酸合成己二腈等。此外,一些基本的有机原料的制备已经从两步反应转变为一步原子经济反应,如生产环氧乙烷,原来是通过氯醇法二步制备的,自从银催化剂发现后,就开始运用直接将乙烯氧化生成环氧乙烷的原子经济反应。

$$原子经济性=\frac{所用原子物质的量}{所有反应物物质的量}\times100\% \qquad (1.1)$$

从原子水平上看化学反应:只有实现原料分子中的原子百分之百地转变成产

物,才能实现废物"零排放"。在现有的原子经济反应中,如烯烃氢甲酰化反应,虽然已经是理想的反应,但使用的油溶性均相络合催化剂与产物的分离较为复杂,或者原用的钴催化剂运转过程中仍有废催化剂产生。因此,用于原子经济反应的催化剂仍有提升空间。近年来,水溶性均相络合物催化剂的开发已成为一个重要的研究领域,由于水溶性均相络合物催化剂与油相产品分离比较容易,再采用水作为溶剂,避免了挥发性有机溶剂的使用。因此,开发水溶性均相络合催化剂已成为国内外研究的热点。碳原子数大于 6 的烯烃氢甲酰化合成是国外正在积极研究高碳醛、醇的两相催化体系的新技术。从以上可以看出,在工业上运用原子经济反应还需要从环境保护、技术经济等方面进一步研究和完善。

2.环境友好型产品

在环保产品方面,从 1996 年美国总统绿色化学挑战奖看到,Rohm & Haas 公司开发了一种环境友好的海洋生物防垢剂,获得了"绿色化学品设计奖"。美国Donlar 公司因开发了两种生产热聚天冬氨酸的高效工艺而获得小企业奖。

在环保型机动车燃料方面,随着环保要求的日益严格,1990 年美国的《清洁空气法(修正案)》规定,将逐步推动使用新配方汽油,以减少汽车尾气中的一氧化碳和碳氢化合物引起的臭氧和光化学烟雾对空气的污染。汽油新配方要求限制汽油的蒸气压、苯含量,也逐步限制芳烃和烯烃的含量,还要求汽油中加入甲基叔丁基醚、甲基叔戊基醚等含氧化合物。这种新配方汽油的质量要求推动了汽油有关炼油技术的发展。柴油是石油炼制的另一重要产品,对于环保柴油,美国要求硫含量不超过 0.05%,芳烃含量不超过 20%,十六烷值不低于 40;瑞典对某些柴油有更严格的要求。为了达到上述目的,首先是要有性能优良的深层加氢脱硫催化剂,其次是发展低压深度脱硫或芳烃饱和工艺,国外在这方面的研究已经取得了一定的进展。

3."无毒、无害"的溶剂和催化剂

使用辅助性物质有助于一个化学品或一些化学品能顺利地进行转化,但其自身却不是这些化学品分子的组成部分,包括溶剂、催化剂等。与化学制品生产有关的大量污染问题不仅来自原料和产品,也来自在生产过程中使用的物质。最常见的是用于反应的介质、分离和配方的溶剂等。目前,挥发性有机化合物(volatile organic compounds,VOC)作为溶剂被广泛使用,在使用过程中会造成地面臭氧的形成和水污染。因此,需限制这类溶剂的使用,同时利用无毒溶剂代替挥发性有机化合物已成为绿色化学的一个重要研究方向。

在无毒、无害的研究中,最活跃的研究项目是超临界流体,特别是超临界 CO_2 作为溶剂的开发。超临界 CO_2 是指温度和压力超过其临界点(311 ℃,7 477.79 kPa)的 CO_2 流体,具有无毒、不燃、价廉等优点。它通常具有液体的密度以及传统液体溶剂的溶解度,在同样的条件下,它又具有气体的黏度,所以传质速率较高。此外,由于其可压缩性很大,流体的密度、溶解度和黏度可以通过压力和温度的变化来调节。除发展超临界溶剂外,还研究了以水或近临界水为溶剂的有机溶剂或水相界面反应。用水作为溶剂可以避免有机溶剂的使用,但其有限的溶解度限制了使用,另外需要注意废水是否会造成污染。在有机溶剂或水相界面反应中,一般采用毒性较小的溶剂(甲苯)代替原有毒性较大的溶剂,如苯、二甲基亚砜等。使用无溶剂固相反应也是一种研究趋势,可有效避免使用挥发性溶剂,如微波、超声波等辅助固-固有机反应。

目前,有机化学反应中一般采用氢氟酸、硫酸、磷酸等液体酸催化剂,这些液体酸普遍存在的问题是严重腐蚀设备、产生"三废"、污染环境等。为了保护环境,应从分子筛、多金属氧酸盐、金属氧化物、离子液体等新型催化材料中开发出新型绿色化固体催化材料。

4. 原料的绿色化

以相对更加安全、无毒的原料代替传统的有害化学品作为化学反应的原料,或者采用不含有毒原料的新方法、新工艺,即为原料的绿色化。在现有的化工生产中,为了使中间体具有进一步转化所需的官能团和反应活性,仍然使用一些有害物质作为原料。为了人类健康和社会安全,有必要用无毒无害的原料来替代它们,生产出所需的化学产品。

在代替剧毒的光气作原料生产有机化工原料方面,Anastas 等(1994)报道了一种从胺和二氧化碳生产异氰酸酯的新技术已经在工业上成功应用,开发了一种工业技术,在一个特殊的反应体系中,通过一氧化碳将有机胺直接羰基化来生产异氰酸酯。Komiya(1998)研究开发了一种双酚 A 与碳酸二甲酯在固体熔融状态下聚合生产聚碳酸酯的新工艺,取代了传统的光气合成路线,同时实现了两个绿色化学目标:一是避免使用有毒有害的原料;二是反应是在熔融状态下进行的,避免使用有致癌嫌疑的甲基氯作为溶剂。

在替代剧毒氢氰酸作为原料方面,孟山都(Monsanto)公司从无毒无害的二乙醇胺为原料入手,经过催化脱氢,开发了安全生产氨基二乙酸钠的工艺,改变了过去的以氨、甲醛和氢氰酸为原料的二步合成路线。因此,该公司获得了 1996 年美国总统绿色化学挑战奖中的"绿色合成路线奖"。此外,国外还开发了异丁烯生产甲基丙烯酸甲酯的新合成路线,取代了以丙酮和氢氰酸为原料的丙酮氰醇法。

5.利用可再生资源合成化学物质

如今,纤维素酯类的合成、生物质的解聚转化能源品及生物柴油的制备等在利用可再生资源合成化学物质领域都是非常重要的。其中,利用生物质(生物原料,生物质)作为原料选择性转化制备液体燃料是生物质能源发展重要研究方向之一,也是保护环境的长期发展方向。生物质即绿色植物通过光合作用直接产生或间接衍生的所有物质,主要由淀粉和纤维素组成,前者容易转化为葡萄糖,而后者由于与木质素的结晶和共生,难以通过纤维素酶转化为葡萄糖。Draths等(1994)通过生物酶催化葡萄糖转化合成己二酸、邻苯二酚和对苯二酚,特别是在从传统的苯开始生产己二酸作为尼龙原料方面取得了显著进展。由于苯是一种已知的致癌物,以经济和技术上可行的方法从大量有机原料的合成中去除苯是一个具有竞争力的绿色化学目标。此外,将结构复杂的生物质特别是非木质纤维或高度功能基团化的初级降解产物(如葡萄糖、果糖等)选择性转化为一些具有特定功能基团的平台化合物,如5-羟甲基糠醛(HMF)、丁二酸、3-羟基丙酸、葡萄糖二酸、3-羟基丁内酯、甘油、山梨糖醇及木糖醇等,近年来研究较为广泛。其中,HMF作为一种重要的平台小分子又可转化为5-乙氧基甲基糠醛(EMF)、2,5-呋喃二甲醛(DFF)、5-羟甲基呋喃-2-甲酸(HMFCA)、2,5-呋喃二甲醇(FDM)、呋喃-2,5二羧酸(FDCA)、5-甲酰基-2-呋喃甲酸(FFCA)、顺丁烯二酸酐(MA)、乙酰丙酸(LA)等化合物(图1-5)(张秋云等,2015)。

而对于生物柴油,即脂肪酸甲酯,简称"FAME",它可以由食用植物油(如菜籽油、大豆油、花生油、棕榈油、米糠油等)、非粮油(麻疯树油、千金子油、乌桕子油、蓖麻油等)、动物油(如猪油、鸡油等)、地沟油、海藻油及各种长链羧酸(如油酸、月桂酸、棕榈酸、硬脂酸等)等为原料,在液体、固体酸或碱催化下经酯化或酯交换反应而制成;同时,根据生产中使用的原材料不同,生物柴油的合成可分为四个发展阶段(Cavalcante等,2021),如图1-6所示。此外,生物柴油具有优良的环保特性、安全性、较好的低温起动性、良好的润滑性及可再生性,且在闪点、冷滤点、含硫量、燃烧耗氧量等方面也优于普通柴油,尤其是生物柴油在燃料过程中排放的CO_2量远远低于植物在生长过程中吸收的CO_2的量,改善了由于CO_2的排放引起的全球变暖这一全球性的环境问题。因此,它作为富有潜力的清洁型替代燃料已受到了世界各国的广泛关注。

目前,绿色化学研究的热点领域主要包括以下几个方面:

(1)新的化学反应过程研究 在原子经济性和可持续发展的基础上,研究合成化学和催化化学的基础问题,即绿色合成和绿色催化问题。

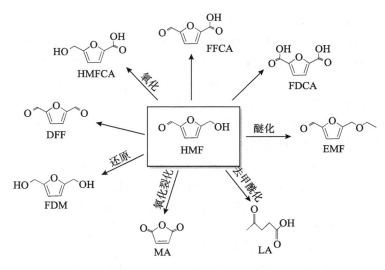

图 1-5　HMF 衍生合成各种有机化合物

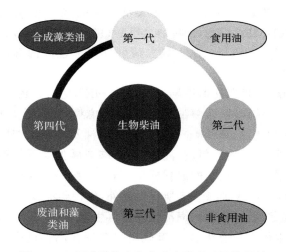

图 1-6　不同阶段的生物柴油合成所采用的原料

　　(2)传统化学过程的绿色化学改造　例如,在烯烃的烷基化反应中,在酸催化制备乙苯和异丙苯的反应中,过去使用液体酸催化剂,但现在可以使用固体酸。

　　(3)能源中的绿色化学问题　众所周知,自然界的资源是有限的,因此在能源问题中,人们生产的各类化学品能否回收重复使用或再生使用,也成为绿色化学研究的一个重要领域。

（4）资源再生和循环使用技术研究　西欧各国提出"3R"原则：①降低（reduce）塑料制品的用量；②提高塑料的稳定性，倡导推行塑料制品特别是塑料包装袋的再利用（reuse）；③重视塑料的再资源化（recycle），回收废弃塑料，再生或再生产其他化学品、燃料油或焚烧发电供气等。

（5）综合利用的绿色生化工程　如用现代生物技术进行煤的脱硫、微生物造纸以及生物质能源高效利用等研究。

1.3.2　绿色化学的实现途径

绿色化学的实现途径（图 1-7）主要有以下六点：

（1）化学反应的绿色化　寻求安全有效的反应途径，如原子经济性反应、提高反应的选择性等；

（2）原料的绿色化　寻求安全有效的反应原料如采用无毒、无害的原料，可再生资源为原料等；

（3）溶剂的绿色化　如采用无毒、无害的溶剂；

（4）催化剂的绿色化　如采用无毒、无害的催化剂；

（5）产品的绿色化　设计安全有效的目标分子，制造环境友好产品等；

（6）化工生产的绿色化　寻求"零排放"的工艺过程和安全有效的反应条件等。

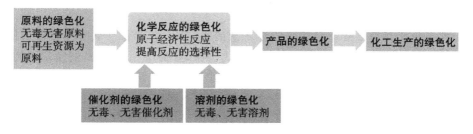

图 1-7　绿色化学的实现途径

1.3.3　绿色催化材料

选择合适的催化材料，可以显著加速反应的进程和提高反应物的转化率，降低其能耗，从根本上就减少或制止了副产物的产生，减少了污染物的排放。目前，绿色催化材料（如多金属氧酸盐、沸石分子筛、酶、固体超强酸、离子液体、光催化材料、电极催化材料、膜催化材料等）的研究越来越广泛，涉及的领域逐渐增加。

1. 多金属氧酸盐

多金属氧酸盐(polyoxometallates),简称多酸,又称为多金属氧簇。多金属氧酸盐是由前过渡金属离子(通常处于 d^0 电子构型)聚合所形成的一类具有纳米尺寸的"分子态"金属氧化物,比较典型的有 W(五价),Mo(六价),V(五价),Nb(五价)及 Ta(五价)等,其中 W(五价)和 Mo(六价)是构成 POMs 的主要元素,到目前为止,已有 70 多种元素可以作为杂多酸的杂原子,如 B、Si、P、Se、Al、Ge、As、Sb、Te 等元素,每种杂原子又可以不同的价态存在于多酸(盐)中。1826 年,Berzelius 成功合成出第一个杂多酸 12-钼磷酸铵[$(NH_4)_3PMo_{12}O_{40} \cdot nH_2O$](Berzelius,1826);1864 年,Marignac 合成出了硅钨酸,经分析确定其组成后,多酸的组成被揭开;1934 年英国曼彻斯特 Bragg 研究小组的年轻物理学者 Keggin 将 $H_3PW_{12}O_{40} \cdot 5H_2O$ 做 X-射线粉末衍射实验,经过研究提出了著名的 Keggin 结构模型(Keggin,1934)。目前,多酸主要具有以下 6 种类型结构:Keggin 结构、Dawson 结构、Anderson 结构、Waugh 结构、Silverton 结构及 Lindquist 结构,其中 Keggin 结构和 Dawson 结构研究最多。由于多酸分子表面上的低电荷密度的非定域性导致质子的自由活动性相当大,表现出较强的 Brönsted 酸性,可通过改变多酸的元素组成、结晶水含量及活化温度来调节酸性(Vaughan 等,2010),为此被广泛应用于酯化、酯交换、烷基化等化学反应。

2. 沸石分子筛

沸石分子筛是微孔结晶铝硅酸金属盐的水合物,它是通过氧桥连接形成的具有三维空间的多面体,多面体呈中空的笼状(也称空腔)。由于独特的空穴结构,沸石分子筛的比表面积较大,可用于吸附气体或液体。足够小的分子可以通过孔道被吸附,而更大的分子则不能,与一个普通筛子不同的是它在分子水平上进行操作。不同沸石分子筛的孔道尺寸不同,因此常将其用于择形催化剂的载体。

3. 酶催化剂

酶催化剂即指酶,是一类由生物体产生的具有高效和专一催化功能的蛋白质。酶催化剂和活细胞催化剂均可称为生物催化剂。在生物体内,酶参与催化几乎所有的物质转化过程,与生命活动有密切关系;在体外,也可作为催化剂进行工业生产。酶有很高的催化效率,在温和条件下(室温、常压、中性)极为有效,其催化效率为一般非生物催化剂的 109~1 012 倍。酶催化剂选择性(又称作用专一性)极高,即一种酶通常只能催化一种或一类反应,而且只能催化一种或一类反应物(又称底物)的转化,包括立体化学构造上的选择性。与活细胞催化剂相比,它的催化作用专一,无副反应,便于反应过程的控制和分离。

4. 固体超强酸

固体超强酸是近年来发展的一种新型催化材料,对许多化学反应有较好的催化活性、选择性及重复使用性能。固体超强酸是比 100% 的硫酸还要强的酸,其酸强度为 $H_0 < -11.93$,具有容易与反应物分离、可重复使用、不腐蚀反应器、减少催化剂公害、良好的选择性等优点。在催化领域,固体超强酸对烯烃双键异构化、醇脱水、烯烃烷基化、酸化等均显示出良好的活性。

5. 离子液体

离子液体指在室温或近室温温度下呈液态的完全由离子构成的物质,具有低挥发性、极性大、高稳定性及可重复使用性等优点。在合成、催化、分离及电化学等领域,离子液体既是一种环境友好型溶剂,也是一种新型绿色酸催化剂,应用较为广泛。

6. 光催化材料

光催化剂是一种以纳米级 TiO_2 为代表的具有光催化功能的半导体材料的总称。日常生活中能有效地降解空气中有毒有害气体,高效净化空气;同时,能够有效杀灭多种细菌,并能将细菌或真菌释放出的毒素分解及无害化处理。光催化氧化利用人工紫外线灯管产生的真空波紫外光作为能源来活化光催化剂,驱动氧化还原反应;此外,光催化剂在反应过程中并不消耗,能利用空气中的氧作为氧化剂,有效地降解有毒有害废臭气体,成为光催化节约能源的特点。

7. 电极催化材料

电催化是使电极、电解质界面上的电荷转移加速反应的一种催化作用。电极催化剂的范围仅限于金属和半导体等的电性材料。电催化研究较多的有框架镍、硼化镍、碳化钨、钠钨青铜、尖晶石型与钨态矿型的半导体氧化物,以及各种金属化物及酞菁一类的催化剂。

8. 膜催化材料

膜催化剂是一种能够改变化学反应速率而不改变反应总吉布斯自由能的薄膜物质。该化学名词曾在 2016 年全国科学技术名词审定委员会公布,是出自《化学名词》第二版。膜催化剂技术是把具有化学性质的基质制成膜作为催化剂催化反应物的化学转化,甚至进行选择性地化学转化的绿色新催化技术。

1.3.4　低碳循环经济下的绿色化学

近年来,随着全球人口和经济规模的不断增长,能源使用带来的环境问题及其诱因不断地为人们所认识,不只是烟雾、光化学烟雾和酸雨等的危害,大气中 CO_2 浓度升高带来的温室气体效应引起全球气候变化也已被确认为不争的事实,世界各国纷纷提出化学工业减少温室气体排放和可持续发展的远景目标,其中"碳达峰""碳中和"时间表尤为引人关注。2020 年,中国在联合国大会上向世界宣布了 2030 年前实现"碳达峰"、2060 年前实现"碳中和"的双碳目标。在此大背景下,积极推动和开展绿色低碳循环经济对于实现能源的循环利用与可持续发展具有重要意义。

所谓低碳循环经济,也称为资源闭环利用型经济,即在可持续发展理念指导下,通过技术创新、制度创新、产业转型、新能源开发等多种手段,建立"资源→生产→产品→消费→废弃物再资源"的全生命周期清洁闭环流动模式,尽可能地减少煤炭石油等高碳能源消耗,减少温室气体排放,达到经济社会发展与生态环境保护的双赢。在研究开发绿色化学的过程中,低碳循环经济理论——"5R"概念经常被反复提倡与应用,"5R"理论是指:再思考(rethink)、减量化(reduce)、再使用(reuse)、再循环(recycle)、再修复(repair),从上述可以看出,"5R"理论是在绿色化学研究与实践中对低碳循环经济理论的具体表述与体现,与绿色化学的工作目标和研究内容相一致。

1.4 小结

绿色化学是当今国际化学科学研究的前沿,是实现化学工业可持续发展的必由之路;同时,随着人们的环保和健康意识不断增强,新材料、新能源、污染物降解等绿色化学新兴行业逐步融入日常消费中,在这样的政策和经济环境中,绿色化学必将收获更大的发展。

参考文献

本刊编辑部.绿色化学:天蓝水绿气象新[J].能源与节能,2012(3):1.

曾取.我国绿色化学的研究现状、问题及其对策[J].科技资讯,2007(5):1.

张秋云,蔡杰,张玉涛,等,2015.基于生物质转化制备 5-乙氧基甲基糠醛研究进展[J].精细石油化工,32(1):42-47.

朱文祥.绿色化学挑战传统化学[J].农药市场信息,2001(17):2.

Anastas P T, Warner J C. Green chemistry theory and practice[M]. New York:Oxford

University Press，1998.

Cavalcante F T T，Neto F S，de Aguiar Falcāo I R，et al. Opportunities for improving biodiesel production via lipase catalysis[J]. Fuel，2021，288：119577.

Draths K M，Forst J W. Environmentally compatible synthesis of adipic acid from D-glucose[J]. Journal of the American Chemical Society，1994，116(1)：399-400.

Keggin J F. The structure and formula of 12-phosphotungstic acid[J]. Proceedings of the Royal Society of London，1934，144：75-100.

Komiya K，1998. In Green Chemistry：Theory and Practice[M]. London：Oxford Science Publications，120-135.

Anastas P T，Farris C A. Benign by design alternative synthetic design for pollution prevention[M]// Riley D，McGhee W D，Waldman T. Generation of Urethanes and Isocyanates from Amines and Carbon Dioxide：Vol 577. Washington D C：ACS Publications，1994：122-132.

Anastas P T，Farris C A. Benign by design alternative synthetic design for pollution prevention[M]// Manzer L E. Chemistry and Catalysis：Keys to Environmentally Safer Processes：Vol 577. Washington D C：ACS Publications，1994：144-154.

Vaughan J S，Oconnor C T，Fletcher J C Q. High-pressure oligomerization of propene over heteropoly acids[J]. Journal of Catalysis，2010，147：441-454.

第 2 章　金属有机框架(MOFs)基催化材料的设计及应用

　　金属有机框架(metal-organic frameworks,MOFs)材料是由含氧、氮、硫等多齿有机配体(如芳香多羧酸、含吡啶基或咪唑基的有机物等)与节点金属离子或团簇在适当的溶剂中通过自组装形成一维、二维或三维的无限网络结构,且具有空间三维孔洞的新型晶态配合物。1995 年 Yaghi 课题组首次报道了由均苯三甲酸与 Co^{2+} 配合而成的配位化合物,并将其命名为金属有机框架材料,为此开创了 MOFs 的研究热潮(Yaghi 等,1995)。MOFs 材料由于具有强的金属-配体间的相互作用力、孔隙率高(90%的自由空间)、比表面积大、密度低、结晶度高、结构均一、且晶体的尺寸和孔隙大小可根据需要进行结构调控等优点,使其成为多相催化、储存与分离、荧光传感、污染物吸附、超级电容器、电磁波吸收、杀菌除藻、生物医药及样品前处理等众多领域的研究热点和前沿之一。

　　20 世纪 90 年代中期,日本 Kondo 学者使用 $4,4'$-byp 构筑了具有稳定结构的多微孔材料(Kondo 等,1997),自此多孔材料的合成研究获得很大的关注。Kitagawa 等(2004)对多孔配位聚合物的研究状况进行了总结概述,并将其按时间发展分为三代:第一代 MOFs 材料的框架结构中主要包含溶剂、中性和离子客体分子,一旦失去客体分子,框架就会不可逆坍塌,且 MOFs 的热稳定性和化学稳定性均较差。第二代 MOFs 材料具有稳定、刚性的多孔框架,如加州大学伯克利分校 Yaghi 等(1999)在 *Nature* 上首次报道的具有三维开放结构的多孔材料 MOF-5,其结构是以 $Zn_4O(CO_2)_6$ 为金属簇,每个金属簇连接 6 个对苯二甲酸形成一个正方体框架三维结构;该类材料能够在失去客体分子的情况下保持框架完整,具有持久的孔道结构,目前这类材料是研究的热点领域之一。第三代 MOFs 材料也被称为"呼吸"材料或"动态多孔配位聚合物",具有柔性和动力学可控的框架,能够对外界刺激(如电场、光照及不同的客体分子等)做出反应,能可逆地改变隧道或孔,以适应外界刺激的需要,在催化、吸附分离、超级电容器等领域具有潜在的应用价值。

根据节点金属的可变性（以 Zn、Co、Fe、Cr、Ti 等为主）及有机配体的不同（以对苯二甲酸、均苯三甲酸、4,4'-联吡啶等为主），MOFs 的代表性材料主要包括 IR-MOFs（isoreticular metal-organic frameworks）、MIL（material of Institute Lavoisier）、ZIFs（zeolitic imidazolate frameworks）、HKUST（Hong Kong University of Science and Technology）、UiO（University of Oslo）、PCN（Porous Coordination Network）、BUT（Beijing University of Technology）、BUC（Beijing University of Civil Engineering and Architecture）等系列。

近年来，随着 MOFs 材料的研究越来越深入，被研发出的 MOFs 材料种类越来越多，从英国剑桥晶体数据中心（Cambridge Crystallographic Data Center，CCDC）检索到 MOFs 结构就有 8 000 多种；同时，科研者合成、调控 MOFs 材料的经验也在不断丰富中。目前，MOFs 的合成方法包括结晶法、扩散法、水热（溶剂热）法、离子热法、微波法、超声法和固相研磨法等方式（Liu 等，2021；Cong 等，2021；Yadav 等，2021）。

（1）结晶法　该法是最早用于 MOFs 合成的单晶生长方法，主要是将有机配体和金属盐的饱和溶液静置，在室温或其他温度下进行挥发，生成单晶。该法反应温和，得到晶体规整度较高；但合成速度过慢，耗时长，且要求反应物在室温下有较好的溶解性。

（2）扩散法　其大致可分为气相扩散、液相扩散和凝胶扩散三类，要求有机配体具有良好的溶解性，能与金属离子混合出现沉淀。①气相扩散法：向金属盐和有机配体混合液中扩散易挥发溶剂或易挥发碱性物质，减小产物的溶解度或加快反应速率，使产物结晶析出。②液相扩散法：将分别溶解有机配体和金属盐的两种不同溶液中的一种放置在另一种的上面，或在两溶液界面处加入另一种溶剂以减缓扩散速率的方法，两溶液缓慢扩散发生反应后，产物在界面处以晶体形式析出。③凝胶扩散法：将有机配体配成凝胶，金属盐溶液放置在凝胶上进行扩散，在交界面上有晶体析出。

（3）水热法和溶剂热法　两种方法均为高温条件下分子活动加速，有机配体的溶解度越大，配位能力越强，更易产生晶体。同时，在高温条件下，溶剂分子运动剧烈，更容易占据 MOFs 的孔穴，导致孔道结构的形成。此方法是目前合成 MOFs 应用最多的方法。

水热法是可溶性或部分溶解的反应前体在反应釜创造的密闭条件下，在 100～250 ℃范围内，以水为反应介质，水热反应合成 MOFs 的方法，该法适用于溶解度较低的有机配体。溶剂热法是指在一定温度和压力下利用溶剂中有机配体和金属盐的配位反应合成 MOFs 的方法。相对于水热法，溶剂热所用的溶剂不局限于水，还可以以甲醇、乙醇、N,N'-二甲基甲酰胺等有机物作为溶剂。而有机溶剂由于具有不同的官能团、极性、介电常数、沸点和黏度等,性质差异很大,合成得到的 MOFs 结构的多样性也大大增加了。

(4)离子热法　该法是采用离子液体作为溶剂的新合成方法,其离子液体是一种具有低蒸气压、高极性、高溶解度、高热稳定性、可循环的绿色新型溶剂。但由于离子热法合成的 MOFs 结晶度较低、缺陷较多,且离子液体价格昂贵。因此,该方法目前应用并不广泛。

(5)微波法　利用微波加热合成 MOFs 材料的方法。使用微波法可提高其反应速率、缩短反应时间,并具有易控制温度的升降、选择性好、产率高及环境友好等优点,但它也存在结晶度较低、缺陷较多等问题。

(6)超声法　超声法可使反应体系产生局部高温高压而迅速升温,从而快速合成 MOFs 材料;该法是合成小晶粒 MOFs 材料、缩短反应时间的另一种有效方法。

(7)固相研磨法　采用机械研磨合成 MOFs 的方法,该法无需溶剂即可直接反应合成 MOFs。固相研磨法绿色环保,合成出的 MOFs 表现出极高的比表面积。但该法要求有机配体的熔点较低,金属能在反应中产生溶剂活性。

综上所述,MOFs 具有明确的结构、丰富的种类、结构可设计性与可修饰性、超大的比表面积与多孔结构、生物兼容性以及金属不饱和位点,故而有望成为活性良好的催化材料或者载体材料。因此,本章将对近年来 MIL 基、ZIFs 基、UiO 基、Cu-BTC 基、其他 MOFs 基及 MOFs 衍生物基等材料应用于催化有机化学反应合成生物燃料的研究成果进行概述,并分析了各类 MOFs 基催化材料的特性及催化行为。

2.1　MIL 基催化材料

MIL(material of Institute Lavoisier)系列 MOFs 材料是始于法国科学家Férey 科研团队首次报道的 MIL-53(Cr)、MIL-101(Cr)(Serre 等,2002;Férey 等,2005),该类材料包括两个不同的类别:一类由普通金属 Cr、Fe、Al 等元素作为金属源与对苯二甲酸、均苯三甲酸等多羧酸类芳烃作为有机配体合成得到;另一类由镧系金属或过渡金属元素与不同的二元羧酸有机配体组成。在 MIL 系列 MOFs 材料中,MIL-53、MIL-100 和 MIL-101 是 MIL 系列材料中研究的较多的几类MOFs 材料,这些材料具有较大的比表面积、大孔笼装结构及较好的稳定性,同时MIL 系列 MOFs 材料具有裸露出的大量不饱和金属位点,从而具有 Lewis 酸性。因此,MIL 系列 MOFs 材料可以在非均相催化剂或作为催化剂载体方面具有良好的应用前景,表 2-1 为 MIL 基催化材料近年来的应用研究概况。

表 2-1 MIL 基催化材料应用研究概况

序号	起始原料（摩尔比）	催化剂	反应条件（时间，温度、催化剂用量）	产率(Y)或转化率(C)	重复使用	反应活化能/(kJ/mol)	参考文献
1	油酸+甲醇（体积比1:10）	MIL-101(Cr)-SO₃H	20 min,120℃，0.1 g,微波	$Y=93\%$	重复3次，活性有所下降	/	Hasan 等,2015
2	乙酸+正己醇(2:1)	HPW@MIL-100(Fe)	12 h,110℃,0.2 g	$Y\approx100\%$	重复5次，活性无明显下降	/	Zhang 等,2015
3	油酸+乙醇(1:10.5)	DAIL-Fe₃O₄@NH₂-MIL-88B(Fe)	4.5 h,90℃,8.5%	$Y=93.2\%$	重复6次，$C>80\%$	/	Han 等,2016
4	油酸+甲醇(1:8)	MIL-100(Fe)@DAILs	5 h,67℃,15%	$C=93.5\%$	重复5次，$C=86\%$	/	Han 等,2016
5	乙酸+乙醇(一)	MIL-101(Cr)-PI	—,70℃,—	$C=70.5\%$	未报道	/	de la Iglesia 等,2016
6	油酸+乙醇(1:16)	PTA@MIL-53(Fe)	15 min,80℃，0.15 g,超声波	$Y=96\%$	重复7次，活性有所下降	/	Nikseresht 等,2017
7	油酸+甲醇(1:10)	NH₂-MIL-101(Cr)-Sal-Zr	4 h,60℃,4%	$C=74.1\%$	重复6次，$C=73.6\%$	/	Hassan 等,2017
8	油酸+甲醇(1:10)	MIL-101(Cr)@MBIAILs	4 h,67℃,11%	$C=91.0\%$	重复6次，$C=82.1\%$	/	Han 等,2018
9	大豆油+甲醇(1:30)	AIL/HPMo/MIL-100(Fe)	8 h,120℃,9%	$C=95.8\%$	重复5次，$C=90.3\%$	/	Xie 等,2019a
10	大豆油+甲醇(1:4)	Fe₃O₄@MIL-100(Fe)@酶	60 h,40℃,25%	$C=92.3\%$	重复5次，$C=83.6\%$	/	Xie 等,2019b
11	油酸+甲醇(1:10)	MIL-100(Fe)-SO₃H	2 h,70℃,8%	$C=95.86\%$	重复7次，$C=58.34\%$	/	Liu 等,2020

续表 2-1

序号	起始原料（摩尔比）	催化剂	反应条件（时间，温度，催化剂用量）	产率（Y）或转化率（C）	重复使用	反应活化能/(kJ/mol)	参考文献
12	对苯二甲酸＋异辛醇(1∶10)	MIL-125	1 h,190 ℃,1%	Y=99.9%	重复 8 次，Y=65.2%	/	Yuan 等,2021
13	油酸＋甲醇(1∶60)	SO₃-MIL-53(Al)	2 h,150 ℃,3%	C=97.2%	重复 3 次，C=61.4%	16.14	Gecgel 等,2021
14	油酸＋甲醇(1∶8)	BIMAILs@MIL-100(Fe)	4 h,67 ℃,15%	C=92.3%	重复 6 次，C=84.1%	/	Shi 等,2021
15	油酸＋甲醇(1∶8)	(NH₄)₂SO₄/碳化MIL-100(Fe)	2 h,70 ℃,8%	C=95.68%	重复 5 次，C=76.9%	/	Li 等,2021
16	油酸＋甲醇(1∶12)	SIL-PW/MIL-101(Cr)	3 h,70 ℃,8%	C=94.3%	重复 5 次，C=91.8%	/	Chen 等,2022
17	葡萄糖 50 mg＋氯化(1-丁基-3-甲基咪唑) 1 g	PTACMIL-101(Al)-NH₂	2 h,120 ℃,0.03 g	C=44%	重复 4 次，活性无明显下降	/	Rahaman 等,2022
18	果糖 100 mg＋DMSO/丙酮(7∶3) 30 mL	MIL-101(Cr)-SO₄H	5 min,160 ℃,0.03 g,微波	Y=90%	重复 3 次，活性无明显下降	/	Aljammal 等,2021
19	葡萄糖 50 mg＋γ-戊内酯	HSiW@MIL-101(Cr)	8 h,140 ℃,0.08 g	Y=40%	重复 6 次，活性无明显下降	/	Lara-Serrano 等,2022
20	葡萄糖 150 mg＋戊内酯/NaCl(9∶1) 20 mL	MIL-101(Cr,Sn)	1 h,140 ℃,0.075 g	Y=66.73%	重复 6 次，Y=65.68%	/	Hao 等,2022
21	葡萄糖(异构化)	MIL-101(Al)-NH₂	2 h,120 ℃,—	C=82%	重复 4 次，活性无明显下降	/	Rahaman 等,2022

Hasan 等（2015）通过水热法合成硫酸磺化的 MOFs，得到 MIL-101（Cr）-SO$_3$H 固体酸催化剂，并将其应用于催化油酸与甲醇的酯化反应及 2-丁醇脱水制烯烃的气相反应。采用 XRD、FTIR、TGA 和物理吸附等技术对催化剂进行表征，结果显示，MIL 101（Cr）-SO$_3$H 具有大比表面积（1 801 m^2/g）、大孔容（0.92 cm^3/g）及高酸密度（1.65 mmol/g），这有利于提高催化效果。将 MIL-101（Cr）-SO$_3$H 在常规加热和微波辅助下催化酯化反应，结果表明，微波辅助下 120 ℃反应 20 min，油酸甲酯收率可达 93%，表明微波辅助能加快酯化反应的进行。此外，将 MIL-101（Cr）-SO$_3$H 催化 2-丁醇制烯烃的气相反应与 SAPO-34 分子筛催化气相反应进行比较可知，MIL-101（Cr）-SO$_3$H 催化下可得到了较高选择性的脱水产物。以上研究表明，MIL-101（Cr）-SO$_3$H 既能有效催化液相反应，也能催化气相反应。

　　由于 MIL-100（Fe）具有大比表面积和高孔隙率，且其独特的笼形结构可以用来封装活性组分，从而可以增强催化效果。Zhang 等（2015）在常压和较低温度条件下采用动态合成法将磷钨酸（HPW）封装到介孔笼中，合成得到具有强酸性的负载型杂多酸催化剂 HPW@MIL-100（Fe），通过 XRD、物理吸附、FTIR、酸碱滴定、^{31}P NMR、TEM、SEM、TGA、XPS 以及元素分析等表征手段对其组成和酸量进行了表征分析。XRD 结果表明包覆了 HPW 的 HPW@MIL-100（Fe）同样保持了 MIL-100（Fe）所固有的晶体结构，从而证明 HPW 是被封装到 MIL-100（Fe）内部的；FTIR 结果表明 HPW@MIL-100（Fe）中的 HPW 仍保持杂多酸的 Keggin 结构；^{31}P NMR 数据表明反应前后 HPW 依然以分子的形式存在。此外，HPW@MIL-100（Fe）能有效催化乙酸与正己醇的液相酯化反应及醇醛液相缩合反应，且具有良好的重复使用性，在重复使用过程中，HPW@MIL-100（Fe）催化剂未出现 HPW 聚集、溶脱和失活等问题。

　　Wu 等（2016）利用简易的方法合成了 DAIL-Fe$_3$O$_4$@NH$_2$-MIL-88B（Fe）复合型磁性催化剂。经表征，离子液体被成功嫁接到 Fe$_3$O$_4$@NH$_2$-MIL-88B（Fe）框架上，且催化剂的磁性达 7.2 emu/g，酸量为 1.76 mmol/g，能有效催化油酸与乙醇的酯化反应，获得 93.2% 的转化率。随后，Han 等（2016）采用"浸渍-封装"策略将离子液体 DAILs 封装于 MIL-100（Fe）基体中，得到 MIL-100（Fe）@DAILs 固体酸催化剂，并用于催化油酸与甲醇的酯化反应（反应机理如图 2-1 所示），最佳条件下，酯化反应转化率为 93.5%，催化剂循环使用 5 次，转化率仍达 86%，表明 MIL-100（Fe）@DAILs 具有较好的活性及稳定性。

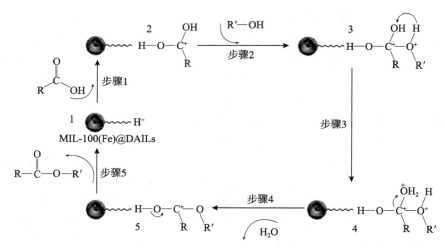

图 2-1   MIL-100(Fe)@DAILs 催化酯化反应机理,
R═CH₃(CH₂)₇CH═CH(CH₂)₇, R′═CH₃(Han 等,2016)

Hassan 等(2017)通过水杨醛缩合氨基并配位 Zr(IV)离子得到 Zr(IV)-Sal 席夫碱络合物,将其嫁接到氨基功能化的 MIL-101(Cr)框架中,得到 NH₂-MIL-101(Cr)-Sal-Zr 催化剂,并应用于催化油酸与甲醇的酯化反应、苯甲醛与氰乙酸乙酯的脑文格(Knoveonagel)缩合反应和苯甲醚与乙酸酐的傅克酰基化(Friedel-Crafts)反应,考查其催化性能及循环使用性能。结果表明,NH₂-MIL-101(Cr)-Sal-Zr 催化剂表现出良好的催化活性及高的稳定性,循环使用 6 次,催化活性无明显下降。

Han 等(2018)采用简单的合成后修饰策略,将具有富电子—SH 基团的 2-巯基苯并咪唑离子液体(MBIAILs)负载于结构规整的 MIL-101(Cr)框架上,得到功能化的多相催化剂 MIL-101(Cr)@MBIAILs(合成途径如图 2-2 所示),并通过油酸和甲醇的酯化反应作为目标反应来评估 MIL-101(Cr)@MBIAILs 催化剂的催化行为。实验结果表明,MBIAILs 通过 S-Cr 配位键成功地固定在 MIL-101(Cr)框架的表面,这有效提高了催化剂的活性及稳定性;催化剂重复使用性研究表明,MIL-101(Cr)@MBIAILs 循环使用 6 次,催化活性仅下降了 8.9%。

Xie 课题组(2019a)利用 MIL-100(Fe)的介孔笼提供主体环境,将磷钼酸离子液体(AIL/HPMo)通过"瓶中造船"的方法将其固载到 MIL-100(Fe)的笼-窗结构中,得到 AIL/HPMo/MIL-100(Fe)固体酸,并以多相催化方式将该催化剂用于大豆油和甲醇的酯交换反应体系中。表征研究结果表明,AIL/HPMo 成功封装到 MIL-100(Fe)介孔笼中,且封装后的 MIL-100(Fe)结构基本保持不变。此外,该

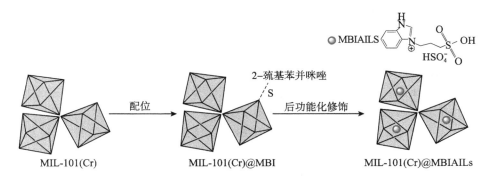

图 2-2 MIL-101(Cr)@MBIAILs 合成途径示意图（Han 等,2018）

AIL/HPMo/MIL-100(Fe)固体酸能较好地提高离子液体的负载率,延缓了活性组分易流失问题。通过单因素分析优化了催化酯交换反应的反应条件,在最佳条件下,大豆油的转化率为 95.8%,且 AIL/HPMo/MIL-100(Fe)耐水及 FFA 性能好,能适用于较高酸值的劣质油的酯交换反应。同时,该课题组也设计合成了 Fe_3O_4@MIL-100(Fe)载体经活化后用于脂肪酶的固定(图 2-3),并探讨其热稳定性。结果显示,在 80 ℃保持 2 h,催化剂的相对活性保持 63.5%。该催化剂用于酯交换反应,能获得 92.3%的 FAME 产率,说明该固定化脂肪酶的热稳定性和操作稳定性均良好（Xie,2019b)。

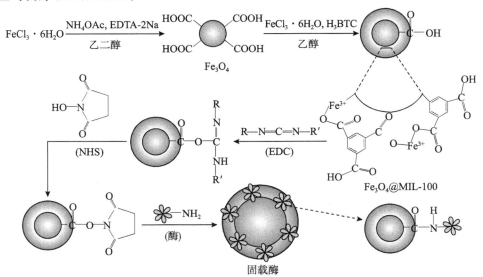

图 2-3 核壳结构的 Fe_3O_4@MIL-100(Fe)固定脂肪酶制备流程示意图（Xie 等,2019b)

酸性基团的性质直接影响固体酸的结构与催化活性。目前固体酸中常用的酸性基团有硫酸、杂多酸、磺酸等。其中,磺酸基团(—SO₃H)酸性温和,腐蚀性弱,催化效果好,引起了广泛关注。Liu 等(2020)利用稀硫酸对 MIL-100(Fe)进行后功能化,合成高效、可重复使用的 MIL-100(Fe)-SO₃H 固体酸。根据表征,—SO₃H 成功负载且 MIL-100(Fe)的结构仍然保持;TG 分析表明 MIL-100(Fe)-SO₃H 热稳定性能达 300 ℃;Py-FTIR 数据表明 MIL-100(Fe)-SO₃H 同时具有 Lewis 和 Brönsted 酸中心,且 70 ℃时 MIL-100(Fe)-SO₃H 的酸位点含量最高,活性最好;酸碱滴定数据显示 MIL-100(Fe)-SO₃H 的酸强度为 $3.3 < H_0 < 4.8$、酸量为 3.34 mmol/g,将其用于催化油酸与甲醇的酯化反应,反应结束后转化率最高为 95.86%,催化剂重复使用 7 次,转化率降为 58.34%,说明 MIL-100(Fe)-SO₃H 具有良好工业化应用的可能性。

Gecgel 等(2021)利用微波辅助水热法在不同时间和温度下合成了 MIL-53(Al),其中合成温度为 180 ℃下反应 180 min,得到的 MIL-53(Al)比表面积为 1 256.3 m²/g、孔隙率为 0.55 cm³/g。为了提高 MIL-53(Al)的催化活性,对其进行磺化得到 SO₃-MIL-53(Al)酸催化剂,其比表面积降为 136.2 m²/g、孔隙降为 0.26 cm³/g。对比两种催化剂在催化油酸与甲醇的酯化反应中的催化活性可知,SO₃-MIL-53(Al)表现出更为优异的催化活性,其催化酯化反应的转化率分别为 97.2% 和 65.9%。动力学研究表明,SO₃-MIL-53(Al)和 MIL-53(Al)催化的酯化反应体系符合拟一级动力学模型,其反应活化能分别为 16.14 kJ/mol、22.87 kJ/mol,说明 SO₃-MIL-53(Al)的催化活性高于 MIL-53(Al)。

Chen 等(2022)采用自下向上的合成策略,使用磷钨酸(HPW)作为桥梁,将—SO₃H 功能化离子液体(SIL)嵌入介孔 MIL-101(Cr)框架中,得到多相催化剂 SIL-PW/MIL-101(Cr)。经表征,HPW 较好地分散在 MIL-101(Cr)框架中,随后引入的 SIL 与 HPW 反应形成杂多酸基-离子液体复合物负载于 MIL-101(Cr)框架上。在催化油酸与甲醇的反应中,表现优异的催化活性,油酸转化率最高可达 94.3%,优异的催化活性可能源于 SIL-PW/MIL-101(Cr)催化剂中存在的 Brönsted 酸位点(—SO₃H 基团)和 Lewis 酸位点 [MIL-101(Cr)],以及在催化剂合成过程中,MIL-101(Cr)的介孔结构保持完整,这有利于大尺寸反应底物的扩散,加强传质过程,从而提高其催化效果。此外,由于 HPW 的桥连作用,催化剂回收过程中没有观察到活性成分在反应体系中明显浸出,催化剂循环使用 5 次后油酸转化率仍可达 91.8%。

MIL 系列 MOFs 材料也能催化生物质选择性转化为一些具有特定功能基团的平台化合物,Rahaman 等(2022)通过水热法将磷钨酸(PTA)封装于 MIL-

101(Al)-NH₂框架中,得到多相催化剂 PTA⊂MIL-101(Al)-NH₂,并用于在氯化
(1-丁基-3-甲基咪唑)([C₄C₁im]Cl)溶剂中催化葡萄糖的脱水反应。经研究,PTA
均匀地分散在 MIL-101(Al)-NH₂框架中,且 PTA⊂MIL-101(Al)-NH₂能同时提
供 Brönsted 酸位点和 Lewis 酸位点,可有效协同催化葡萄糖两步级联脱水反应,
其葡萄糖转化率为 44%。图 2-4 为 PTA⊂MIL-101(Al)-NH₂催化剂催化葡萄糖
脱水生成 5-羟甲基糠醛(HMF)的反应机理,从图可知,该反应是通过 Brönsted 酸
和 Lewis 酸协同催化进行的,(a)为 MIL-101(Al)-NH₂中的 Lewis 酸催化葡萄糖
异构化为果糖;(b)为 PTA 和/或 MIL-101(Al)-NH₂中的 Brönsted 酸催化果糖脱
水转化 HMF。

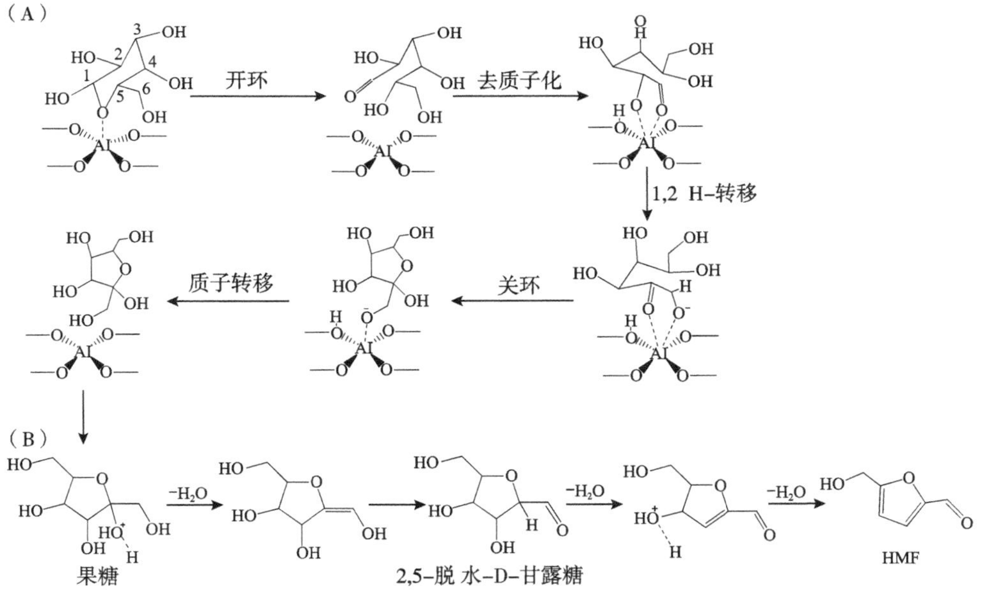

图 2-4　PTA⊂MIL-101(Al)-NH₂催化葡萄糖脱水生成 HMF 的反应机理

(a)葡萄糖异构化为果糖;(b)果糖脱水转化 HMF(Rahaman 等,2022)

　　Aljammal 等(2021)合成了 MIL-101(Cr)-SO₃H 固体酸催化剂,并在微波辅
助下催化果糖脱水成 HMF,在 DMSO 作为反应溶剂、反应 5 min 时,HMF 产率能
达 90%,MIL-101(Cr)-SO₃H 表现出好的催化活性源于其具有的高水热稳定性、
高表面积及合适的孔径。Hao 等(2022)以乙酸为矿化剂、水为溶剂,水热合成了
一系列不同 Sn 离子负载量的 Lewis 酸性的 Sn-Cr 双金属有机框架材料 MIL-101
(Cr,Sn),并将 MIL-101(Cr,Sn)和 H₂SO₄同时应用于葡萄糖选择性转化 HMF,其

葡萄糖转化率、HMF 产率、选择性都较单独使用 H_2SO_4 催化时得到明显的改善。此外，MIL-101(Cr，Sn)的独特结构也使该催化剂在不同 pH 的水溶液中具有较高稳定性。Rahaman 等（2022）采用溶剂热法合成了 MIL-101(Al)-NH_2 催化材料，在乙醇存在条件下，催化葡萄糖异构化为果糖。经研究发现，MIL-101(Al)-NH_2 中存在的氨基能增强其 Lewis 酸性位的强度和果糖的选择性，在 120 ℃反应 2 h 条件下，葡萄糖的转化率为 82%、果糖的选择性为 64%。

Phan 等（2020）使用双溶剂法成功合成了一系列 Pt 掺杂 H_3PO_4 负载于 MIL-101(Cr) 的复合型催化剂 Pt/P@MIL-101(Cr)，并用于催化油酸的加氢脱氧反应。研究结果表明，与 Pt/MIL-101(Cr) 催化剂相比，Pt/P@MIL-101(Cr) 催化加氢脱氧反应的转化率增加约 70%，这是由于 Pt/P@MIL-101(Cr) 较 Pt/MIL-101(Cr) 增加了一定量的中等强度的 Brönsted 酸性位，促使油酸的脱羰/羧基化，其 Pt/P@MIL-101(Cr) 催化油酸的加氢脱氧反应途径如图 2-5 所示。

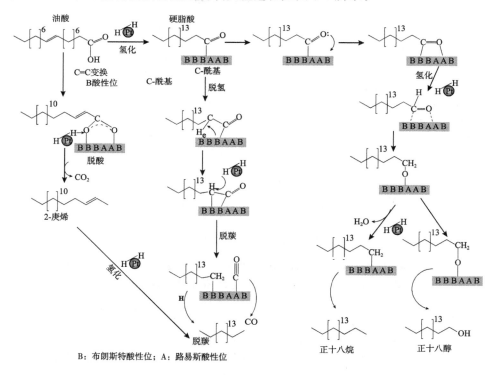

图 2-5　Pt/P@MIL-101(Cr) 催化油酸加氢脱氧的反应途径（Phan 等，2020）

MIL 系列 MOFs 材料因其具有丰富的反应活性位点、大比表面积及可调谐的光吸收能力，能与其他活性组分[如 MnO_2（Haroon 等，2020）、杂多酸（Masoumi 等，2020）、TiO_2（Chen 等，2021）、CeO_2（Huo 等，2021）、Bi_2MoO_6（Zhao 等，2020）等]复合，得到光催化活性较好的复合催化材料。Huo 等（2021）通过温和的溶剂热法合成了 CeO_2/MIL-101（Fe）复合型光催化剂。在可见光照射下，研究了 CeO_2/MIL-101（Fe）从目标油中去除二苯并噻吩的氧化脱硫性能，取得了较好的实验效果。Lu 等（2021）通过串联合成后修饰策略将 Weakley 型多酸 $Na_7[H_2LaW_{10}O_{36}]$ 封装于介孔 MIL-101（Cr）基体中，得到 $LaW_{10}O_{36}@MIL$-101（Cr）复合催化材料，在氧化脱硫反应中也表现出优异的催化性能，对二苯并噻吩、4,6-二甲基二苯并噻吩、苯并噻吩的去除效率分别为 99.1%、94.5%、84.7%，高的性能源于 $LaW_{10}O_{36}@MIL$-101（Cr）复合催化材料 Cr…O—W 协同作用中的限制效应。

2.2 ZIFs 基催化材料

ZIFs（zeolitic imidazolate frameworks）系列材料是由 Zn（Ⅱ）或 Co（Ⅱ）作为金属簇以四面体配位方式与咪唑类配体通过化学自组装得到的一类具有沸石拓扑结构的多孔 MOFs 材料，它是由 Yaghi 课题组首次报道的（Park 等，2006；Wang 等，2008）。ZIFs 系列 MOFs 材料除了具有 MOFs 的多孔性能、高比表面积、规整孔道结构及孔道化学性质可调等优点外，还可在回流的有机溶剂、水中保持良好的化学稳定性。此外，ZIFs 系列 MOFs 材料制备方法简单、耗时短、成本低廉，被国内外研究者广泛关注，其中，ZIF-8 和 ZIF-67 研究最多，它们分别由 Zn^{2+} 和 Co^{2+} 与二甲基咪唑配体通过化学自组装形成。表 2-2 为 ZIFs 基催化材料的应用研究概况。

Fazaeli 等（2015，2016）采用一锅水热法合成 ZIF-8@GO 纳米复合材料，随后使用含有 NaOH 和 KOH 的混合碱液对 ZIF-8@GO 进行水热处理，得到 KNa/ZIF-8@GO 掺杂型纳米复合材料。经 FTIR、XRD、BET、TGA、SEM 等表征可知，催化剂合成过程中，氧化石墨烯（GO）的结构仍保持完好，且 ZIF-8 成功固定在 GO 片上；此外，KNa/ZIF-8@GO 的比表面积较 ZIF-8（1 373 m^2/g）下降到 365 m^2/g，这是由于 K、Na 占据了 ZIF-8 孔道，导致比表面积减小。在回流温度下反应 8 h，KNa/ZIF-8@GO 催化大豆油与甲醇的酯交换反应，获得 98% 的转化率。该小组又采用溶胶-凝胶法合成了 KNa/ZIF-8 复合型催化剂，结果表明，KNa/ZIF-8

表 2-2 ZIFs 基催化材料应用研究概况

序号	起始原料（摩尔比）	催化剂	反应条件（时间，温度，催化剂用量）	产率(Y)或转化率(C)	重复使用	反应活化能/(kJ/mol)	参考文献
1	大豆油+甲醇（1:18）	KNa/ZIF-8@GO	8 h，甲醇回流温度，8%	C=98%	重复3次，C>80%	/	Fazaeli 等，2015
2	大豆油+甲醇（1:10）	KNa/ZIF-8	3.5 h，100℃，8%	C>98%	重复3次，C>70%	/	Saeedi 等，2016
3	大豆油+甲醇（1:6）	酶@ZIF-67	60 h，45℃，0.1 g	Y=78%	重复6次，Y=56%	/	Rafiei 等，2018
4	大豆油+甲醇（1:4）	RML@ZIF-8	24 h，45℃，8%	Y=95.6%	重复10次，Y=84.7%	/	Adnan 等，2018
5	大豆油+甲醇（1:15）	ZIF-90-Gua	6 h，65℃，1%	C=95.4%	重复5次，C=82.6%	/	Xie 等，2019
6	劣质油+甲醇（1:30）	$H_6PV_3MoW_8O_{40}$/Fe_3O_4/ZIF-8	10 h，160℃，6%	C=92.6%	重复5次，C=80.4%	/	Xie 等，2021
7	莱籽油+甲醇（1:10）	HPA/ZIF-8	2 h，200℃，4%	C=98.02%	重复5次，活性无明显下降	/	Jeon 等，2019
8	甘油+碳酸二甲酯（1:4）	MgO@ZIF-8	2 h，75℃，0.2 g	C=21.2 mmol/g（催化剂）	未报道	/	Chang 等，2020
9	油酸+甲醇（1:60）	HPA/ZIF(His.)	4 h，甲醇回流温度，50 mg	C=92%	重复4次，C=73%	/	Narenji-Sani 等，2020
10	微藻脂质+甲醇（1:20）	HPW/ZIF-67	1.5 h，200℃，1%	C=98.5%	重复6次，C=91.3%	/	Cheng 等，2021

续表2-2

序号	起始原料（摩尔比）	催化剂	反应条件（时间，温度，催化剂用量）	产率(Y)或转化率(C)	重复使用	反应活化能/(kJ/mol)	参考文献
11	混合植物油+甲醇(1:21)	NaOH/ZIF-8	1 h,65 ℃,3%	C≈100%	重复2次，C=70%	70.56	Abdelmigeed等，2021a
12	混合植物油+乙醇(1:21)	NaOH/ZIF-8	1.5 h,75 ℃,1%	C=70%	重复2次，C=30%	77.27	Abdelmigeed等，2021b
13	废植物油+甲醇(1:15)	ACL/ZIF-67/KOH	3 h,65 ℃,3%	Y=98.31%	重复4次，Y>90%	83.082	Foroutan等，2022
14	油酸+乙醇(1:30)	Fe_3O_4@ZIF-8/TiO_2	62.5 min,50 ℃,6%	Y=80%	重复5次，Y=77.22%	5.95	Sabzevar等，2021

表现出优异的催化活性及稳定性,这源自 KNa/ZIF-8 具有高的碱量、大的比表面积(1 195 m²/g)以及元素组成的均匀性;当 K 的负载量为 0.08% 时,KNa/ZIF-8 催化大豆油与甲醇的酯交换反应能获得 98% 的转化率。

Rafiei 等(2018)通过"瓶中造船"法将脂肪酶(皱褶假丝酵母,*Candida rugosa*)封装到微孔沸石咪唑酯框架 ZIF-67 中,得到多相生物催化剂酶@ZIF-67。在无溶剂的温和条件下,催化大豆油与甲醇酯交换反应 60 h,其产率为 78%。Adnan 等(2018)采用一锅封装法将米黑根毛霉酶(*Rhizomucor miehei*,RML)封装于 X 型 ZIF-8 框架中,合成得到 RML@ZIF-8 多相生物催化剂(合成途径见图 2-6)。实验表明,RML@ZIF-8 的活回收率高达 2 632%,相对于原始固定化酶提高了 26 倍;活性测试表明,RML@ZIF-8 在连续反应 10 个批次后可保留 84.7% 转化率。

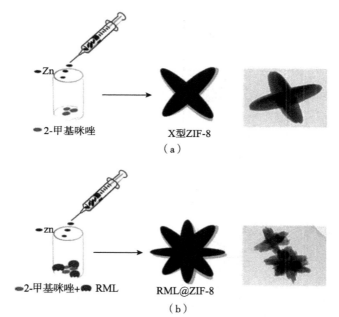

图 2-6 催化剂合成途径:(a)ZIF-8 合成示意图;(b)浸渍法合成 RML@ZIF-8(Adnan 等,2018)

Xie 等(2019)利用 ZIF-90 框架材料中的醛基,通过共价修饰,将有机胍固载到 ZIF-90 框架材料上,得到多相固体碱催化剂 ZIF-90-Gua。表征结果显示,负载有机胍后,ZIF-90 框架材料的结构和基本性能基本保持不变。将 ZIF-90-Gua 用于大豆油和甲醇的酯交换反应制备生物柴油,在最佳条件下,大豆油的转化率可以达到 95.4%。此外,该催化剂能通过简单过滤的方法回收循环使用,重复使用5次其催化活性没有显著降低。

随后，Xie 等（2021）又通过原位法将 ZIF-8 包覆在 Fe_3O_4 表面得到载体，随后将钒掺杂的杂多酸（$H_6PV_3MoW_8O_{40}$）负载在 Fe_3O_4/ZIF-8 载体上，合成出磁性 $H_6PV_3MoW_8O_{40}/Fe_3O_4/ZIF$-8 复合催化剂（图 2-7），并用于催化劣质油与甲醇进行酯化、酯交换反应，160 ℃反应 10 h，反应转化率达 92.6%，催化剂重复使用 5 次后，仍保持 80.4% 的转化率。

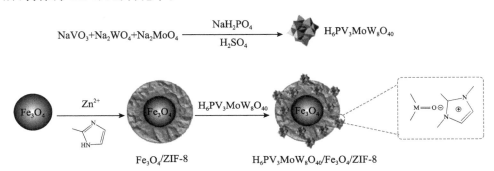

图 2-7　$H_6PV_3MoW_8O_{40}/Fe_3O_4/ZIF$-8 的合成示意图（Xie 等，2021）

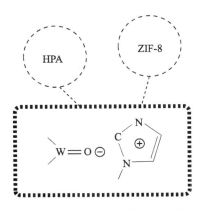

图 2-8　HPA/ZIF-8 催化剂中可能形成的化学键结构（Jeon 等，2019）

韩国 Jeon 等（2019）报道了一种核-壳结构酸碱多功能催化剂（HPA/ZIF-8），经各种表征数据显示，HPA/ZIF-8 催化剂拥有一个大比表面积（457.02 m^2/g），且由于静电效应的存在，在 HPA 与 ZIF-8 之间可能形成强的 O—N 键（图 2-8），这有效改善了催化剂的活性及稳定性。在生物柴油合成中，HPA/ZIF-8 重复使用 5 次催化活性几乎不变。

Chang 等（2020）合成了一系列不同 MgO 负载量的 MgO@ZIF-8 负载型双功能催化剂。实验结果表明，在催化剂合成过程中，MgO 纳米颗粒能较好沉积在 ZIF-8 表面上，且催化剂的焙烧过程没有破坏 ZIF-8 框架结构；此外，通过纳米限域效应，ZIF-8 的表面位点和微孔为 Mg 前驱体的初始沉积和随后的 MgO 颗粒的形成提供了合适的主体环境。将 MgO@ZIF-8 用于催化甘油和碳酸二甲酯的酯交换反应，机理如图 2-9 所示，研究发现 MgO 负载量为 50% 的 MgO@ZIF-8 催化剂显示出比 MgO 和 ZIF-8 更高的催化活性，这可能由于 MgO 和 ZIF-8 之间存在的协同催化效应。

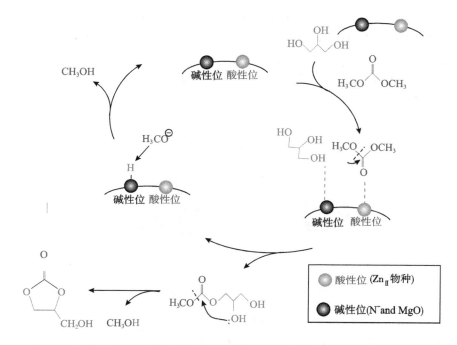

图 2-9 MgO@ZIF-8 催化甘油和碳酸二甲酯酯交换反应机理(Chang 等,2020)

Narenji-Sani 等(2020)合成了多相杂多酸($H_6P_2W_{18}O_{62}$)功能化的沸石咪唑框架复合材料 HPA/ZIF(His.),其分子结构如图 2-10 所示。将 HPA/ZIF(His.)用于催化油酸和甲醇的酯化反应以制备生物柴油。实验结果显示,HPA/ZIF(His.)中 HPA 的负载量为 40.5%,在最佳催化条件下,油酸甲酯的产率高于 90%。此外,HPA/ZIF(His.)还能适用于催化月桂酸、肉豆蔻酸、硬脂酸、软脂酸与甲醇的酯化反应,其产率分别为 98%、96%、91%、78%。

Cheng 等(2021)使用磷钨酸(HPW)修饰 ZIF-67 合成了一种新型的双功能多相催化剂 HPW/ZIF-67,并用于催化微藻脂质与甲醇反应以制备生物柴油。表征发现,引入 HPW 后,Co—N 键含量从 32.4% 减少到 21.7%,表明 HPW 的引入会导致催化剂中 Co—N 键的断裂促进生成不饱和的 Co 阳离子和咪唑配体末端 N^-,而后与 HPW 形成 W—O—N 共价键(图 2-11),使其催化剂中 Lewis 酸位与 Brönsted 酸位的比例从 0.1 增加到 0.66,Lewis 碱量从 0.45 mmol/g 增加到 4.53 mmol/g,这有效增强了催化剂的催化活性及稳定性。在最佳催化条件下,HPW/ZIF-67 催化反应的转化率(98.5%)较 ZIF-67(72.7%)的高,但该催化体系所需反应温度较高,为 200 ℃。

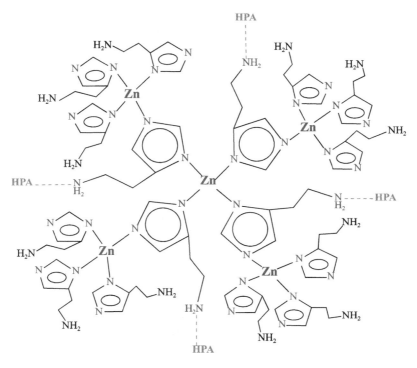

图 2-10　HPA/ZIF(His.)的分子结构（Narenji-Sani 等,2020）

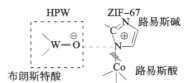

图 2-11　HPW/ZIF-67 催化剂中形成的化学键结构（Cheng 等,2021）

Abdelmigeed 课题组(2021a;2021b)通过浸渍法合成了磁性 NaOH/ZIF-8 固体碱,并将其用于催化混合植物油与甲醇、乙醇酯交换反应制备生物柴油。最佳条件下,NaOH/ZIF-8 催化混合植物油与乙醇的酯交换反应,转化率达 70%。通过酯交换反应的动力学进行研究,得到指前因子为 1.12×10^{10} L/(mol·min),反应活化能为 77.27 kJ/mol。

Foroutan 等(2022)对丝瓜（*Luffa cylindrica*）进行碳化得到活性炭前驱体（ACL）,随后使用 ZIF-67 和 KOH 对 ACL 进行改性,得到 ACL/ZIF-67/KOH 复合催化材料。表征发现,ACL、ZIF-67、ACL/ZIF-67 和 ACL/ZIF-67/KOH 样品

的比表面积分别为 99.714 m^2/g、1 695.7 m^2/g、956.99 m^2/g 和 2.322 m^2/g,表明引入 ZIF-67 对 ACL 进行改性能提高其活性比表面,能够在孔道中负载更多的活性组分 KOH。将 ACL/ZIF-67/KOH 复合催化剂用于催化废植物油与甲醇的酯交换反应时,显示出良好的催化活性。一级动力学模型被用于分析该酯交换反应体系,结果显示,该反应的活化能为 83.082 kJ/mol;表观热力学参数显示表观焓变(ΔH)为 80.313 kJ/mol,熵变(ΔS)为 188.26 J/(mol·K),吉布斯自由能变(ΔG)为 68.076 kJ/mol,表明该酯交换反应具有吸热性及非自发性。此外,本实验中由废植物油合成的生物柴油符合 ASTM D6751 和 EN14214 标准,表明其具有合适的燃料性能,有望替代化石燃料。

2.3 UiO 基催化材料

UiO 系列材料是一类 12 配位的新型 MOFs,最初由奥斯陆大学 Lillerud 等在 2008 年合成的一类基于四价金属 Zr 为节点的高稳定性的 Zr-MOF 材料(Cavka 等,2008)。比较典型的 UiO 系列材料有 UiO-66、UiO-67、UiO-68,其中 UiO-66 研究最多。UiO-66 由正八面体 $Zr_6O_4(OH)_4$ 金属簇与对苯二甲酸配位而成,其结构中含有正八面体和正四面体两种孔笼,且两类孔笼通过三角形的孔窗相互连通(图 2-12),由于较多的链接点和较强的结合键能(Zr—O),使得 UiO-66 拥有较好的化学热稳定性,在 500 ℃和多种有机溶剂中也能保持原有框架结构(Zhang 等,2022);同时,由于 UiO-66 存在缺陷位与 Lewis 酸特性,在许多酸催化反应中表现出良好的催化性能。表 2-3 为 UiO 基催化材料近年来的应用研究概况。

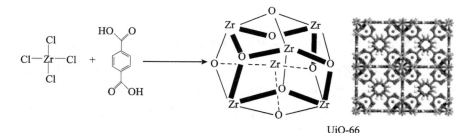

UiO-66

图 2-12 UiO-66 的结构与合成示意图(Zhang 等,2022)

表2-3　UiO 基催化材料应用概况

序号	起始原料（摩尔比）	催化剂	反应条件（时间，温度，催化剂用量）	产率(Y)或转化率(C)	重复使用	反应活化能/(kJ/mol)	参考文献
1	月桂酸+甲醇（1:26）	UiO-66-NH$_2$	2 h, 60 ℃, 8%	Y>99	未报道	/	Cirujano 等, 2015
2	三丁酸甘油酯+甲醇（1:40）	UiO-66	5 h, 120 ℃, 0.1 g	C=98.5%	重复4次，C=96%	/	Zhou 等, 2016
3	大豆油+C8+C10(1:5:5)	Cs$_{2.5}$H$_{0.5}$PW$_{12}$O$_{40}$@UiO-66	10 h, 150 ℃, 7%	FA掺入量=20.3%	重复5次，活性有所下降	/	Xie 等, 2017
4	大豆油+甲醇（1:35）	AILs/HPW/UiO-66-2COOH	6 h, 110 ℃, 10%	C=95.8%	重复5次，C>80%	/	Xie 等, 2019c
5	乙酸+异辛醇（6:1）	UiO-67-CF$_3$SO$_3$	18 h, 90 ℃, 0.2 g	C=98.6%	重复5次，C=95.9%	/	Xu 等, 2018
6	乙酰丙酸+乙醇（1:10）	UiO66-SO$_3$H(100)	6 h, 80 ℃, 0.4%	Y=87%	重复4次，Y=84%	/	Desidery 等, 2018
7	乙酰丙酸+乙醇（1:20）	UiO-66-(COOH)$_2$	24 h, 78 ℃, 0.39%	Y=97%	重复5次，Y=93.9%	/	Wang 等, 2019
8	丁酸+丁醇（1:2）	UiO-66(COOH)$_2$	24 h, 110 ℃, 5%	C=90%	重复4次，C>70%	/	Jrad 等, 2019
9	油酸+甲醇（1:39）	UiO-66(Zr)-NH$_2$	4 h, 60 ℃, 6%	C=97%	重复4次，C>50%	15.13	Abou-Elyazed 等, 2019
10	油酸+甲醇（1:39）	10SA/UiO-66(Zr)	4 h, 25 ℃, 6%	C=94.5%	重复6次，C=83%	32.53	Abou-Elyazed 等, 2020

续表 2-3

序号	起始原料（摩尔比）	催化剂	反应条件（时间、温度、催化剂用量）	产率(Y)或转化率(C)	重复使用	反应活化能/(kJ/mol)	参考文献
11	乙酸+甘油(3:1)	UiO-66/AC	3 h,90 ℃,5 g/L	S(DAG)=55.3%	重复3次,S(DAG)=52.08%	/	Dizoǧlu and Sert,2020
12	油酸+甲醇(1:20)	K-PW$_{12}$@UIO-66(Zr)	4 h,75 ℃,5%	C=90%	重复10次,活性无明显下降	/	Zhu等,2021
13	软脂酸甘油酯+甲醇(1:121.5)	UiO-66-[C$_3$NH$_2$][SO$_3$CF$_3$]	12 h,85 ℃,0.025 g	Y=86.6—98.4%	未报道	38.9	Peng等,2020
14	乙酰丙酸+乙醇(1:15)	UiO-66-0.5(LA)	8 h,78 ℃,1.8%	Y=84%	重复5次,Y=75%	/	Wei等,2020
15	油酸+甲醇(1:69.8)	UiO-66 MOF	—,10%	—	未报道	54.9±1.8	Chaemchuen等,2020
16	麻疯树油+甲醇(1:25)	PSH/UiO-66-NO$_2$	4 h,70 ℃,4%	C=97.57%	重复3次,C=77.14%	/	Dai等,2021
17	Ricinus communis油+甲醇(1:3)	酶/Zr-MOF/PVP	12 h,50 ℃,2 mg	C=83%	重复7次,C=66%	/	Badoei-dalfard等,2021
18	油酸+甲醇(1:12)	UiO-G	2 h,70 ℃,8%	C=91.3%	重复4次,C=66.6%	/	Li等,2021
19	油酸+甲醇(1:39)	Ca^{2+}/UiO-66(Zr)	4 h,60 ℃,6%	Y=98%	重复5次,Y=84%	28.61	Abou-Elyazed等,2022
20	乙酸+正丁醇(1:2)	HPW@UiO-66	3 h,120 ℃,3%	C=80.2%	重复4次,C=63%	36.73	Ma等,2022

续表 2-3

序号	起始原料 （摩尔比）	催化剂	反应条件(时间，温度，催化剂用量)	产率(Y)或转化率(C)	重复使用	反应活化能/(kJ/mol)	参考文献
21	油酸＋甲醇(1：14)	AIL@NH₂-UiO-66	6 h,75 ℃,5%	C=95.22%	重复 6 次，C=90.42%	/	Lu 等,2022
22	月桂酸＋甲醇(1：15)	Ag₁(NH₄)₂ PW₁₂O₄₀/UiO-66	3 h,150 ℃,10%	C=75.6%	重复 4 次，C=70.6%	35.2	Zhang 等,2022
23	千金子油＋甲醇(1：16)	HPW/UiO-66-NH₂	3.7 h,82 ℃,3.5%	Y=98.2%	重复 4 次，Y=91%	31.0	Tan 等,2022
24	葡萄糖 40 mg＋正丙醇 5 mL	Al@UiO-66	12 h,90 ℃,7 mg	Y=37.5%	重复 4 次，Y=27.5%	/	Li 等,2022a
25	葡萄糖＋水 5 mL	UiO-66-NH-R-SO₃H	24 h,170 ℃,0.23%	Y=71.6%	未报道	/	Lee 等,2022
26	油酸＋甲醇(1：40)	FDCA/SA-UiO-66(Zr)	24 h,60 ℃,6%	Y=98.4%	重复 6 次，Y>90%	/	Li 等,2022b

Cirujano 等(2015)以对苯二甲酸、2-氨基对苯二甲酸为配体,合成了 UiO-66、UiO-66-NH₂ 催化剂,并用于催化各种饱和、不饱和脂肪酸与甲醇、乙醇进行酯化反应。实验表明,合成的 Zr 基 MOFs 材料在酯化反应中表现出好的催化活性,且 UiO-66-NH₂ 的催化活性高于 UiO-66,这是由于 UiO-66-NH₂ 存在的酸碱协同催化效应,其不饱和的 Zr 空位致使酸的双重活化,同时 UiO-66-NH₂ 中的氨基也促进醇的去质子化或水的消除,有效促使反应的进行,其具体的反应机理如图 2-13 所示。

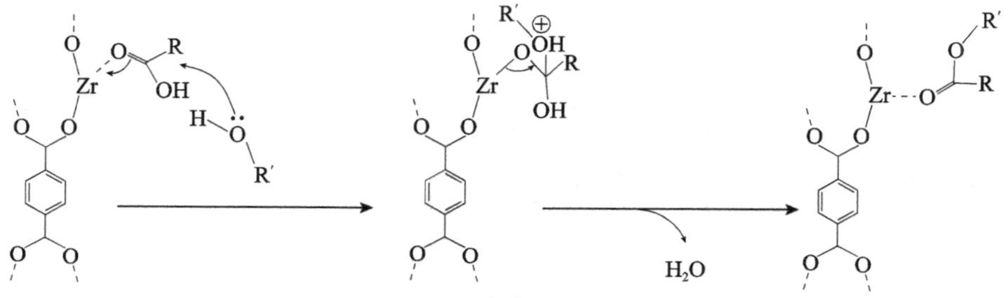

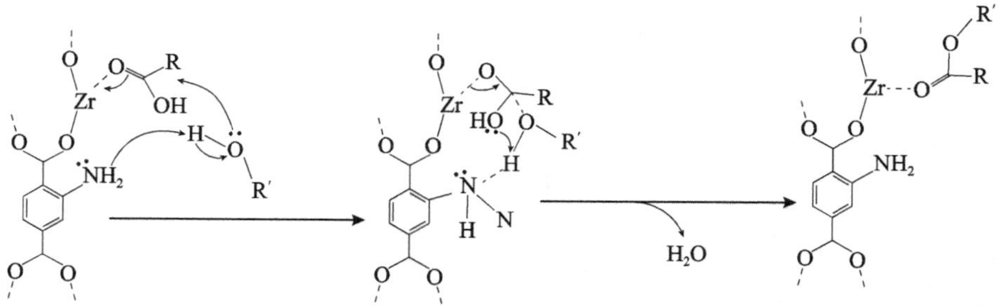

（a）

（b）

图 2-13　酯化反应机理（a）单功能 UiO-66 酸催化剂,
（b）酸碱双功能 UiO-66-NH₂ 催化剂（Cirujano 等,2015）

Zhou 等(2016)在 UiO-66 合成体系中改变晶化温度和对苯二甲酸/Zr 的摩尔比合成出一系列含有不同缺陷结构的 UiO-66 催化剂,考查其在三丁酸甘油酯和大豆油与甲醇酯交换反应中的催化性能。对合成的 UiO-66 进行 XRD、物理吸附、NH₃-TPD 等表征及活性测试,结果表明,UiO-66 催化剂中缺陷位的数量对其催化活性有较大影响,随着 UiO-66 材料中缺陷位数目的增多,UiO-66 的催化活性也随之相应增大。此外,合成具有缺陷的 UiO-66 催化三丁酸甘油酯酯交换反应循环使用 4 次,其催化活性仍可保持原始活性的 96%,表明含缺陷结构的 UiO-66 催化剂是一种高效的、稳定的非均相固体酸催化剂。

Xie 等（2019c）采用"瓶中造船"策略，将杂多酸（HPW）离子液体（[SO₃H-(CH₂)₃-HIM][HSO₄]，AILs，结构如图 2-14 所示）封装到具有独特笼-窗结构的 UiO-66-2COOH 框架材料中得到 AILs/HPW/UiO-66-2COOH 固体酸，并以多相催化方式将该催化剂用于大豆油和甲醇的酯交换反应体系。研究结果表明，AILs/HPW/UiO-66-2COOH 有效提高了离子液体的负载率，较好地缓解了活性组分易流失问题，表现出高的催化活性及稳定性。

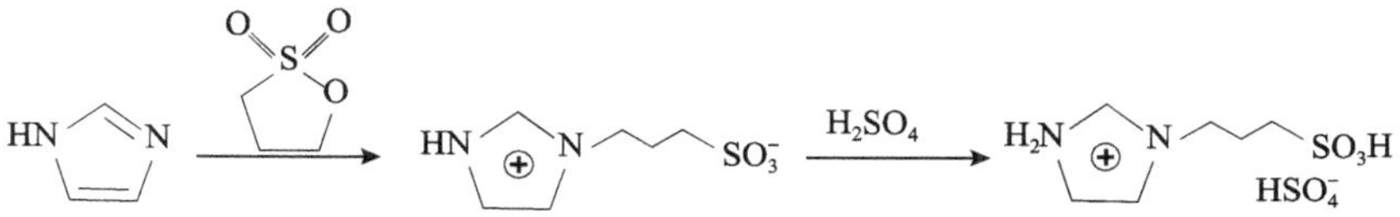

图 2-14　[SO₃H-(CH₂)₃-HIM][HSO₄]离子液体的合成示意图（Xie 等，2019c）

Xu 等（2018）采用溶剂热法合成了 UiO-67-bpy 前驱体，随后通过 UiO-67-bpy 配体中的 2,2′-联吡啶基团与三种 Brönsted 酸（H_2SO_4、CF_3SO_3H、hifpOSO₃H）进行酸碱相互作用，将酸性离子液体基团引入 UiO-67-bpy 中，合成得到 UiO-67-HSO₄、UiO-67-CF₃SO₃、UiO-67-hifpOSO₃ 三种酸性离子液体基 Zr-MOF 材料（图 2-15）。使用各种技术手段对催化剂进行表征，结果显示，酸性离子液体基团成功引入到 UiO-67-bpy 的框架中，合成过程并没有破坏原始材料的晶体结构，且 UiO-67-HSO₄、UiO-67-CF₃SO₃、UiO-67-hifpOSO₃ 三种材料仍具有较高的比表面积和较大的孔径，有利于乙酸和异辛醇酯化反应的进行。催化性能测试表明，UiO-67-CF₃SO₃ 的催化活性最佳，最佳条件下，异辛醇的转化率达 98.6%。此外，UiO-67-CF₃SO₃ 在以不同酸和醇为反应底物的酯化反应中，也表现出良好的催化性能，醇的

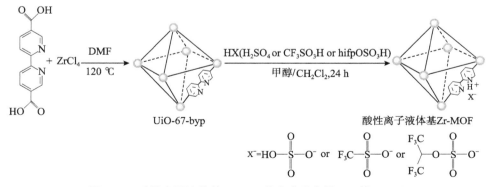

图 2-15　酸性离子液体基 UiO-67 的合成示意图（Xu 等，2018）

转化率均能够达到 85% 以上,表明 UiO-67-CF$_3$SO$_3$ 在酯化反应中具有一定的普适性。

Jrad 等(2019)合成了 UiO-66、UiO-66(COOH)$_2$ 和 UiO-66(NH$_2$)三种 Zr 基 MOFs 催化材料,表征发现,对于使用不同有机配体合成得到的 Zr-MOFs,其催化活性与缺陷数量没有直接关系,其 UiO-66(COOH)$_2$ 展现出最佳的催化活性,这是由于 UiO-66(COOH)$_2$ 中的有机配体上具有其他活性酸官能团及 Zr-MOFs 具有的较小粒径,这有利于催化反应过程中传质过程的进行,改善其催化效果。

Abou-Elyazed 等(2019,2020)合成了一系列具有缺陷结构的 UiO-66(Zr)基催化材料,并用作油酸与甲醇进行酯化反应生成生物柴油的固体催化剂。催化性能结果显示,UiO-66(Zr)基催化材料的催化活性顺序为:UiO-66(Zr)-NH$_2$＞UiO-66(Zr)-NO$_2$＞UiO-66(Zr),在 60 ℃下反应 4 h,具有缺陷结构的 UiO-66(Zr)-NH$_2$催化材料催化酯化反应,生物柴油的收率(97%)和选择性(100%)优于传统方法合成的 UiO-66(Zr)(40%),酸碱双功能的 UiO-66(Zr)-NH$_2$催化剂催化酯化反应的机理如图 2-16 所示。动力学研究表明,UiO-66(Zr)-NH$_2$催化的反应体系所需的活化能较低,为 15.13 kJ/mol,表观热力学参数显示表观焓变(ΔH)为 21.72 kJ/mol,

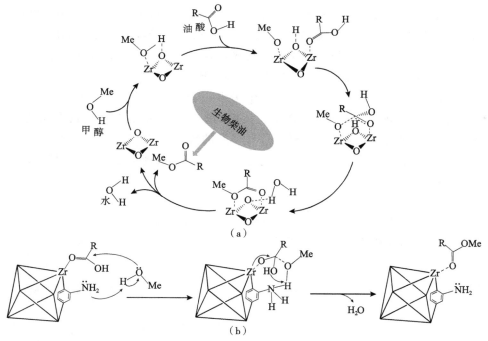

图 2-16　UiO-66(Zr)-NH$_2$催化酯化反应机理(Abou-Elyazed 等,2019):
(a)Lewis 酸催化机理;(b)Brönsted 碱催化机理

熵变（ΔS）为 0.07 kJ/(mol・K)，吉布斯自由能变（ΔG）为 0.75 kJ/mol，表明该酯化反应在室温下具有吸热性及非自发性。随后该小组采用无溶剂法将疏水性的硬脂酸（SA）嫁接到 UiO-66(Zr)表面，得到 10SA/UiO-66(Zr)复合型催化剂，该催化剂在酯化反应中表现出优异的催化活性、稳定性及耐水性。同时，也采用无溶剂法直接合成 Ca^{2+} 掺杂的 UiO-66(Zr)，结果表明，合成的材料具有高比表面积（1 120 m^2/g）和孔容（0.77 cm^3/g），且 Ca^{2+} 的掺入可有效提高 UiO-66(Zr)在油酸与甲醇酯化反应中的催化性能（Abou-Elyazed 等，2022）。

Peng 等（2020）以 $ZrCl_4$、2-氨基对苯二甲酸合成 Zr 基 UiO-66 型结构，随后在 1,3-丙烷磺内酯作用下对 UiO-66 上的 NH_2 嫁接磺酸基，随后再和 CF_3SO_3H 或 H_2SO_4 进行离子交换得到 UiO-66-$[C_3NH_2][SO_3CF_3]$、UiO-66-$[C_3NH_2][SO_4-H]$，合成示意图如 2-17 所示。通过 ^{31}P NMR、Hammett 指示、电位滴定等表征发现，UiO-66-$[C_3NH_2][SO_3CF_3]$ 具有较高的酸浓度（约 3.33 mmol/g）、超强的酸性，催化剂中规则的微孔结构能够对合成过程产生择型催化作用，通过以上多种过程的协同作用实现了酯交换反应中甲醇的活化，且抑制了逆反应，表现出优异催化活性。

图 2-17　UiO-66-$[C_3NH_2][SO_3CF_3]$ and UiO-66-$[C_3NH_2][SO_4H]$的合成示意图（Peng 等，2020）

Dai 等（2021）采用浸渍法将 Brönsted 酸性离子液体（$[HSO_3$-pmin$]^+$ $[HSO_4]^-$，PSH）成功负载到三种 Zr-MOFs 材料（UiO-66、UiO-66-NO_2、UiO-66-NH_2）中，合成得到 PSH/UiO-66、PSH/UiO-66-NO_2、PSH/UiO-66-NH_2 三种复合催化材料。结果表明，负载后的 Zr-MOFs 保持原有框架结构，其形貌和尺寸未发生明显变化，但 BET 比表面积显著减小，三种负载后的 Zr-MOFs 催化麻疯树油制备生物柴油，相同条件下发现 PSH/UiO-66-NO_2 的催化活性最高。然而，PSH/

UiO-66-NO$_2$循环使用 3 次,催化活性下降到 77.14%,这是由于离子液体 PSH 在反应过程中流失而导致重复使用效果不理想。

Badoei-dalfard 等(2021)通过静电纺丝工艺合成了 Zr-MOF/PVP 纳米纤维复合材料(其可能结构如图 2-18 所示),表征发现,Zr-MOF/PVP 具有小粒径分布、高

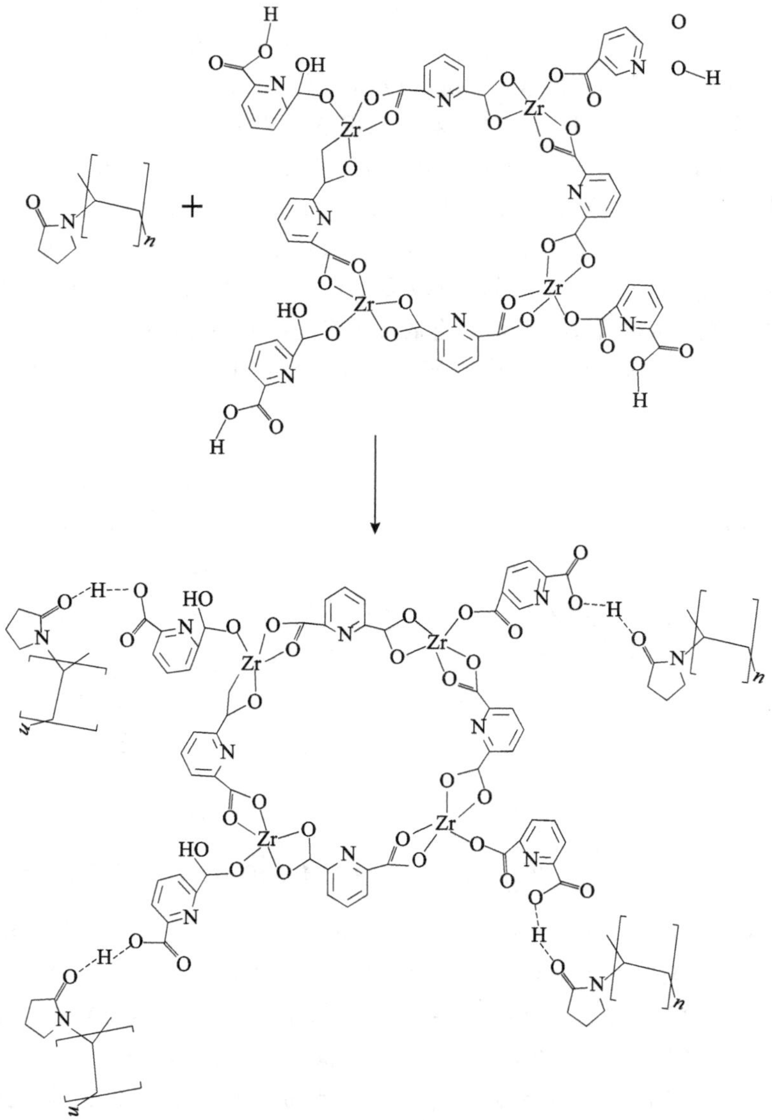

图 2-18 纳米纤维 Zr-MOF/PVP 化合物的可能结构(Badoei-dalfard 等,2021)

表面积和高结晶度；随后将脂肪酶 MG10 成功地固定在 Zr-MOF/PVP 纳米纤维上用于催化酯交换反应，反应 12 h 能获得 83% 的转化率。Lu 等（2022）通过酸碱相互作用将酸性离子液体（AIL）嫁接到 NH₂-UiO-66 上，成功合成了具有良好润湿性和较高酸性的 AIL@NH₂-UiO-66 催化剂，其结构如图 2-19 所示。表征发现，AIL 的-SO₃H 基团与 NH₂-UiO-66 的-NH₂ 基团相互作用，可以有效地将酸活性组分分散固定在 MOFs 上，形成多相固体酸催化剂。催化测试表明，AIL@NH₂-UiO-66 用于催化酯化反应，其转化率能达 90% 以上，催化酯交换反应，FAME 收率能达 80% 以上。

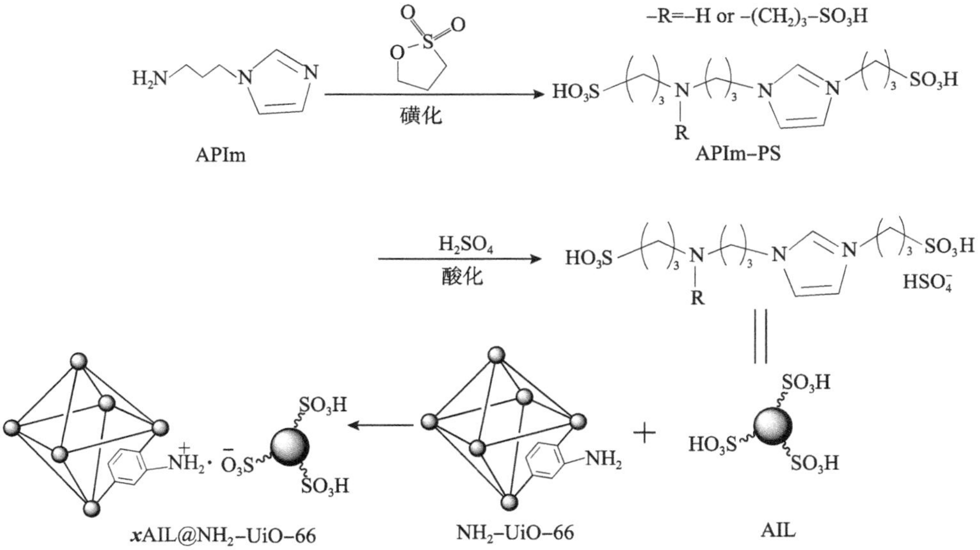

图 2-19　离子液体 AIL 及 xAIL@NH₂-UiO-66 的结构（Lu 等，2022）

UiO 系列 MOFs 材料在催化葡萄糖异构化或脱水等方面也表现出较高的活性。Li 等（2022）合成 Al 或 Sn 掺杂的 UiO-66，得到 Lewis 酸催化剂 Sn@UiO-66 和 Al@UiO-66，并在葡萄糖异构化果糖的反应中呈现出优异活性，Al@UiO-66 作为催化剂时，果糖产率达 37.5%、选择性为 63.9%，且反应过程中没有观测到 Al 的浸出；但 Sn@UiO-66 作为催化剂时，能观察到 Sn 的浸出。经表征分析，Al@UiO-66 中存在的八面体铝链和 Al—O—C 结构，有助于增强 Lewis 酸性并促进反应的进行。Lee 等（2022）也合成了一系列浸渍有不同 Brönsted 酸基团的 UiO-66 催化剂，如图 2-20 所示。考查了其催化葡萄糖转化乙酰丙酸（LA）的催化活性，结果显示，UiO-66-NH-R-SO₃H 表现出最强的 Brönsted 酸性和反应所需的烷基间隔层，能获得 71.6% 的 LA 产率。

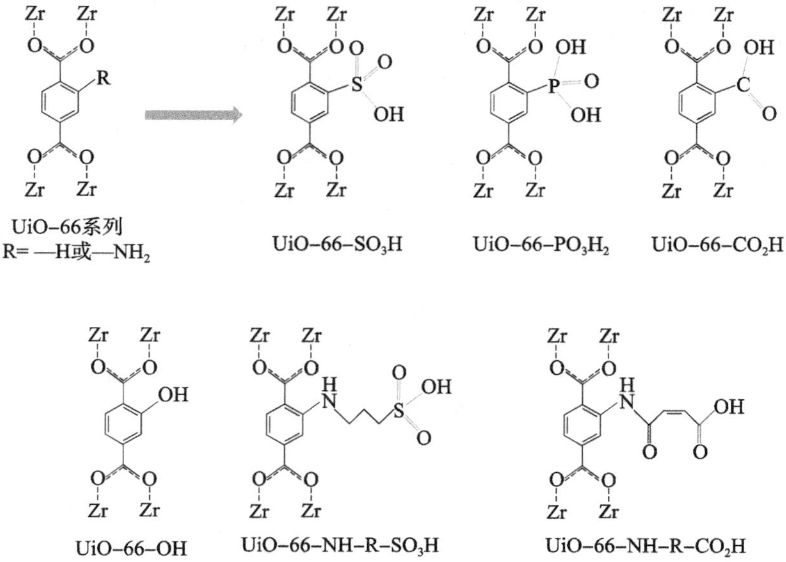

图 2-20 不同 Brönsted 酸基团的 UiO-66 催化剂(Lee 等,2022)

UiO 系列 MOFs 材料除了应用于生物质能的催化转化外,也较多地应用于光催化反应(Pan 等,2020;Wei 等,2020;Zhang 等,2020;Du 等,2020)、傅克酰化反应(Ullah 等,2018)、深度脱硫反应(Qi 等,2020;Zong 等,2020)、二甲醚合成(Li 等,2020)、过氧化氢氧化反应(Pan 等,2020)、烯烃环氧化反应(Hu 等,2021)。Pan 等(2020)通过静电引力,将 Ag^+ 与吸附在 UiO-66-NH_2 上的 I^- 反应,形成 AgI,随着反应的进行,将 AgI 与 UiO-66-NH_2 之间联结起来,得到了 AgI/UiO-66-NH_2 复合材料。电化学表征显示,AgI/UiO-66-NH_2 具有更好的光化学稳定性,更快的电荷转移效率以及更高的电子与空穴分离效率。将其用于光催化降解四环素,当 AgI 的质量分数为 30% 时,AgI/UiO-66-NH_2 对四环素光催化去除效果达到 80.7%,降解速率则是 UiO-66-NH_2 的 30.5 倍和 AgI 的 3.8 倍。此外,运用高效液相-质谱联用仪对四环素降解路径和中间产物进行分析,发现四环素在活性自由基的作用下能彻底转变为水和 CO_2 或其他无机物。

Zhang 等(2020)通过溶剂蒸发法合成了一系列不同 TiO_2 和 UiO-66-NH_2 质量比例的 TiO_2-UiO-66-NH_2 复合材料,并用于紫外光条件下光催化氧化甲苯和乙醛。经表征,发现 TiO_2-UiO-66-NH_2 具有较高的比表面积,有利于 TiO_2 的分散及活性位点与挥发性有机物的充分接触,且光生载流子可在 TiO_2-UiO-66-NH_2 界面进行有效的分离和转移。光催化性能研究表明,TiO_2-UiO-66-NH_2 在动态体系中经过 720 min 光照后对甲苯和乙醛的去除率优于纯 UiO-66-NH$_2$、TiO$_2$ 和其他 TiO$_2$ 基多孔材料。Ullah 等（2018）通过溶剂热一锅法直接合成了具有大比表面积（1 065～2 058 m^2/g）和高磷钨酸（HPW）负载量[32.3%（湿重）]的酸性 Zr 基功能 MOF 材料（HPW@Zr-BTC）。研究表明，在 Zr-BTC 适量引入 HPW，能提高 Zr-BTC 的结晶度和热稳定性，且赋予其超强酸的酸性。此外，HPW@Zr-BTC 在苯甲酰氯与茴香醚的傅克酰基化反应中展现了良好的催化活性，HPW 负载量为 28.2% 的 HPW@Zr(BTC) 催化活性最佳，苯甲醚的转化率为 99.4%，且表现出好的稳定性。Hu 等（2021）采用溶剂热法制备了 POM@UiO-66，经研究，POM（PMo$_{11}$Co）团簇均匀地分散在 UiO-66 框架材料的八面体笼中，且 PMo$_{11}$Co 的 Keggin 结构得到较好的保持；将 PMo$_{11}$Co@UiO-66 催化烯烃环氧化反应，表现出良好的催化性能及高稳定性，这主要归因于 PMo$_{11}$Co 团簇的尺寸与 UiO-66 中八面体笼的尺寸较为匹配，而笼的窗口尺寸小于 PMo$_{11}$Co 的尺寸，从而能有效地阻止活性组分在反应过程中的浸出。

从以上研究成果可以看出，UiO 系列 MOFs 材料具有路易斯酸性位点、较高的热稳定性、物理化学稳定性，以及规整的孔道结构和较大的比表面积、孔容等特点，在众多的 MOFs 材料中具有非常重要的位置。因此，UiO 系列 MOFs 材料在多个领域有着广阔的应用前景。

2.4 Cu-BTC 基催化材料

Cu-BTC 又名 HKUST-1，是 MOFs 材料中极具代表性的一类晶体材料，Cu-BTC 中包含处于不饱和配位状态的金属中心二价 Cu 离子，这些不饱和金属中心离子的配位数为 6，分别与 4 个来自不同均苯三甲酸（1,3,5-H$_3$BTC）配体的氧原子配位，轴向则以一个很弱的键与水分子配位。利用加热或真空加热等方法可以很容易地脱去这些水分子，使得中心的二价 Cu 离子呈 Lewis 酸性，当反应物扩散至孔道时，中心的二价 Cu 离子可起到催化剂的作用。Schlichte 等（2004）采用 Cu$_3$-(BTC)$_2$ 作为催化剂，应用到苯甲醛和丙酮的氰硅烷基化，其反应产率达到 57%，且具有较高的选择性。

Wee 等（2010；2011）通过将混合液在液氮中淬灭并冷冻干燥合成了 HPW 掺杂 Cu$_3$(BTC)$_2$ 的 HPW/Cu$_3$(BTC)$_2$ 纳米晶体，并用于乙酸和 1-丙醇的酯化反应。随后，该小组又通过水热合成了微米级 HPW/Cu$_3$(BTC)$_2$ 催化剂。研究发现，液氮中淬灭并冷冻干燥合成的 HPW/Cu$_3$(BTC)$_2$ 纳米晶体展现出高的催化活性，其

50 nm 及 65 nm 的 HPW/Cu$_3$(BTC)$_2$ 纳米晶体催化乙酸和 1-丙醇的酯化反应,其转化率分别为 45.4%、37.7%,高于微米级的 HPW/Cu$_3$(BTC)$_2$(12.5%)及超稳定 Y 型沸石(25%)。

Liu 等(2015)通过简单、有效的配位调节法合成了两种不同形貌 Cu$_3$BTC$_2$ 封装磷钨酸(HPW),得到晶态催化材料(H$_3$PW$_{12}$O$_{40}$/Cu$_3$BTC$_2$,NENU-3a),第一种是在没有外界干预的情况,NENU-3a 的初始形貌是完全由[111]晶面构筑的八面体,记为 o-NENU-3a,第二种是通过配位对甲基苯甲酸,得到完全由[100]晶面构成的立方体,记为 c-NENU-3a。表征结果显示,HPW 作为主要的催化活性中心有序地分散在 Cu$_3$BTC$_2$ 主体框架中;同时,不同晶面结构的差别导致了 HPW 活性中心暴露情况的不同,其性能也不同。o-NENU-3a 和 c-NENU-3a 催化各种反应底物进行酯化反应的实验结果如表 2-4 所示。从表可知,c-NENU-3a 催化活性明显优于 o-NENU-3a,且不受反应底物空间位阻的限制,说明不同形貌的 MOFs 晶体所暴露出的不同晶面确实会显著地影响催化效率。以上研究表明,如果能够通过控制 MOFs 晶面调控 MOFs 表面催化位点的暴露程度,就能使催化活性不再受孔道尺寸的限制,对一些尺寸较大的反应底物,就可以实现在晶态 MOFs 材料活性表面的高效催化转化。

Guo 等(2019)在室温下使用一步法,将磷钼酸(HPM)封装于分布均匀且尺寸合适、具有丰富孔道结构的 Cu-BTC 中,合成得到[Cu-BTC][HPM]复合催化剂,并用于催化乙酰丙酸和乙醇的酯化生成食用香料和燃料添加剂乙酰丙酸乙酯。在 120 ℃下反应 4 h,乙酰丙酸乙酯的产率为 92.4%,高的催化活性归因于 Cu-BTC 具有的高度有序和尺寸合适的孔结构以及 HPM 和 Cu-BTC 之间的强烈相互作用,使得 HPM 稳定地存在于 Cu-BTC 结构中,从而增强其催化活性。

Pangestu 等(2019)采用乙醇-水作为溶剂,通过溶剂热法合成得到晶胞长度为 37.12 nm 的棒状 CuBTc-MOF 颗粒,其比表面积为 1 085.72 m^2/g、总孔容为 1.68 cm^3/g。将 CuBTc-MOF 用于催化棕榈油与甲醇的酯交换反应体系,能获得 91% 的 FAME 产率,催化酯交换反应机理包括界面偶极、电子非定域化、亲核攻击等过程(图 2-21)。

Jiang 等(2020)以对甲基苯甲酸(pTA)为调节剂,采用一步水热合成法制备出具有[100]晶面的固载磷钨酸(HPW)型催化剂 HPW-Cu$_3$(BTC)$_2$,并考查了 HPW-Cu$_3$(BTC)$_2$ 在烯酸酯化反应中的催化性能。表征发现,随着 pTA 的增加,HPW-Cu$_3$(BTC)$_2$ 由[111]晶面逐渐过渡成[100]晶面,在晶型转变后催化剂暴露出更多的催化活性位,且能够提高 HPW 的负载量。在催化环己烯甲酸酯化反应中,环己烯转化率为 86.8%,选择性为 84.2%。

表 2-4 o-NENU-3a 和 c-NENU-3a 催化各种酯化反应(Liu 等,2015)

序号	反应底物	温度/℃	时间/h	反应产物	转化率/%	
					c-NENU-3a	o-NENU-3a
1	$CH_3COOH+CH_3OH$	60	15	CH_3COOCH_3	>99	90
2	$CH_3COOH+CH_3-CH_2OH$	75	15	$CH_3COOCH_2CH_3$	>99	86
3	$CH_3COOH+CH_3(CH_2)_2OH$	95	24	$CH_3COO(CH_2)_2CH_3$	>99	82
4	$CH_3COOH+(CH_3)_2-CHOH$	80	24	$CH_3COOCH(CH_3)_2$	>99	72
5	$CH_3COOH+CH_3-(CH_2)_3OH$	100	24	$CH_3COO(CH_2)_3CH_3$	98	71
6	$CH_3COOH+CH_3-(CH_2)_5OH$	100	24	$CH_3COO(CH_2)_5CH_3$	94	64
7	$CH_3COOH+CH_3-(CH_2)_7OH$	100	24	$CH_3COO-(CH_2)_7CH_3$	92	35
8	$CH_3(CH_2)_4COOH+CH_3(CH_2)_5OH$	130	24	$CH_3(CH_2)_4COO(CH_2)_5CH_3$	83	31
9	$CH_3(CH_2)_{10}COOH+CH_3OH$	65	24	$CH_3(CH_2)_{10}COOCH_3$	94	18
10	$CH_3(CH_2)_{12}COOH+CH_3OH$	65	24	$CH_3(CH_2)_{12}COOCH_3$	90	16
11	$CH_3(CH_2)_{14}COOH+CH_3OH$	65	24	$CH_3(CH_2)_{14}COOCH_3$	94	22
12	$CH_3(CH_2)_{16}COOH+CH_3OH$	65	24	$CH_3(CH_2)_{16}COO-CH_3$	91	21
13	$CH_3(CH_2)_{18}COOH+CH_3OH$	65	24	$CH_3(CH_2)_{18}COOCH_3$	90	19
14	$CH_3(CH_2)_{20}COOH+CH_3OH$	65	24	$CH_3(CH_2)_{20}COOCH_3$	91	17

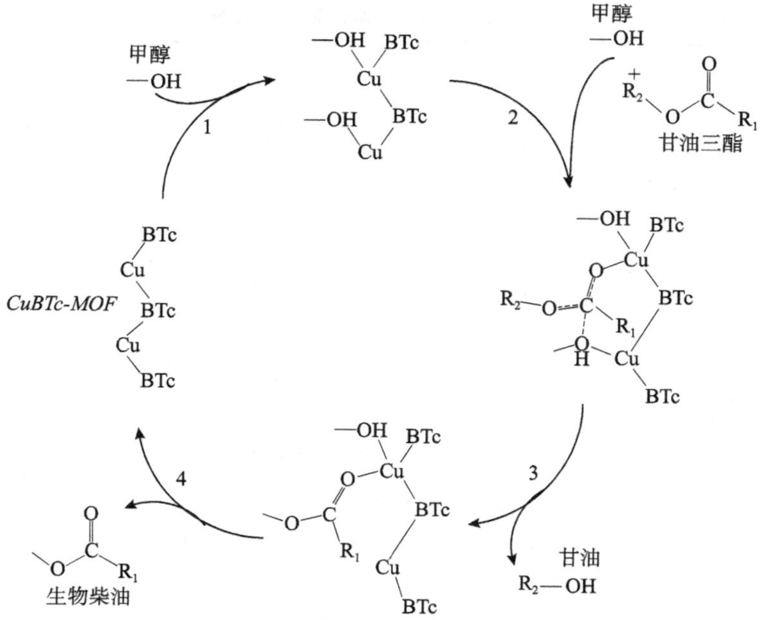

图 2-21 CuBTc-MOF 催化酯交换反应机理(Pangestu 等,2019)

Zhang 等(2021)采用一锅水热法制备出 HPMo/Cu-BTC 催化材料,表征数据显示,HPMo/Cu-BTC 复合催化剂具有介孔结构、较高的比表面积、较高的酸性及稳定性。同时,对该复合催化剂催化油酸与甲醇酯化反应的反应条件进行了优化,最优转化率为 93.7%。动力学进行研究,该酯化反应体系其所需活化能为 37.5 kJ/mol,表明该反应属于化学控制的反应。

Lestari 等(2016)采用溶剂热法和电化学法合成了 HKUST-1,优化了合成条件。采用 XRD、SEM、FTIR、DTA/TG 及 SAA 分析了所合成的 HKUST-1 物理、化学性质。Shang 等(2020)成功合成了 CuBTC@GO 复合材料,并用于 CO_2 的吸附,结果显示,CO_2 捕获量为 8.90 mmol/g,CuBTC@GO 循环使用 5 次,其吸附可逆性可以保持在 90% 以上。Hu 等(2022)利用一步共缩聚法合成了羧基功能化介孔二氧化硅 SBA-15(SBA-15C),然后通过—COOH 基团吸附的铜离子原位合成了 HKUST-1@SBA-15C 复合材料。结果表明,HKUST-1 通过—COOH 基团成功嵌入 SBA-15C 孔道中,该催化剂在 $NaBH_4$ 存在下催化 4-硝基苯酚还原成 4-氨基苯酚,表现出高的活性和稳定性。

通过 Cu-BTC 基 MOFs 材料的应用研究概况(表 2-5)可知,Cu-BTC 基材料具有比表面积大、合成简单、易操作且结构稳定等优点;此外,Cu 作为金属节点,有空的电子轨道,合成的 Cu-BTC 能够很好地提供金属活性位点。因此,它在载体、催化剂等方面具有广阔的应用前景。然而,Cu-BTC 在极性体系中回收性能较差、易造成损失,未来应从提高 Cu-BTC 的催化活性、稳定性等方面进行深入研究,如引入磺酸活性基团、采用基底修饰对 Cu-BTC 进行负载、精确调控 Cu-BTC 晶面结构等。

2.5 其他 MOFs 基催化材料

除了 MIL 基、ZIFs 基、UiO 基、Cu-BTC 基 MOFs 材料外,其他 MOFs 基催化材料也常被用于多相催化领域,表 2-6 为其他 MOFs 基催化材料在催化有机反应领域的部分应用研究概况。Peña-Rodríguez 等(2018)以 1,2-二-(4-吡啶基)-乙烯、5-硝基间苯二甲酸、$Co(NO_3)_2 \cdot 6H_2O$ 为原料,在 160 ℃下水热处理 72 h 合成了具有三维结构的 Co-MOFs 材料,并在超声辅助下催化刺桐油与甲醇进行酯交换反应,获得 80% 的 FAME 产率。Amouhadi 等(2019)采用水热法成功合成了 $MnO_2@Mn(BTC)$ 复合催化剂,并用于催化油酸与乙醇的酯化反应。结果表明,MnO_2 负载量为 15% 时,$MnO_2@Mn(BTC)$ 具有最好的催化活性,在催化酯化反应中转化率可达 98%,然而实现该反应转化率的条件是在 100 ℃下反应 12 h,需要较长的反应时间。

Marso 等(2020)合成 Cr-Tp MOF 和 Co-Tp MOF 两种 MOFs 催化材料,用于琼崖海棠(*Calophyllum inophyllum*)油的预酯化反应,预酯化率能达 90% 以上。此外,在用于催化反应前,Cr-Tp MOF 和 Co-Tp MOF 需高温处理,以产生强的 Lewis 酸性位,如图 2-22 所示。

Li 等(2020)以腺嘌呤为有机配体,通过仿生矿化技术合成了生物基 MOF 组装脂肪酶的复合物(脂肪酶@Bio-MOF)。经研究,脂肪酶参与到生物基 MOF 的结晶和组装过程,可辅助脂肪酶@Bio-MOF 形成规整的球形形貌,且组装后不会改变脂肪酶的二级结构;同时,脂肪酶@Bio-MOs 能够有效保持脂肪酶的催化活性,增强酶分子的温度耐受性及在酸碱 pH 和金属离子环境中的稳定性。此外,脂肪酶@Bio-MOF 能够高效催化葵花籽油和甲醇酯交换反应合成生物柴油。最后,该研究成果可为以 MOF 为基质的组装酶在生物催化领域的应用搭建了良好的平台。

表 2-5 Cu-BTC 基催化材料应用研究概况

序号	起始原料(摩尔比)	催化剂	反应条件(时间,温度,催化剂用量)	产率(Y)或转化率(C)	重复使用	反应活化能/(kJ/mol)	参考文献
1	乙酸+正丙醇(1:40)	HPW/Cu₃(BTC)₂	7 h,60 ℃,2.23%	C=30%	重复 2 次,C=20%	/	Wee 等,2010
2	乙酸+正丙醇(1:40)	HPW/Cu₃(BTC)₂ (50 nm)	7 h,60 ℃,2.3%	C=45.4%	未报道	/	Wee 等,2011
3	乙酸+甲醇(1:50)	c-NENU-3a	15 h,60 ℃,2.5%	C>99%	未报道	/	Liu 等,2015
4	大豆油+甲醇(1:30)	Fe₃O₄@HKUST-1-ABILs	3 h,甲醇回流温度,1.2%	C=92.3%	重复 5 次,C>80%	/	Xie 等,2018
5	乙酰丙酸+乙醇(0.5 mmol+10 mL)	[Cu-BTC][HPM]	4 h,120 ℃,40 mg	Y=92.4%	重复 3 次,Y=89.5%	/	Guo 等,2019
6	棕榈油+甲醇(1:5)	CuBTc-MOF	4 h,60 ℃,40 mg	Y=91%	重复 2 次,Y=86%	/	Pangestu 等,2019
7	甲酸+环己烯(3:1)	HPW-Cu₃(BTC)₂	8 h,70 ℃,3.1 g	C=86.8%	重复 3 次,C=76.5%	/	Jiang 等,2020
8	油酸+甲醇(1:20)	HPMo/Cu-BTC	4 h,160 ℃,.7%	C=93.7%	重复 7 次,C>80%	37.5	Zhang 等,2021
9	苯甲醛+2-氨基苯甲酰胺(1:1)	Cu₃(BTC)₂	2 h,乙醇回流温度,20%	Y=98%	重复 6 次,Y=96%	/	Latha 等,2020

表2-6　其他MOFs基催化材料应用研究概况

序号	起始原料（摩尔比）	催化剂	反应条件（时间，温度、催化剂用量）	产率（Y）或转化率（C）	重复使用	反应活化能/(kJ/mol)	参考文献
1	碳酸二甲酯+乙醇（1:3）	MOF-808	24 h，75 ℃，1%	C=82.6%	重复3次、C=81.2%	/	Desidery等，2018
2	桐桐油+甲醇（1 g+10 mL）	Co-MOF	12 h，60 ℃，25 mg，超声波	Y=80%	未报道	/	Peña-Rodríguez等，2018
3	油酸+乙醇（1:12）	MnO$_2$@Mn(btc)	12 h，100 ℃，3%	C=98%	重复5次、活性无明显下降	/	Amouhadi等，2019
4	琼崖海棠油+甲醇（1:2）	Cr-Tp MOF	2 h，25 ℃，2.5%	C=93%	重复10次、活性无明显下降	/	Marso等，2020
5	葵花油+甲醇（1:8）	Lipase@Bio-MOF	4 h，50 ℃，100 mg	C>60%	重复5次、活性下降20%	/	Li等，2020
6	地沟油+甲醇（1:20）	Cu-MOF+Ca-MOF	1 h，60 ℃，1%	Y=85%	重复3次、Y=75.1%	/	Jamil等，2020
7	油酸+甲醇（1:15）	Mg$_3$(bdc)$_3$(H$_2$O)$_2$	8 min，65 ℃，0.15%，微波	C=97%	重复5次、C=92%	/	AbdelSalam等，2020
8	劣质油+甲醇（1:6）	Zn$_3$(BTC)$_2$	4.5 h，65 ℃，1%	Y=89.89%	重复3次、活性下降4%	/	Lunardi等，2021
9	废植物油+甲醇（2:1）	MOF-801	8 h，180 ℃，10%	C=60%	重复3次、活性下降10%	/	Shaik等，2022
10	海藻脂质+甲醇（1:20）	IL/IRMOF-3	2 h，190 ℃，3%	C=98.2%	重复6次、C=85.5%	/	Cheng等，2022
11	大豆油+甲醇（1:3）	MgO@Zn-MOF	-，210 ℃，1%	Y=73.3%	重复3次、Y=67.4%	/	Yang等，2022
12	苯甲醛+甲醇（1 mmol：5 mL）氧化酯化	Co-MOFs	9 h，60 ℃，20 mg	C=100%	重复5次、活性无明显下降	/	Mekrattanachai等，2022

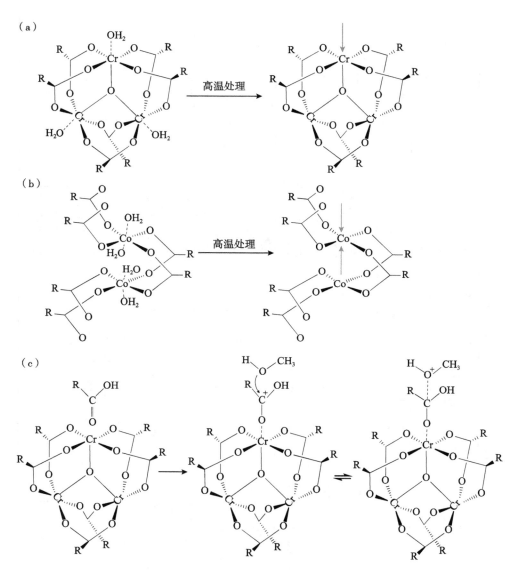

图 2-22　两种 MOFs 活性位点的形成及催化反应可能的机理:(a)Cr-Tp MOF、(b)Co-Tp MOF 形成的活性位点,(c)两种 MOFs 催化酯化反应的可能机理图(Marso 等,2020)

续图 2-22

Jamil 等（2020）以对苯二甲酸、硫酸铜、碳酸钙为原料合成了 Cu-MOF 及 Ca-MOF，并用于催化地沟油制备生物柴油，最佳条件下，FAME 产率分别为 78.3%、78%。此外，将 Cu-MOF 和 Ca-MOF 同时应用于催化地沟油制备生物柴油，其 FAME 产率可达 85%；表征发现合成的立方 MOF 晶体尺寸小于 50 nm，且在 600 ℃ 下 Cu-MOF 及 Ca-MOF 表现出优异的热稳定性。AbdelSalam 等（2020）采用微波辅助法合成了 $Mg_3(bdc)_3(H_2O)_2$ 催化剂，用于微波辅助下催化油酸与甲醇的酯化反应，其油酸转化率能达 97%，催化剂重复使用 5 次，转化率仍达 92%。

Lunardi 等（2021）通过溶剂热法合成了 $Zn_3(BTC)_2$ 催化剂，用于催化劣质植物油同时酯化、酯交换制备生物柴油，反应机理如图 2-23 所示。表征发现，$Zn_3(BTC)_2$ 具有明确的三斜晶体结构及好的热稳定性，且平均粒径约为 1.2 μm、比表面积为 1 176 m²/g。通过响应面法（RSM）对制备工艺条件进行优化，结果显示，优化条件下 FAME 产率最高可达 89.89%。

Cheng 等（2022）使用 1-丁基磺酸-3-甲基咪唑硫酸氢盐（IL，[BSO₃HMIm][HSO₄]）离子液体改性 IRMOF-3 框架材料，合成了一种新型高效双功能催化剂 IL/IRMOF-3。经研究，IL 上的磺酸基团与 IRMOF-3 上-NH₂ 形成化学键，从而较好地固定在 IRMOF-3 框架上（图 2-24），增强了催化剂的稳定性。此外，IL/IR-MOF-3 在催化反应中表现出 Lewis 酸性位与 Brönsted 酸性位的协同催化作用，其酸量达到 10.76 mmol/g，能够有效催化微藻脂质进行酯化和酯交换反应，但发生反应所需温度要求较高，为 190 ℃。

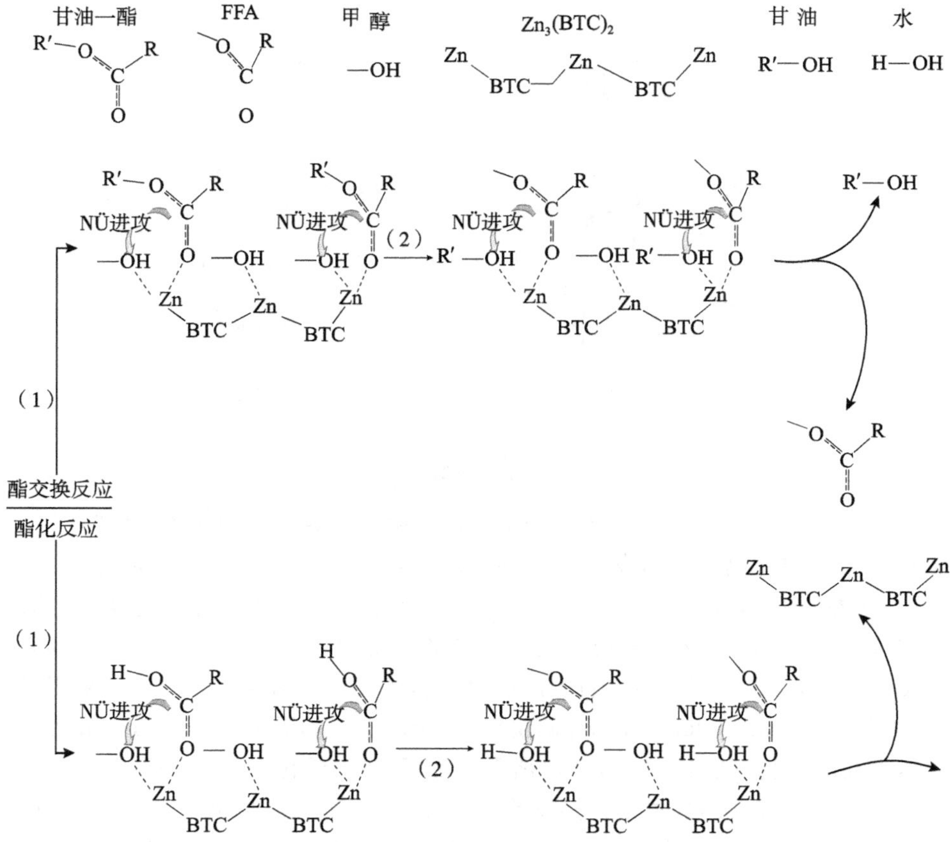

甘油一酯　　　　FFA　　　　　甲醇　　　　Zn₃(BTC)₂　　　　　　　　甘油　　　　水

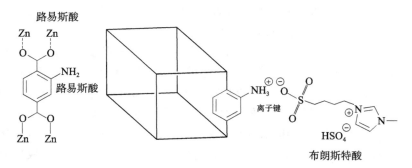

图 2-23　**Zn₃(BTC)₂ MOF 一步法催化酯化、酯交换反应的机理图**（Lunardi 等，2021）

图 2-24　**IL/IRMOF-3 中的 Lewis 酸性位和 Brönsted 酸性位**（Cheng 等，2022）

Sargazi 等（2018）通过超声辅助反胶束法成功合成了核-壳结构的 Ta-MOF@ Fe₃O₄ 磁性复合材料（图 2-25），通过表征发现，所合成的材料具有好的热稳定性（200 ℃），粒径主要分布在 38 nm 且比表面积为 740 m²/g，这些结构特点可作为脂肪酶固定化的载体，得到其复合材料，从而有潜力应用于生物质转化、生物柴油生产等生物炼制领域。

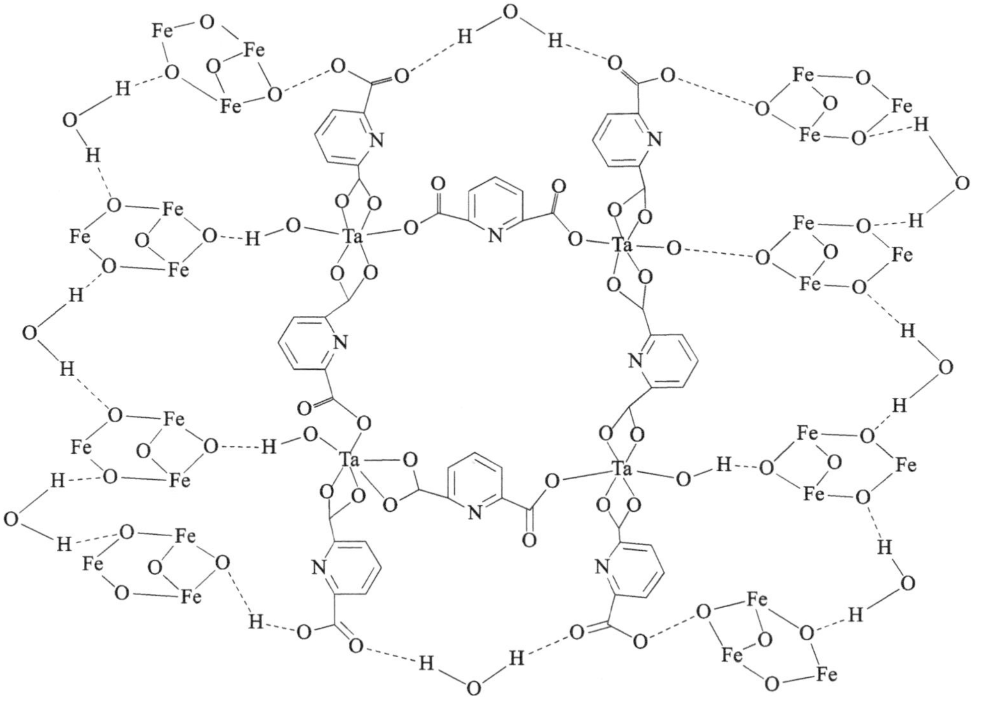

图 2-25　Ta-MOF@Fe₃O₄ 的分子结构（Sargazi 等，2018）

　　Degtyareva 等（2020）制备了 Ni-MOF-74 催化剂，并用于催化二硫化物与气态乙炔的加成反应，显示出良好的催化活性和选择性。Gao 等（2020）通过微波法、一锅法、浸渍法等三种方法将 $Mo_{16}V_2$ 作为活性组分封装于 CNTs@MOF-199 孔道内，得到高活性负载型 CNTs@MOF-199-$Mo_{16}V_2$ 催化剂。结果显示，一锅法合成的 CNTs@MOF-199-$Mo_{16}V_2$ 催化剂显示出最佳活性，可脱除模拟燃油中 100% 的噻吩硫化物，且循环利用 9 次脱硫活性仍可达到 85.12% 以上；动力学研究表明，该反应体系的活化能为 21.85 kJ/mol。

　　Li 等（2021）通过浸渍法制备了 HPW@MOF-808，用于催化生物质衍生物乙酰丙酸（LA）加氢转化 γ-戊内酯（γ-GVL），反应过程如图 2-26 所示。最佳反应条件下 γ-GVL 产率为 86%，且催化剂重复使用 10 次以上，活性没有发生较大变化，好的催化活性及稳定性归因于 MOF-808 中 Lewis 酸（Zr^{4+}）与具有 Brönsted 酸性的 HPW 之间的协同催化作用。

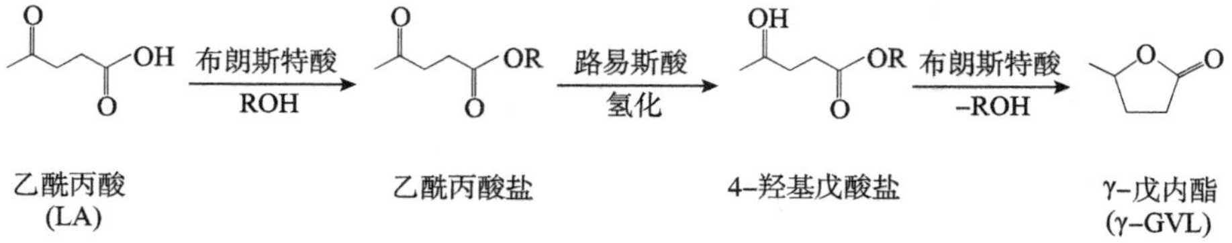

图 2-26　以醇为氢供体催化 LA 转化 γ-GVL（Li 等，2021）

2.6　MOFs 衍生物基催化材料

近年来，将 MOFs 作为前驱体，采用自模板牺牲法合成 MOFs 衍生物，通过合理设计前驱体 MOFs 的结构和优化煅烧条件（如退火温度、退火时间、加热速率和气体气氛等）可得到均匀孔径、可控形貌的微/纳米多孔复合物（Liu 等，2020；Reddy 等，2020；Ahmad 等，2022）；另外，MOFs 作为前驱体合成 MOFs 衍生物有以下几个优点：①合成过程简单方便，无须额外的模板；②MOFs 晶体结构内金属和有机配体呈周期性网络排列，使得 MOFs 衍生材料中不同组分（如金属颗粒、碳、金属氧化物等）均匀分布；③MOFs 中存在的有机配体使其可在不引入外部碳源的条件下，直接煅烧转化成多种碳基材料；④一些含杂原子的有机配体（如 2-甲基咪唑，2,5-二羧酸噻吩等）合成得到的 MOFs 可在煅烧后形成杂原子掺杂的碳基纳米材料，容易得到高密度活性中心；⑤有序的多孔结构和可调节的多尺度孔径保证了高通量传质。表 2-7 为 MOFs 衍生物基催化材料的应用研究概况，从表可知，MOFs 前驱体经煅烧后，可转化为具有独特性能的金属碳化物、碳、金属氧化物或多金属氧化物等衍生材料，在催化、能量储存与转化、环境等相关领域中显示出良好的应用前景。

Li 等（2019；2020；2022）采用 MIL-100(Fe) 作为载体，通过机械混合法（MM）和原位滴定法（ST）将碳酸锶负载到 MIL-100(Fe) 上，然后在惰性气体中煅烧得到两种催化剂，分别为 ST-SrO 和 MM-SrO。对比了 ST-SrO 和 MM-SrO 的催化活性及稳定性，结果显示，MM-SrO 表现出更为优异的性能，在催化棕榈油与甲醇的

表2-7　MOFs衍生物基催化材料应用研究概况

序号	起始原料（摩尔比）	催化剂	反应条件（时间，温度，催化剂用量）	产率(Y)或转化率(C)	重复使用	反应活化能/(kJ/mol)	参考文献
1	棕榈油+甲醇(1∶12)	MM-SrO（源于MIL-100(Fe)）	0.5 h,65 ℃,8%	C=96.19%	重复3次,C=82.49%	/	Li等,2019
2	棕榈油+甲醇(1∶9)	UCN650（源于UiO-66(Zr)）	1 h,65 ℃,6%	C=96.99%	重复3次,C=92.76%	/	Li等,2022
3	棕榈油+甲醇(1∶9)	CAM750（源于MIL-100(Fe)）	2 h,65 ℃,4%	C=95.09%	重复4次,C=62.51%	/	Li等,2020
4	油酸+甲醇(1∶30)	HPW@CoCeO（源于CoCe-MOF）	4 h,60 ℃,10%	C=67.2%	重复8次,C=61.8%	/	Zhang等,2021
5	三丁酸甘油酯+甲醇(1∶40)	SZN-500（源于Zr-MOFs）	6 h,140 ℃,0.1 g	C=71.3%	重复3次,C=57%	/	Lu等,2020
6	甲醇+脱水合成二甲醚	ZrOSO$_4$@C（源于UiO-66）	1 h,250 ℃,0.1 g	C=100%	未报道	/	Goda等,2020
7	乙酰丙酸+甲酸(1∶1)	CoNi@NG400（源于MOF Ni$_3$-[Co(CN)$_6$]）	9 h,200 ℃,0.05 g	Y=55.9%	重复4次,活性无明显下降	/	Zhu等,2021

反应中,转化率最高可达 96.19％。随后该小组又通过后功能化策略使用乙酸钙对 UiO-66(Zr)进行功能化改性,实现对 CaO 负载(CaO/ZrO$_2$),有效增加了钙基固体碱的比表面积,同时复合物中存在的 Ca 与 Zr 之间的协同效应改善了钙基固体碱的稳定性。经表征,乙酸钙负载量为 40％,N$_2$ 气氛下 650 ℃煅烧得到 UCN650 钙基催化剂的比表面积为 24.06 m^2/g、最高的碱量为 0.65 mmol/g,高于空气气氛下 700 ℃煅烧得到的 UCA700 钙基催化剂。催化活性及重复性测试结果显示,在最佳反应条件下,UCN650 催化酯交换反应,能获得 96.99％的 FAME 转化率,与普通 CaO 相比,UCN650 显示出良好的稳定性。

Zhang 等(2021)通过热解 CoCe-MOF 制备了多孔钴铈混合金属氧化物负载磷钨酸(HPW)复合物(HPW@CoCeO),并用于催化油酸与甲醇的酯化反应。对 HPW@CoCeO 复合材料进行了 FTIR、XRD、SEM、TEM、物理吸附和 NH$_3$-TPD 表征,结果显示,HPW 成功地负载到了 CoCeO 框架中,且 HPW@CoCeO 具有介孔结构和优良的酸性强度,与 HPW@CoCe-MOF 相比,HPW@CoCeO 表现出了良好的活性和稳定性。

Lu 等(2020)在 UiO-66 的合成原料中加入一定量的(NH$_4$)$_2$SO$_4$,成功合成出一系列经原位硫化的 SO$_4^{2-}$/UiO-66,当 S/Zr 投入比达到 0.5 时,得到类花瓣状的 SO$_4^{2-}$/UiO-66 晶体,并以其作为前驱体经热分解处理得到纳米片组成的类花瓣状介孔 SO$_4^{2-}$/ZrO$_2$ 催化剂。表征发现,介孔 SO$_4^{2-}$/ZrO$_2$ 保持了前驱体类花瓣状的形貌,随着热分解温度的升高,SO$_4^{2-}$/ZrO$_2$ 由四方晶相逐渐转晶为单斜晶相,其酸量、比表面积和孔容也随之降低。在 500 ℃煅烧下得到的 SO$_4^{2-}$/ZrO$_2$ 催化剂(SZN-500)展现高的比表面积(186.1 m^2/g)、强的相互作用及高的催化活性及稳定性,在催化三丁酸甘油酯与甲醇的酯交换反应中,三丁酸甘油酯转化率可达71.3％,反应机理如图 2-27 所示。

Zhu 等(2021)合成了 N 掺杂石墨烯薄壳封装 MOFs 衍生的 CoNi 纳米粒子得到 CoNi@NG400 复合催化材料,然后协同 Ag$^+$ 改性的磷钨酸(HPW)在无氢条件下催化纤维素一锅法转化戊内酯(γ-GVL),200 ℃下反应 9 h,得到 γ-GVL 产率为 55.9％,相对于两步法转化 γ-GVL 具有明显的优势。研究表明,该催化体系(Ag-PW/CoNi@NG400)既可加速纤维素的水解,又可以将生成的乙酰丙酸(LA)和甲酸(FA)进一步转化为 γ-GVL(图 2-28)。

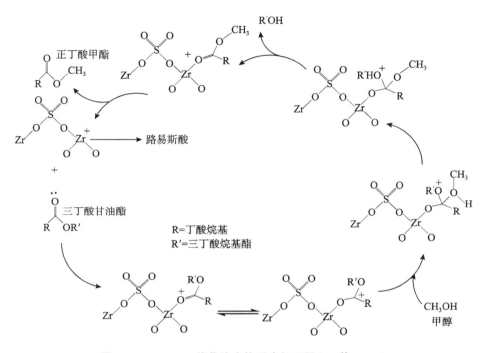

图 2-27 SZN-500 催化酯交换反应机理图（Lu 等，2020）

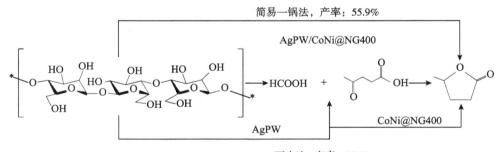

图 2-28 AgPW/CoNi@NG400 复合物一锅法或两步法催化纤维素转化 γ-GVL（Zhu 等，2021）

Liu 等（2020）利用缺陷工程策略设计了具有丰富缺陷位点的 UiO-66，利用该缺陷位点锚定 Cu^{2+}，并采用分步还原法将 5～6 nm 的微小 Cu 纳米颗粒封装在缺陷处，随后经热分解处理得到具有丰富 Cu-ZrO_x 界面活性物种的三维多孔复合材料（$Cu@3D$-ZrO_x），在催化 CO_2 加氢制甲醇反应中，表现出优异的催化活性及高选

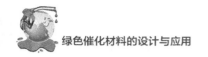

择性,在 260 ℃、4.5 MPa 条件下,CO_2 转化率达 13.1%,甲醇选择性为 78.8%。此外,Cu@3D-ZrO$_x$ 也展示了优良的长期催化稳定性(105 h)。

Zeng 等(2020)通过热分解处理 UiO-66 衍生得到多孔含水氧化锆,然后将 Ni(Ⅱ)中心吸附到富含—OH 的含水氧化锆并原位转化为高度分散的 Ni^0,用于催化 CO_2 甲烷化,取得较好的催化效果。Yeh 等(2020)采用原位合成法合成了 MIL-53(Al)-NH$_2$ 框架材料负载的 Pt 纳米粒子前驱体,经热处理后得到高 Pt 负载量、粒子分布均匀的 Pt@Al$_2$O$_3$ 复合催化剂,并用于与 NaBH$_4$ 协同催化生物质衍生的糠醛(FAL)氢解转化 1,5-戊二醇;在 45 ℃、水介质反应条件下,1,5-戊二醇的转化率达 75.2%,经表征分析及密度泛函理论(DFT)计算,得出催化剂的高催化活性归结为 Pt 纳米粒子与 Al$_2$O$_3$ 之间强的金属-载体相互作用及 Al$_2$O$_3$ 与偏硼酸钠协同催化作用。

2.7　小结

在绿色可持续发展、"碳达峰、碳中和"双碳工作的迫切要求下,利用环境友好的可再生能源是在能源和环境问题日益严峻的情况下解决危机的必经之路。为了促进新能源的发展,急需开发和创新化学相关的新材料,从而推动绿色催化工艺的转型升级。MOFs 作为一类多孔材料,具有高比表面积、高孔隙率、孔结构可控、相容性好等优势,在清洁能源和化工领域得到了快速发展。本章主要针对 MOFs 及其衍生材料在催化领域的应用做了相应的介绍,先总结了 MOFs 基材料的合成方法;随后,从 MIL 基材料、ZIFs 基材料、UiO 基材料、Cu-BTC 基材料、其他 MOFs 基材料及 MOFs 衍生物基材料等六方面对 MOFs 基材料的设计、合成及应用进行了概述。从以上研究成果可以看出,在催化应用领域,MOFs 基材料的催化位点能均匀地分散在整个基体内部,这有助于催化活性位点的利用;同时,又因 MOFs 基材料具有明确的晶体结构,对催化反应的机理研究,特别是结构与性能间关系的了解有着不可替代的作用。此外,以 MOFs 为载体,通过孔的限域效应设计合成高性能金属或非金属纳米颗粒、金属氧化物或多金属氧化物及其复合材料也是新催化材料的一个重要研究方向。

当然,MOFs 基材料的发展和应用依然面临诸多的挑战:①MOFs 材料的合成存在产量低、成本高、条件苛刻等问题,使其在工业实践中的应用受到限制,未来应就如何优化合成方法促使大规模 MOFs 的合成进行深入研究。②虽然 MOFs 基材料可作为酸碱催化剂使用,但要合成出超强碱和超强酸的 MOFs 基材料仍是一个严峻的挑战,在 MOFs 中设计引入第二种金属、疏水性结构、表面基团形成共价键等方式可有望增强其酸碱活性。③在催化领域,酶催化具有反应条件温和、后处理容易,但酶对外界环境的变化比较敏感,容易变性失去活性。为此,将酶固定化到 MOFs 基材料上成为前沿研究热点之一,特别是探索具有更多金属阳离子、特征官能团、多个不饱和金属位点和多结构配体的特定结构 MOFs 与酶结合方面。④如何提升 MOFs 基材料功能性设计水平,合成具有特定性能的精细结构,对其拓展催化应用意义深远,如精确设计酸碱双功能 MOFs 基催化材料用于催化一步法酯化、酯交换反应或一锅法水解纤维素等。⑤MOFs 基纳米材料能够高效催化各种化学反应,但分离回收纳米级材料进行高效循环使用仍是值得深入探讨的科学问题。⑥MOFs 衍生物基材料由于其特殊性能,在催化领域应用广泛,但如何控制衍生材料的形貌结构、成分和活性基团的分布,维持 MOFs 原有的孔道结构仍需要深入研究。⑦当前用来合成 MOFs 衍生物基材料的 MOFs 种类较少且成本高昂。因此,未来应从设计开发成本低廉的 MOFs 前驱体(载体)用于大批量生产 MOFs 衍生物基材料等方面进行深入的研究。

　　总之,性能优异的 MOFs 基材料未来将会越来越受到重视。随着科研工作者的不断探索和研究,相信 MOFs 基材料在未来催化领域必将具有非常乐观的应用前景。

参考文献

Abdelmigeed M O, Al-Sakkari E G, Hefney M S, et al. Biodiesel production catalyzed by NaOH/Magnetized ZIF-8: Yield improvement using methanolysis and catalyst reusability enhancement[J]. Renewable Energy, 2021a, 174: 253-261.

Abdelmigeed M O, Al-Sakkari E G, Hefney M S, et al. Magnetized ZIF-8 impregnated with sodium hydroxide as a heterogeneous catalyst for high-quality biodiesel production[J]. Renewable Energy, 2021b, 165: 405-419.

AbdelSalam H, El-Maghrbi H H, Zahran F, et al. Microwave-assisted production of biodiesel using metal-organic framework Mg$_3$(bdc)$_3$(H$_2$O)$_2$[J]. Korean Journal of Chemical Engineering, 2020, 37(4): 670-676.

Abou-Elyazed A S, Sun Y Y, El-Nahas A M, et al. A green approach for enhancing the hydrophobicity of UiO-66(Zr) catalysts for biodiesel production at 298 K[J]. RSC Advances, 2020, 10: 41283-41295.

Abou-Elyazed A S, Sun Y Y, El-Nahas A M, et al. Solvent-free synthesis and characterization of Ca^{2+}-doped UiO-66(Zr) as heterogeneous catalyst for esterification of oleic acid with

methanol: a joint experimental and computational study[J]. Materials Today Sustainability, 2022, 18: 100110.

Abou-Elyazed A S, Ye G, Sun Y Y, et al. A series of UiO-66(Zr)-structured materials with defects as heterogeneous catalysts for biodiesel production[J]. Industrial & Engineering Chemistry Research, 2019, 58: 21961-21971.

Adnan M, Li K, Xu L, et al. X-shaped ZIF-8 for immobilization *Rhizomucor miehei* lipase via encapsulation and its application toward biodiesel production[J]. Catalysts, 2018, 8: 96.

Ahmad A, Khan Sa, Tariq S, et al. Self-sacrifice MOFs for heterogeneous catalysis: Synthesis mechanisms and future perspectives[J]. Materials Today, 2022, 55: 137-169.

Aljammal N, Lenssens A, de Reviere A, et al. Metal-organic frameworks as catalysts for fructose conversion into 5-hydroxymethylfurfural: Catalyst screening and parametric study[J]. Applied Organometallic Chemistry, 2021, 35(12): e6419.

Amouhadi E, Fazaeli R, Aliyan H. Biodiesel production via esterification of oleic acid catalyzed by MnO_2@Mn(btc) as a novel and heterogeneous catalyst[J]. Journal of the Chinese Chemical Society, 2019, 66: 608-613.

Badoei-dalfard A, Shahba A, Zaare F, et al. Lipase immobilization on a novel class of Zr-MOF/electrospun nanofibrous polymers: Biochemical characterization and efficient biodiesel production[J]. International Journal of Biological Macromolecules, 2021, 192: 1292-1303.

Cavka J H, Jakobsen S, Olsbye U, et al. A new zirconium inorganic building brick forming metal organic frameworks with exceptional stability[J]. Journal of the American Chemical Society, 2008, 130(42): 13850-13851.

Chaemchuen S, Heynderickx P M, Verpoort F. Kinetic modeling of oleic acid esterification with UiO-66: from intrinsic experimental data to kinetics via elementary reaction steps[J]. Chemical Engineering Journal, 2020, 394: 124816.

Chang C W, Gong Z J, Huang N C, et al. MgO nanoparticles confined in ZIF-8 as acid-base bifunctional catalysts for enhanced glycerol carbonate production from transesterification of glycerol and dimethyl carbonate[J]. Catalysis Today, 2020, 351: 21-29.

Chen C, Wang F Q, Li Q H, et al. Embedding of SO_3H-functionalized ionic liquids in mesoporous MIL-101 (Cr) through polyoxometalate bridging: A robust heterogeneous catalyst for biodiesel production[J]. Colloids and Surfaces A: Physicochemical and Engineering Aspects, 2022, 648: 129432.

Chen L Z, Xie X T, Song X L, et al. Photocatalytic degradation of ethylene in cold storage using the nanocomposite photocatalyst MIL101(Fe)-TiO_2-rGO[J]. Chemical Engineering Journal, 2021, 424: 130407.

Cheng J, Guo H, Yang X, et al. Phosphotungstic acid-modified zeolite imidazolate framework (ZIF-67) as an acid-base bifunctional heterogeneous catalyst for biodiesel production from microalgal lipids[J]. Energy Conversion and Management, 2021, 232: 113872.

Cheng J, Mao Y X, Guo H, et al. Synergistic and efficient catalysis over Brönsted acidic ionic liquid [BSO₃HMIm][HSO₄]-modified metal-organic framework (IRMOF-3) for microalgal biodiesel production[J]. Fuel, 2022, 322: 124217.

Cirujano F G, Corma A, Llabrés i Xamena F X. Zirconium-containing metal organic frameworks as solid acidcatalysts for the esterification of free fatty acids: Synthesis of biodiesel and other compounds of interest[J]. Catalysis Today, 2015, 257: 213-220.

Cong W J, Nanda S, Li H, et al. Metal-organic framework-based functional catalytic materials for biodiesel production: a review[J]. Green Chemistry, 2021, 23: 2595-2618.

Dai Q Q, Yang Z F, Li J, et al. Zirconium-based MOFs-loaded ionic liquid-catalyzed preparation of biodiesel from Jatropha oil[J]. Renewable Energy, 2021, 163: 1588-1594.

de la Iglesia O, Sorribas S, Almendro E, et al. Metal-organic framework MIL-101 (Cr) based mixed matrix membranes for esterification of ethanol and acetic acid in a membrane reactor [J]. Renewable Energy, 2016, 88: 12-19.

Degtyareva E S, Erokhin K S, Ananikov V P. Application of Ni-based metal-organic framework as heterogeneous catalyst for disulfide addition to acetylene[J]. Catalysis Communications, 2020, 146: 106119.

Desidery L, Chaemcheun S, Yusubov M, et al. Di-methyl carbonate transesterification with EtOH over MOFs: Basicity and synergic effect of basic and acid active sites[J]. Catalysis Communications, 2018, 104: 82-85.

Desidery L, Yusubov M S, Zhuiykov S, et al. Fully-sulfonated hydrated UiO-66 as efficient catalyst for ethyl levulinate production by esterification[J]. Catalysis Communications, 2018, 117: 33-37.

Dizoëlu G, Sert E. Fuel additive synthesis by acetylation of glycerol using activated carbon/ UiO-66 composite materials[J]. Fuel, 2020, 281: 118584.

Du Q Z, Wu P, Sun Y Y, et al. Selective photodegradation of tetracycline by molecularly imprinted ZnO @ NH₂-UiO-66 composites [J]. Chemical Engineering Journal, 2020, 390: 124614.

Fazaeli R, Aliyan H. Production of biodiesel through transesterification of soybean oil using ZIF-8@GO doped with sodium and potassium catalyst[J]. Russian Journal of Applied Chemistry, 2015, 88(10): 1701-1710.

Foroutan R, Peighambardoust S J, Mohammadi R, et al. Generation of biodiesel from edible waste oil using ZIF-67-KOH modified *Luffa cylindrica* biomass catalyst[J]. Fuel, 2022, 322: 124181.

Férey G, Mellotdraznieks C, Serre C, et al. A chromium terephthalate-based solid with unusually large pore volumes and surface area[J]. Science, 2005, 309(5743): 2040-2042.

Gao Y, Liu Z, Hu G F, et al. Design and synthesis heteropolyacid modified mesoporous hybrid material CNTs@MOF-199 catalyst by different methods for extraction-oxidation desulfurization of model diesel[J]. Microporous and Mesoporous Materials, 2020, 291: 109702.

Gecgel C, Turabik M. Synthesis and sulfonation of an aluminum-based metal-organic framework with microwave method and using for the esterification of oleic acid[J]. Journal of Inorganic and Organometallic Polymers and Materials, 2021, 31: 4033-4049.

Goda M N, Abdelhamid H N, Said A E A. Zirconium oxide sulfate-carbon ($ZrOSO_4$-@C) derived from carbonized UiO-66 for selective production of dimethyl Ether[J]. ACS Applied Materials & Interfaces, 2020, 12: 646-653.

Guo T M, Qiu M, Qi X H. Selective conversion of biomass-derived levulinic acid to ethyl levulinate catalyzed by metal organic framework (MOF)-supported polyoxometalates[J]. Applied Catalysis A, General, 2019, 572: 168-175.

Han M J, Gu Z, Chen C, et al. Efficient confinement of ionic liquids in MIL-100(Fe) frameworks by the "impregnationreaction-encapsulation" strategy for biodiesel production[J]. RSC Advances, 2016, 6: 37110-37117.

Han M J, Li Y, Gu Z, et al. Immobilization of thiol-functionalized ionic liquids onto the surface of MIL-101(Cr) frameworks by Se-Cr coordination bond for biodiesel production[J]. Colloids and Surfaces A, 2018, 553: 593-600.

Hao J W, Mao W, Ye G R, et al. Tin-chromium bimetallic metal-organic framework MIL-101 (Cr, Sn) as acatalyst for glucose conversion into HMF[J]. Biomass and Bioenergy, 2022, 159: 106395.

Haroon H, Majid K. MnO_2 nanosheets supported metal-organic framework MIL-125(Ti) towards efficient visible light photocatalysis: Kinetic and mechanistic study[J]. Chemical Physics Letters, 2020, 745: 137283.

Hasan Z, Jun J W, Jhung S H. Sulfonic acid-functionalized MIL-101(Cr): An efficient catalyst for esterification of oleic acid and vapor-phase dehydration of butanol[J]. Chemical Engineering Journal, 2015, 278: 265-271.

Hassan H M A, Betiha M A, Mohamed S K, et al. Salen-Zr(IV) complex grafted into amine-tagged MIL-101(Cr) as a robust multifunctional catalyst for biodiesel production and organic transformation reactions[J]. Applied Surface Science, 2017, 412: 394-404.

Hu D W, Song X J, Wu S J, et al. Solvothermal synthesis of Co-substituted phosphomolybdate acid encapsulated in the UiO-66 framework for catalytic application in olefin epoxidation [J]. Chinese Journal of Catalysis, 2021, 42: 356-366.

Huo Q, Liu G Q, Sun H H, et al. CeO_2-modified MIL-101(Fe) for photocatalysis extraction oxidation desulfurization of model oil under visible light irradiation[J]. Chemical Engineering Journal, 2021, 422: 130036.

Jamil U, Khoja A H, Liaquat R, et al. Copper and calcium-based metal organic framework (MOF) catalyst for biodiesel production from waste cooking oil: A process optimization study [J]. Energy Conversion and Management, 2020, 215: 112934.

Jeon Y, Chi W S, Hwang J, et al. Core-shell nanostructured heteropoly acid-functionalized metal-organic frameworks: Bifunctional heterogeneous catalyst for efficient biodiesel production [J]. Applied Catalysis B: Environmental, 2019, 242: 51-59.

Jiang H R, Lu B, Ma L J, et al. Effect of crystal form control on improving performance of $Cu_3(BTC)_2$ immobilized phosphotungstic acid in esterification of cyclohexene with formic acid [J]. Catalysis Letters, 2020, 150: 1786-1797.

Jrad A, Abu Tarboush B J, Hmadeh M, et al. Tuning acidity in zirconium-based metal organic frameworks catalysts for enhanced production of butyl butyrate[J]. Applied Catalysis A, General, 2019, 570: 31-41.

Kitagawa S, Kitaura R, Noro S. Functional porous coordination polymers[J]. Angewandte Chemie International Edition, 2004, 43(18): 2334-2375.

Kondo M, Yoshitomi T, Matsuzaka H, et al. Three-dimensional framework with channeling cavities for small molecules[J]. Angewandte Chemie International Edition, 1997, 36(16): 1725-1727.

Lara-Serrano M, Morales-delaRosa S, Campos-Martin J M, et al. One-pot conversion of glucose into 5-hydroxymethylfurfural using MOFs and Brönsted-acid tandem catalysts [J]. Advanced Sustainable Systems, 2022, 6(5): 2100444.

Latha G, Devarajan N, Suresh P. Framework copper catalyzed oxidative synthesis of quinazolinones: A benign approach using $Cu_3(BTC)_2$ MOF as an efficient and reusable catalyst[J]. ChemistrySelect, 2020, 5: 10041- 10047.

Lee B W, Seo J Y, Jeong K, et al. Efficient production of levulinic acid using metal-organic framework catalyst: Role of Brönsted acid and flexibility[J]. Chemical Engineering Journal, 2022, 444: 136566.

Lestari W W, Nugraha R E, Winarni I D, et al. Optimization on electrochemical synthesis of HKUST-1 as candidate catalytic material for green diesel production[J]. AIP Conference Proceedings, 2016, 1725: 020038.

Li F P, Ao M, Pham G H, et al. A novel UiO-66 encapsulated 12-silicotungstic acid catalyst for dimethyl ether synthesis from syngas[J]. Catalysis Today, 2020, 355: 3-9.

Li H, Eddaoudi M, O'Keeffe M, et al. Design and synthesis of an exceptionally stable and highly porous metal-organic framework[J]. Nature, 1999, 402(6759): 276-279.

Li H, Han Z H, Liu F S, et al. Esterification catalyzed by an efficient solid acid synthesized from PTSA and UiO-66(Zr) for biodiesel production[J]. Faraday Discussions, 2021, 231: 342-355.

Li H, Liu F S, Ma X L, et al. Catalytic performance of strontium oxide supported by MIL-100(Fe) derivate as transesterification catalyst for biodiesel production[J]. Energy Conversion and Management, 2019, 180: 401-410.

Li H, Wang J C, Ma X L, et al. Carbonized MIL-100(Fe) used as support for recyclable solid acid synthesis for biodiesel production[J]. Renewable Energy, 2021, 179: 1191-1203.

Li H, Wang Y B, Ma X L, et al. A novel magnetic CaO-based catalyst synthesis and characterization: Enhancing the catalytic activity and stability of CaO for biodiesel production[J]. Chemical Engineering Journal, 2020, 391: 123549.

Li H, Wang Y B, Ma X L, et al. Synthesis of CaO/ZrO$_2$ based catalyst by using UiO-66 (Zr) and calcium acetate for biodiesel production[J]. Renewable Energy, 2022, 185: 970-977.

Li J, Zhao S H, Li Z, et al. Efficient conversion of biomass-derived levulinic acid to γ-valerolactone over polyoxometalate @ Zr-based metal-organic frameworks: The synergistic effect of Brönsted and Lewis acidic sites[J]. Inorganic Chemistry, 2021, 60(11): 7785-7793.

Li Q, Chen Y, Bai S, et al. Immobilized lipase in bio-based metal-organic frameworks constructed by biomimetic mineralization: a sustainable biocatalyst for biodiesel synthesis [J]. Colloids and Surfaces B: Biointerfaces, 2020, 188: 110812.

Li Y C, Zhang S D, Li Z, et al. Green synthesis of heterogeneous polymeric bio-based acid decorated with hydrophobic regulator for efficient catalytic production of biodiesel at low temperatures[J]. Fuel, 2022b, 329: 125467.

Li Y L, Meng X Y X, Luo R W, et al. Aluminum/Tin-doped UiO-66 as Lewis acid catalysts for enhanced glucose isomerization to fructose[J]. Applied Catalysis A, General, 2022a, 632: 118501.

Liu F S, Ma X L, Li H, et al. Dilute sulfonic acid post functionalized metal organic framework as a heterogeneous acid catalyst for esterification to produce biodiesel[J]. Fuel, 2020, 266: 117149.

Liu K G, Sharifzadeh Z, Rouhani F, et al. Metal-organic framework composites as green/sustainable catalysts[J]. Coordination Chemistry Reviews, 2021, 436: 213827.

Liu T K, Hong X L, Liu G L. *In situ* generation of the Cu@3D-ZrO$_x$ framework catalyst for selective methanol synthesis from CO$_2$/H$_2$[J]. ACS Catalysis, 2020, 10: 93-102.

Liu Y W, Liu S M, He D F, et al. Crystal facets make a profound difference in polyoxometalate-containing metal-organic frameworks as catalysts for biodiesel production[J]. Journal of The American Chemical Society, 2015, 137: 12697-12703.

Liu Y, Xu X M, Shao Z P, et al. Metal-organic frameworks derived porous carbon, metal oxides and metal sulfides-based compounds for supercapacitors application[J]. Energy Storage Materials, 2020, 26: 1-22.

Lu N Y, Zhang X L, Yan X L, et al. Synthesis of novel mesoporous sulfated zirconia nanosheets derived from Zr-based metal-organic frameworks[J]. Cryst Eng Comm，2020，22：44-51.

Lu P，Li H F，Li M T，et al. Ionic liquid grafted NH_2-UiO-66 as heterogeneous solid acid catalyst for biodiesel production[J]. Fuel，2022，324：124537.

Lu Y K，Yue C L，Liu B X，et al. The encapsulation of POM clusters into MIL-101(Cr) at molecular level：$LaW_{10}O_{36}$@MIL-101(Cr)，an efficient catalyst for oxidative desulfurization[J]. Microporous and Mesoporous Materials，2021，311：110694.

Lunardi V B，Gunawan F，Soetaredjo F E，et al. Efficient one-step conversion of a low-grade vegetable oil to biodiesel over a zinc carboxylate metal-organic framework[J]. ACS Omega，2021，6：1834-1845.

Ma T L，Liu D J，Liu Z，et al. 12-Tungstophosphoric acid-encapsulated metal-organic framework UiO-66：A promising catalyst for the esterification of acetic acid with n-butanol[J]. Journal of the Taiwan Institute of Chemical Engineers，2022，133：104277.

Marso T M，Kalpage C S，Udugala-Ganehenege M Y. Application of chromium and cobalt terephthalate metal organic frameworks as catalysts for the production of biodiesel from Calophyllum inophyllum oil in high yield under mild conditions[J]. Journal of Inorganic and Organometallic Polymers and Materials，2020，30(4)：1243-1265.

Masoumi S，Tabrizi F F，Sardarian A R. Efficient tetracycline hydrochloride removal by encapsulated phosphotungstic acid (PTA) in MIL-53 (Fe)：Optimizing the content of PTA and recycling study[J]. Journal of Environmental Chemical Engineering，2020，8：103601.

Mekrattanachai P，Zhu L，Setthaya N，et al. The highly effective cobalt based metal-organic frameworkscatalyst for one pot oxidative esterification under mild conditions[J]. Catalysis Letters，2022，152：1639-1650.

Narenji-Sani F，Tayebee R，Chahkandi M. New task-specific and reusable ZIF-like grafted $H_6P_2W_{18}O_{62}$ catalyst for the effective esterification of free fatty acids[J]. ACS Omega，2020，5：9999-10010.

Nikseresht A，Daniyali A，Ali-Mohammadi M，et al. Ultrasound-assisted biodiesel production by a novel composite of Fe(Ⅲ)-based MOF and phosphotangestic acid as efficient and reusable catalyst[J]. Ultrasonics Sonochemistry，2017，37：203-207.

Pan Y，Jiang S S，Xiong W，et al. Supported CuO catalysts on metal-organic framework (Cu-UiO-66) for efficient catalytic wet peroxide oxidation of 4-chlorophenol in wastewater[J]. Microporous and Mesoporous Materials，2020，291：109703.

Pan Y，Yuan X Z，Jiang L B，et al. Stable self-assembly AgI/UiO-66(NH_2) heterojunction as efficient visiblelight responsive photocatalyst for tetracycline degradation and mechanism insight[J]. Chemical Engineering Journal，2020，384：123310.

Pangestu T，Kurniawan Y，Soetaredjo F E，et al. The synthesis of biodiesel using copper based metal-organic framework as a catalyst[J]. Journal of Environmental Chemical Engineering, 2019, 7: 103277.

Park K S, Ni Z, Côté A P, et al. Exceptional chemical and thermal stability of zeolitic imidazolate frameworks[J]. Proceedings of the National Academy of Sciences of the United States of America, 2006, 103(27): 10186-10191.

Peng W L, Mi J X, Liu F J, et al. Accelerating biodiesel catalytic production by confined activation of methanol over high-concentration ionic liquid-grafted UiO-66 solid superacids[J]. ACS Catalysis, 2020, 10: 11848-11856.

Peña-Rodríguez R, Márquez-López E, Guerrero A, et al. Hydrothermal synthesis of cobalt (II) 3D metal-organic framework acid catalyst applied in the transesterification process of vegetable oil[J]. Materials Letters, 2018, 217: 117-119.

Phan D P, Lee E Y. Phosphoric acid enhancement in a Pt-encapsulated metal-organic framework (MOF) bifunctional catalyst for efficient hydrodeoxygenation of oleic acid from biomass [J]. Journal of Catalysis, 2020, 386: 19-29.

Qi Z Y, Qiu T, Wang H X, et al. Synthesis of ionic-liquid-functionalized UiO-66 framework by post-synthetic ligand exchange for the ultra-deep desulfurization[J]. Fuel, 2020, 268: 117336.

Rafiei S, Tangestaninejad S, Horcajada P, et al. Efficient biodiesel production using a lipase@ZIF-67 nanobioreactor[J]. Chemical Engineering Journal, 2018, 334: 1233-1241.

Rahaman M S, Tulaphol S, Hossain A, et al. Aluminum-containing metal-organic frameworks as selective and reusable catalysts for glucose isomerization to fructose[J]. ChemCatChem, 2022, 14(16): e202200129.

Rahaman M S, Tulaphol S, Hossain M A, et al. Cooperative Brönsted-Lewis acid sites created by phosphotungstic acid encapsulated metal-organic frameworks for selective glucose conversion to 5-hydroxymethylfurfural[J]. Fuel, 2022, 310: 122459.

Reddy R C K, Lin J, Chen Y Y, et al. Progress of nanostructured metal oxides derived from metal-organic frameworks as anode materials for lithium-ion batteries[J]. Coordination Chemistry Reviews, 2020, 420: 213434.

Sabzevar A M, Ghahramaninezhad M, Shahrak M N. Enhanced biodiesel production from oleic acid using TiO_2-decorated magnetic ZIF-8 nanocomposite catalyst and its utilization for used frying oil conversion to valuable product[J]. Fuel, 2021, 288: 119586.

Saeedi M, Fazaeli R, Aliyan H. Nanostructured sodium-zeolite imidazolate framework (ZIF-8) doped with potassium by sol-gel processing for biodiesel production from soybean oil [J]. Journal of Sol-Gel Science and Technology, 2016, 77: 404-415.

Sargazi G, Afzali D, Ebrahimi A K, et al. Ultrasound assisted reverse micelle efficient synthesis of new Ta-MOF@Fe_3O_4 core/shell nanostructures as a novel candidate for lipase immobilization[J]. Materials Science & Engineering C, 2018, 93: 768-775.

Schlichte K, Kratzke T, Kaskel S. Improved synthesis, thermal stability and catalytic properties of the metal-organic framework compound $Cu_3(BTC)_2$ [J]. Microporous & Mesoporous Materials, 2004, 73(1-2): 81-88.

Serre C, Millange F, Thouvenot C, et al. Very large breathing effect in the first nanoporous chromium (Ⅲ)-based solids: MIL-53 or $Cr^{III}(OH)\cdot\{O_2CC_6H_4CO_2\}\cdot\{HO_2CC_6H_4CO_2H\}_x\cdot H_2O_y$[J]. Journal of the American Chemical Society, 2002, 124(45): 13519-13526.

Shaik M R, Adil S F, ALOthman Z A, et al. Fumarate based metal-organic framework: An effective catalyst for the transesterification of used vegetable oil[J]. Crystals, 2022, 12: 151.

Shang S S, Tao Z Y, Yang C, et al. Facile synthesis of CuBTC and its graphene oxide composites as efficient adsorbents for CO_2 capture [J]. Chemical Engineering Journal, 2020, 393: 124666.

Shi H L, Gu Z, Han M J, et al. Preparation of heterogeneous interfacial catalyst benzimidazole-based acid ILs@MIL-100(Fe) and its application in esterification[J]. Colloids and Surfaces A, 2021, 608: 125585.

Tan X, Zhang H, Li H, et al. Electrovalent bifunctional acid enables heterogeneously catalytic production of biodiesel by (trans) esterification of non-edible oils [J]. Fuel, 2022, 310: 122273.

Ullah L, Zhao G Y, Xu Z C, et al. 12-Tungstophosphoric acid niched in Zr-based metal-organic framework: a stable and efficient catalyst for Friedel-Crafts acylation[J]. Science China Chemistry, 2018, 61(4): 402-411.

Wang B, Côté A P, Furukawa H, et al. Colossal cages in zeolitic imidazolate frameworks as selective carbon dioxide reservoirs[J]. Nature, 2008, 453(7192): 207.

Wang F F, Chen Z J, Chen H Y, et al. Interplay of Lewis and Brönsted acid sites in Zr-based metal-organic frameworks for efficient esterification of biomass-derived levulinic acid[J]. ACS Applied Materials & Interfaces, 2019, 11: 32090-32096.

Wee L H, Bajpe S R, Janssens N, et al. Convenient synthesis of $Cu_3(BTC)_2$ encapsulated Keggin heteropolyacid nanomaterial for application in catalysis[J]. Chemical Communications, 2010, 46: 8186-8188.

Wee L H, Janssens N, Bajpe S R, et al. Heteropolyacid encapsulated in $Cu_3(BTC)_2$ nanocrystals: An effective esterification catalyst[J]. Catalysis Today, 2011, 171: 275-280.

Wei J X, Chen Y W, Zhang H Y, et al. Hierarchically porous S-scheme CdS/UiO-66 photocatalyst for efficient 4-nitroaniline reduction[J]. Chinese Journal of Catalysis, 2021, 42: 78-86.

Wei R P, Fan J D, Qu X M, et al. Tuning the catalytic activity of UiO-66 via modulated synthesis: Esterification of levulinic acid as a test reaction[J]. European Journal of Inorganic

Chemistry，2020，2020(10)：833-840.

Wu Z W，Chen C，Wan H，et al. Fabrication of magnetic NH_2-MIL-88B（Fe）confined Brönsted ionic liquid as an efficient catalyst in biodiesel synthesis[J]. Energy & Fuels，2016，30：10739-10746.

Xie W L，Gao C L，Li J B. Sustainable biodiesel production from low-quantity oils utilizing $H_6PV_3MoW_8O_{40}$ supported on magnetic Fe_3O_4/ZIF-8 composites[J]. Renewable Energy，2021，168：927-937.

Xie W L，Huang M Y. Enzymatic production of biodiesel using immobilized lipase on core-shell structured Fe_3O_4@MIL-100(Fe) composites[J]. Catalysts，2019，9：850.

Xie W L，Wan F. Basic ionic liquid functionalized magnetically responsive Fe_3O_4@HKUST-1 composites used for biodiesel production[J]. Fuel，2018，220：248-256.

Xie W L，Wan F. Biodiesel production from acidic oils using polyoxometalate-based sulfonated ionic liquids functionalized metal-organic frameworks[J]. Catalysis Letters，2019a，149：2916-2929.

Xie W L，Wan F. Guanidine post-functionalized crystalline ZIF-90 frameworks as a promising recyclable catalyst for the production of biodiesel via soybean oil transesterification[J]. Energy Conversion and Management，2019b，198：111922.

Xie W L，Wan F. Immobilization of polyoxometalate-based sulfonated ionic liquids on UiO-66-2COOH metal-organic frameworks for biodiesel production via one-pot transesterification-esterification of acidic vegetable oils[J]. Chemical Engineering Journal，2019c，365：40-50.

Xie W L，Yang X L，Hu P T. $Cs_{2.5}H_{0.5}PW_{12}O_{40}$ encapsulated in metal-organic framework UiO-66 as heterogeneous catalysts for acidolysis of soybean oil[J]. Catalysis Letters，2017，147：2772-2782.

Xu Z C，Zhao G Y，Ullah L，et al. Acidic ionic liquid based UiO-67 type MOFs：a stable and efficient heterogeneous catalyst for esterification[J]. RSC Advances，2018，8：10009-10016.

Yadav S，Dixit R，Sharma S，et al. Magnetic metal-organic framework composites：structurally advanced catalytic materials for organic transformations[J]. Advanced Materials，2021，2：2153-2187.

Yaghi O M，Li G，Li H. Selective binding and removal of guests in a microporous metal-organic framework[J]. Nature，1995，378(6558)：703-706.

Yang C M，Huynh M V，Liang T Y，et al. Metal-organic framework-derived Mg-Zn hybrid nanocatalyst for biodiesel production[J]. Advanced Powder Technology，2022，33：103365.

Yeh J Y，Matsagar B M，Chen S S，et al. Synergistic effects of Pt-embedded，MIL-53-derived catalysts（Pt@Al_2O_3）and $NaBH_4$ for water-mediated hydrogenolysis of biomass-derived furfural to 1，5-pentanediol at near-ambient temperature[J]. Journal of Catalysis，2020，390：46-56.

Yuan B L, Wang Y H, Wang M, et al. Metal-organic frameworks as recyclable catalysts for efficient esterification to synthesize traditional plasticizers[J]. Applied Catalysis A, General, 2021, 622, 118212.

Zeng L Z, Wang Y K, Li Z, et al. Highly dispersed Ni catalyst on metal-organic framework-derived porous hydrous zirconia for CO_2 methanation[J]. ACS Applied Materials & Interfaces, 2020, 12: 17436-17442.

Zhang F M, Jin Y, Shi J, et al. Polyoxometalates confined in the mesoporous cages of metal-organic framework MIL-100(Fe): Efficient heterogeneous catalysts for esterification and acetalization reactions[J]. Chemical Engineering Journal, 2015, 269: 236-244.

Zhang J H, Hu Y, Qin J X, et al. TiO_2-UiO-66-NH_2 nanocomposites as efficient photocatalysts for the oxidation of VOCs[J]. Chemical Engineering Journal, 2020, 385: 123814.

Zhang Q Y, Wang J L, Zhang S Y, et al. Zr-based metal-organic frameworks for green biodiesel synthesis: A minireview[J]. Bioengineering, 2022, 9(11): 700.

Zhang Q Y, Yang T T, Lei D D, et al. Efficient production of biodiesel from esterification of lauric acid catalyzed by ammonium and silver co-doped phosphotungstic acid embedded in a zirconium metal-organic framework nanocomposite[J]. ACS Omega, 2020, 5: 12760-12767.

Zhang Q Y, Yang X J, Yao J L, et al. Bimetallic MOF-derived synthesis of cobalt-cerium oxide supported phosphotungstic acid composites for the oleic acid esterification[J]. Journal of Chemistry, 2021: 2131960.

Zhang Q Y, Yue C Y, Ao L F, et al. Facile one-pot synthesis of Cu-BTC metal-organic frameworks supported Keggin phosphomolybdic acid for esterification reactions[J]. Energy Sources, Part A: Recovery, Utilization, and Environmental Effects, 2021, 43(24): 3320-3331.

Zhang Y B, Qian C, Duan J C, et al. Synthesis of HKUST-1 embedded in SBA-15 functionalized with carboxyl groups as a catalyst for 4-nitrophenol to 4-aminophenol[J]. Applied Surface Science, 2022, 573: 151558.

Zhao K, Zhang Z S, Feng Y L, et al. Surface oxygen vacancy modified Bi_2MoO_6/MIL-88B (Fe) heterostructure with enhanced spatial charge separation at the bulk & interface[J]. Applied Catalysis B: Environmental, 2020, 268: 118740.

Zhou F, Lu N Y, Fan B B, et al. Zirconium-containing UiO-66 as an efficient and reusable catalyst for transesterification of triglyceride with methanol[J]. Journal of Energy Chemistry, 2016, 25: 874-879.

Zhu J Y, Wang Z, Song X L, et al. Encapsulating Keggin-$H_3PW_{12}O_{40}$ into UIO-66(Zr) for manufacturing the biodiesel[J]. Micro & Nano Letters, 2021, 16(1): 90-96.

Zhu S H, Liu H, Wang S, et al. One-step efficient non-hydrogen conversion of cellulose into γ-valerolactone over AgPW/CoNi@NG composite[J]. Applied Catalysis B: Environmental, 2021, 284: 119698.

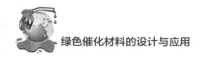

Zong M Y, Zhao Y T, Fan C Z, et al. Synergistic effect between Zr-MOF and phosphotungstic acid for oxidative desulfurization[J]. China Petroleum Processing and Petrochemical Technology, 2020, 22(4): 56-62.

第3章 金属氧化物基催化材料的设计及应用

金属氧化物是指由氧元素与一种金属化学元素组成的二元化合物,主要分为碱性金属氧化物、酸性金属氧化物及两性金属氧化物,其中碱性金属氧化物中常用的是碱土金属氧化物及混合碱土金属氧化物,如 CaO、MgO、SrO、BaO、CeO_2、La_2O_3、IrO_2 等,其碱性位主要是表面吸附水后产生的羟基和带负电的晶格氧;常用的酸性金属氧化物有 Ta_2O_5、SnO、SnO_2、WO_3、Nb_2O_5、MoO_3 等;常用的两性金属氧化物有 ZrO_2、TiO_2、Al_2O_3、Bi_2O_3、ZnO、CuO、Cr_2O_3 等。使用金属氧化物基催化材料除了具有反应完毕后易分离循环使用、对环境友好等固体催化材料均有的优点外,还具有酸性或碱性较高、热稳定性好及催化材料易再生等优点,被广泛应用于催化领域。

3.1 CaO 基催化材料

在催化各种有机化学反应,特别是在催化酯交换反应合成生物柴油方面,碱土金属氧化物因廉价、无毒和相对强的碱性等优点,得到了广泛的使用。碱土金属氧化物的碱性主要由成对的 M^{2+}-O^{2-} 产生,作为催化剂其活性中心具有极强供电子或接受电子能力,有一个表面阴离子空穴,即自由电子中心由表面 O^{2-} 产生(Hattori,1995)。其中氧化钙(CaO)基催化剂由于具备相对强的碱性,易于与其他活性物种复合,并且可由廉价易得的原料如碳酸钙、鸡蛋壳、鸵鸟蛋壳等获得,在生物质能源合成领域应用最为广泛。目前,CaO 基催化剂大致分为单一 CaO 催化剂、各种原料衍生 CaO 基催化剂、其他 CaO 基催化剂三类。

3.1.1 CaO 催化剂

在碱土金属元素形成的氧化物中,CaO 由于其成本低廉、分布广泛、高碱度等优点,在很多有机反应上都有研究,近年来应用研究概况如表 3-1 所示。Liu 等(2008)使用纯的 CaO 作为催化剂催化大豆油转化为生物柴油,在最优条件下,FAME 产率能达 95%。在该反应体系中,CaO 还表现出优异的重复使用性,重复使用 20 次,FAME 产率均在 85% 以上;同时,研究者也发现在酯交换反应过程中存在适量的水能够提高 CaO 的催化活性,分析认为 H_2O 能电离产生 OH^-,从而增加 CaO 表面的碱性位点。实验数据显示,在反应过程中甲醇的含水量为 2.03%(湿重)时,其 FAME 产率能从 80% 提高到至 95%。而对于 $K_2CO_3/\gamma\text{-}Al_2O_3$ 和 $KF/\gamma\text{-}Al_2O_3$ 催化剂,在催化合成生物柴油的反应中,从 $K_2CO_3/\gamma\text{-}Al_2O_3$ 使用第一次催化活性为 81.1% 到第四次下降到 30.6%,$KF/\gamma\text{-}Al_2O_3$ 使用第一次催化活性为 79.9% 到第四次下降到 17.8%,这是由于碱金属化合物可溶于甲醇,导致催化剂的流失。由此可知,CaO 较 $K_2CO_3/\gamma\text{-}Al_2O_3$ 和 $KF/\gamma\text{-}Al_2O_3$ 具有更优的应用前景。

Kawashima 等(2009)利用 CaO 催化菜籽油酯交换合成生物柴油,研究发现,反应开始前先将 CaO 在甲醇溶液中搅拌 1.5 h,再用于催化酯交换反应,结果发现该方法有效地提高了 CaO 的催化活性,作者分析这可能是由于 CaO 与甲醇反应生成了 $Ca(OCH_3)_2$,存在的 $—OCH_3$ 更有利于催化反应的进行;同时,反应产物甘油与 CaO 能够形成 CaO-甘油复合物,能作为主要的活性物种加快酯交换反应的进行,但该文缺少对反应结束后催化剂的重复使用性研究。

Zhang 等(2010)采用两步法将高酸值的花椒籽油(41.02 mg KOH/g)转化为生物柴油,第一步采用硫酸铁将花椒籽油的酸值降到小于 2 mg KOH/g,第二步采用 CaO 作为催化剂将预处理的花椒籽油脂交换转化为生物柴油,通过 RSM 优化酯交换工艺条件后,生物柴油转化率高达 96%。Calero 等(2014)采用 CaO 催化葵花籽油转化生物柴油,其转化率能达 100%,且能有效重复使用 20 次。

Esipovich 等(2014)为了提高 CaO 催化酯交换制备生物柴油的产率,采用甘油预先活化 CaO 催化剂。结果表明,甘油活化后的 CaO(生物柴油产率达 82.6%)相较于甲醇活化的 CaO 催化剂(生物柴油产率达 76.9%)具有更高的活性,分析认为经甘油活化后的 CaO 生成活性较高的甘油化钙复合物,有效地提高了生物柴油产率,且回收的 CaO 经活化后,催化活性仍达 76.9%。

Hsiao 等(2020)通过微波或传统水浴加热法,使用溴辛烷对纯 CaO 进行改性,以改善 CaO 的催化活性。研究表明,微波的使用明显缩短了制备改性 CaO 的

表 3-1　用于催化酯交换反应的 CaO 催化剂概况

序号	起始原料（摩尔比）	催化剂	反应条件（时间、温度、催化剂用量）	产率（Y）或转化率（C）	重复使用	反应活化能/（kJ/mol）	参考文献
1	大豆油＋甲醇（1：12）	CaO	3 h,65 ℃,8%	Y=95%	重复 20 次，Y>85%	/	Liu 等,2008
2	菜籽油＋甲醇（15：3.9）	CaO	3 h,60 ℃,0.1g	Y=90%	未报道	/	Kawashima 等,2009
3	花椒籽油＋甲醇（1：11.69）	CaO	2.45 h,65 ℃,2.52%	C=96%	未报道	/	Zhang 等,2010
4	葵花油＋甲醇（1：6）	CaO	60 min,65 ℃,7%	C=100%	重复 20 次，C=100%	14.7	Calero 等,2014
5	精制大豆油＋甲醇（1：9）	CaO	2 h,60 ℃,1.3%	Y=82.6%	活化 CaO，Y=76.9%	/	Esipovich 等,2014
6	地沟油＋甲醇（1：8）	CaO	90 min,50 ℃,1%	C=96%	未报道	/	Degfie 等,2019
7	地沟油＋甲醇（1：8.72）	CaO	2 h,60 ℃,8.75%	C=98.5%	未报道	/	Soria-Figueroa 等,2020
8	麻疯树油＋甲醇（1：12）	CaO	3 h,65 ℃,5%	Y=81.6%	未报道	/	Singh,2020
9	地沟油＋甲醇（1：8）	改性 CaO	75 min,65 ℃,4%	C=98.2%	未报道	/	Hsiao 等,2020
10	地沟油＋甲醇（1：15.9）	CaO	3 h,64.8 ℃,6.8%	Y=98.81%	未报道	/	Bargole 等,2021

续表 3-1

序号	起始原料（摩尔比）	催化剂	反应条件（时间、温度，催化剂用量）	产率（Y）或转化率（C）	重复使用	反应活化能 /(kJ/mol)	参考文献
11	海藻油＋甲醇（0.6∶9）	纳米 CaO	4 h，80 ℃，4%	Y＝～67%	未报道	/	Davoodbasha 等，2021
12	Monotheca buxifolia＋甲醇（1∶9）	纳米 CaO	3 h，85 ℃，0.83%	Y＝95%	重复 7 次，Y＝65%	66.21	Rozina 等，2022
13	地沟油＋甲醇（1∶12）	改性 CaO	3.5 h，60 ℃，5%	Y＝97.3%	未报道	/	Sipayung 等，2022

时间,其制备时间仅为传统水浴加热法的 1/12;同时发现在改性过程中很少产生氢氧化钙,且能得到热稳定性较高的改性 CaO 催化剂。在催化地沟油转化生物柴油的反应体系中,通过微波法得到的催化剂与传统水浴加热法得到的催化剂的催化活性基本一样,生物柴油转化率分别为 98.2%、98.1%,且当反应原料地沟油中含水量低于 2%时,对改性 CaO 催化酯交换反应没有明显的影响。

Bargole 等(2021)对大理石废粉进行酸处理及煅烧,得到含有 CaO 及少量 MgO 的催化剂,并在超声波辅助下催化地沟油转化生物柴油,其最高产率达 95.45%,与其对应使用纯的 CaO 催化同样的酯交换反应体系,其生物柴油产率为 98.81%,表明通过对大理石废粉预处理后能得到高效的固体碱催化剂。然而,通过传统磁搅拌法催化地沟油转化生物柴油,其产率仅为 51.92%,研究数据显示,与传统磁搅拌法相比,在超声辅助下可使生物柴油的生产能耗降低至约 40%。

Rozina 等(2022)合成了纳米 CaO 催化剂,并将其应用于催化非粮油料 *Monotheca buxifolia* 制备生物柴油,在最佳条件下,生物柴油产率达 95%,且该纳米催化剂重复使用 5 次后生物柴油产率仍达 88%;对生物柴油产品进行了 GC/MS、FTIR、NMR 等表征,结果显示得到的产品中存在甲酯。此外,经对得到的 *Monotheca buxifolia* 生物柴油产品燃料性能进行了测定,发现其密度为 0.821 kg/m³、动力黏度为 5.35 mm²/s、浊点为−8 ℃、倾点为−9 ℃及闪点为 95 ℃,达到了国际 ASTM D-6571、EN 14214 及中国 GB/T 20828—2007 生物柴油标准。

Sipayung 等(2022)使用二水合醋酸锌对 CaO 进行改性,以改善其催化活性,且采用正己烷作为溶剂用于催化地沟油转化生物柴油。研究发现,正己烷的加入能改善其传质过程。通过响应面法(RSM)对生物柴油制备工艺条件进行优化,结果显示,优化模型的回归系数为 $R^2=95.57\%$,优化条件下生物柴油产率最高可达 97.3%。

3.1.2 各种原料衍生 CaO 基催化剂

通过表 3-1 中 CaO 或改性 CaO 催化剂的应用概况可知,CaO 的催化活性优异。基于此,近年来从固体废弃物如鸡蛋壳、蛤壳、鲍鱼壳、扇贝壳、鸡粪等中衍生制备得到 CaO,由于其温和的制备条件、易于处理、价格低廉而受到人们的较多关注,其应用研究概况如表 3-2 所示。

其中,蛋壳是一种天然存在的生物来源材料,主要由方解石形式的约 95%的碳酸钙和约 3.5%的蛋白质、糖蛋白和蛋白聚糖组成,其独特的多孔层级结构、有机无机成分以及表面丰富的几何形状,在催化领域得到了广泛的应用。Chen 等(2014;2016)以废鸵鸟蛋壳为原料,制备了改性 CaO 固体碱催化剂,并在超声波辅

表 3-2 用于催化酯交换反应的各种原料衍生 CaO 基催化剂概况

序号	起始原料（摩尔比）	衍生 CaO 基催化剂的原料	反应条件（时间，温度，催化剂用量）	产率(Y)或转化率(C)	重复使用	反应活化能/(kJ/mol)	参考文献
1	棕榈油＋甲醇（1:9）	鸵鸟蛋壳	1 h,60 ℃,8%,超声波功率(120 W)	Y=92.7%	重复 8 次，Y=80%	/	Chen 等，2014
2	棕榈油＋甲醇（1:9）	鲍鱼壳	2.5 h,65 ℃,7%	Y=95%	重复 5 次，Y=88.5%	/	Chen 等，2016
3	棕榈油＋甲醇（1:9）	废蛤壳	2 h,65 ℃,1%	C=98%	重复 4 次，C=0%	/	Asikin-Mijan 等，2015
4	棕榈油＋甲醇（1:20）	生物质气化底灰	6 h,65 ℃,5%	Y=90%	重复 5 次，Y=85.8%	83.9	Maneerung 等，2015
5	废煎炸油＋甲醇（1:12）	白色双壳蛤壳	1 h,65 ℃,7%	C=96.2%	未报道	/	Niju 等，2016
6	废猪油＋甲醇（1:6）	生石灰	1 h,60 ℃,5%	Y=97.5%	连续运行 19 h，Y=97.6%	/	Stojković 等，2016
7	棕榈油＋甲醇（1:15）	熟石灰	2 h,65 ℃,6%	Y=97.2%	重复 5 次，Y>90%	121.12	Roschat 等，2016
8	地沟油＋甲醇（1:15）	鸡粪	6 h,65 ℃,5%	Y=90%	重复 4 次，Y=58.1%	78.8	Maneerung 等，2016
9	菜籽油＋甲醇（1:12）	扇贝壳	2 h,65 ℃,9%	Y=90%	未报道	/	Kouzu 等，2016
10	菜籽油＋甲醇（1:9）	废鸡蛋壳	1 h,60 ℃,4%	Y=95.12%	重复 3 次，Y=94.08%	/	Yasar 等，2019

续表 3-2

序号	起始原料(摩尔比)	衍生 CaO 基催化剂的原料	反应条件(时间,温度,催化剂用量)	产率(Y)或转化率(C)	重复使用	反应活化能/(kJ/mol)	参考文献
11	棉籽油+甲醇(1:9)	鸡蛋壳	3 h,60 ℃,3%	Y=98.08%	未报道	/	da Silva Castro 等,2019
12	大豆油+甲醇(1:7)	Na₂CO₃,Ca(NO₃)₂,果胶	4 h,65 ℃,1%	C=99%	重复 5 次,C=73.3%	/	Acosta 等,2020
13	棕榈油+甲醇(1:9)	MIL-100(Fe),醋酸钙	2 h,65 ℃,4%	C=95.09%	重复 4 次,C=62.51%	/	Li 等,2020
14	绿藻+甲醇(1:30)	废鸡蛋壳	3 h,60 ℃,2.06%	Y=93.44%	重复 8 次,Y=73%	/	Ahmad 等,2020
15	印度大风子油+甲醇(1:12.4)	蜗牛壳	145.154 h,61.6 ℃,0.892%	Y=98.93%	重复 5 次,Y=87.46%	73.15	Krishnamurthy 等,2020
16	海藻油+甲醇(1:11)	羊骨	3 h,60 ℃,2%	Y=92%	未报道	/	Mamo 等,2020
17	地沟油+甲醇(1:12)	鱼骨,海贝壳	1.5 h,65 ℃,3%	C=95.7%	未报道	/	Niju,2020
18	Azadiricha Indica 油+甲醇(1:8)	废骨头	4 h,59 ℃,3.62%	Y=87.04%	未报道	/	Oke 等,2021
19	地沟油+甲醇(1:9)	废牡蛎壳	3 h,65 ℃,6%	Y=87.3%	未报道	9.56(微波)	Lin 等,2020
20	大豆油+甲醇(1:11.8)	白姑鱼骨	175 min,65 ℃,5.33%	C=99%	重复 6 次,C=80%	78.32	Takeno 等,2021

绿色催化材料的设计与应用

续表 3-2

序号	起始原料(摩尔比)	衍生 CaO 基催化剂的原料	反应条件(时间,温度,催化剂用量)	产率(Y)或转化率(C)	重复使用	反应活化能/(kJ/mol)	参考文献
21	菜籽油+甲醇(1:9)	鸡蛋壳	3 h,50 ℃,3%	Y=97.6%	重复 4 次,Y=66%	/	Khatibi 等,2021
22	地沟油+甲醇(1:8.3)	废鸡蛋壳	39.8 min,55 ℃,6.04%,超声波	Y=98.62%	未报道	/	Attari,2022
23	地沟油+甲醇(1:9)	废鸡蛋壳	1 h,60 ℃,1%	Y=76%	重复 3 次,Y=63%	/	Fasanya 等,2022
24	牛油+甲醇(1:9)	碳酸钙	96 min,60 ℃,7.1%	C=72%	未报道	/	Olubunmi 等,2022
25	麻疯树油+甲醇(1:9)	废牡蛎壳	3 h,65 ℃,5%	Y=91.1%	重复 5 次,Y=76.5%	9.58(微波)	Amesho,2022
26	地沟油+甲醇(1:12)	榛子壳灰	10 min,60 ℃,5%	Y=98%	重复 3 次,Y=96%	/	Miladinovic 等,2022
27	大豆油+甲醇(1:6)	辣木属叶子	2 h,65 ℃,6%	Y=86.7%	重复 3 次,Y=53.11%	/	Aleman-Ramirez 等,2021

助下催化棕榈油酯交换制备生物柴油。结果显示,得到的催化剂展现了高的催化活性,其活性物种主要为 Ca-甘油氧化物,且催化剂重复使用 8 次,其生物柴油产率能达 80%。随后该小组又采用鲍鱼壳作为前驱体、乙醇作为改性剂,制备得到改性 CaO 固体碱催化剂,表征发现经乙醇改性的 CaO 催化剂较未改性的 CaO 催化剂,具有更大的比表面积、更强的碱性,且晶体尺寸变小,在催化棕榈油酯交换制备生物柴油表现出更为优异的催化活性。

Asikin-Mijan 等(2015)使用废蛤壳为前驱体,通过水合脱水的方法合成改性的 CaO 固体碱,经表征发现催化剂中生成了活性组分 CaO/Ca(OH)$_2$,且比表面积得到了提高。将该固体碱催化剂用于催化棕榈油酯交换制备生物柴油,在较为温和的条件下反应 2 h,生物柴油产率达 98%。将该改性 CaO 固体碱进行重复使用性实验,结果显示,重复使用到第二次,生物柴油产率仍达 98%,但重复到第三次、第四次时,生物柴油产率急剧下降,分别为 50%、0%,这是由于活性组分相 Ca(OH)$_2$ 大量流失到反应体系,导致催化剂活性急剧下降。另外,经对合成的棕榈生物柴油的性质进行测定,表明合成的产品满足多项国际生物柴油标准(石油 ULSD、ASTM D-6751、EN 14214)。

Niju 等(2016)也采用白色双壳蛤壳为原料,通过煅烧—水合—脱水处理合成得到改性 CaO 固体碱,将其应用于地沟油制备生物柴油。数据显示,改性 CaO 固体碱(生物柴油产率 94.25%)在催化地沟油脂交换制备生物柴油中较商用 CaO(生物柴油产率 67.57%)催化活性高。

Roschat 等(2016)使用熟石灰作为前驱体,在空气氛围下煅烧 3 h 后得到 CaO 催化剂,并用于棕榈油的酯交换反应以生产生物柴油,在反应时间 2 h 条件下,实现了 97.2% 的 FAME 产率,且原料油中含水量为 5%(湿重)时,对催化活性没有明显影响。另外,通过酯交换反应的动力学研究,得到指前因子为 1.203×10^{17} min^{-1},反应活化能为 121.12 kJ/mol。

Yaşar 等(2019)利用废鸡蛋壳为原料,在 950 ℃ 焙烧 4 h 将废鸡蛋壳中的主要成分 CaCO$_3$ 转化为 CaO,得到固体碱催化剂。经对废鸡蛋壳衍生 CaO 与纯 CaO 在菜籽油酯交换生产生物柴油的活性进行评估,发现废鸡蛋壳衍生 CaO 催化反应后,生物柴油产率为 96.81%,纯 CaO 催化反应后生物柴油产率为 95.12%;同时,对两种催化剂催化制备得到的生物柴油的密度、动力黏度进行测定,发现得到的产品均满足国际 EN 14214 标准。

Acosta 等(2020)采用 Na$_2$CO$_3$ 和 Ca(NO$_3$)$_2$ 为起始原料,在存在果胶条件下进行 600 ℃ 焙烧衍生得到 CaO 固体碱(CaP-600)。催化性能测试发现仅在反应中加入 1% 的 CaP-600,生物柴油转化率就达 99%,催化剂重复使用 5 次,产率仍达

73.3%。经表征发现,CaP-600 表现出优异的催化活性及重复使用性,是由于在催化剂焙烧过程中 $CaCO_3$ 转化为 CaO;另外,果胶经不完全煅烧,留下一层含碳物质沉积在 CaO 表面,并存在一个相互作用在果胶与钙原子之间(图 3-1),这有效抑制了钙原子的流失,改善了催化剂的稳定性。

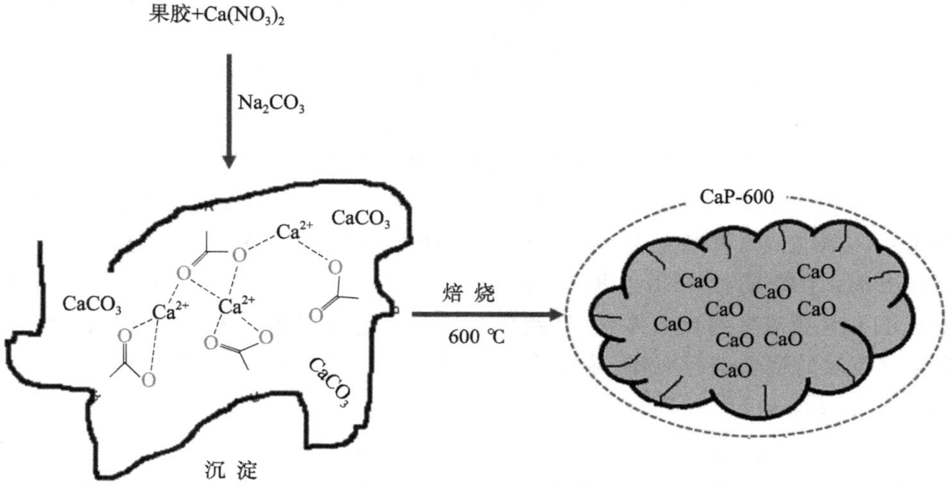

图 3-1　CaP-600 催化剂中果胶与钙原子相互作用图(Acosta 等,2020)

从以上的报道可知,钙基催化剂的活性位在极性溶剂中易流失,这可能限制其在工业生产中的应用。Li 等(2020)利用 MOFs 孔隙结构高度有序的特点,通过水热法合成 MIL-100(Fe),将钙基前驱体负载于 MIL-100(Fe),实现了活性位点的均匀分布。在此基础上,通过非氧化气氛对前驱体进行高温活化,得到了兼具催化活性和磁性的高效固体碱催化剂,其磁性达 112 emu/g。通过钙基活性位与载体的相互作用,不仅强化了活性位的稳定性,减少 Ca^{2+} 的流失,还实现了催化剂的磁性分离,简化了固液分离过程。

Lin 等(2020)在 1 000 ℃条件下焙烧废牡蛎壳 2 h 得到 CaO 基催化剂,经性能测试及反应动力学发现,该催化剂在微波条件下催化地沟油转化生物柴油,最高产率为 87.3%,其反应活化能仅为 9.56 kJ/mol。

Takeno 等(2021)使用白姑鱼骨(*Plagioscion squamosissimus*)作为原料制备固体碱催化剂,经表征,白姑鱼骨中的主要成分为 $CaCO_3$,在 800 ℃焙烧 3 h 得到 CaO 基催化剂,采用响应面法研究了催化剂用量、醇油摩尔比、反应温度、反应时间对大豆油转化生物柴油产率的影响,并得到最优条件。最后,该 CaO 固体碱的重复使用性也被探讨,结果显示,催化剂重复使用 5 次,生物柴油转化率仍达

80％,其反应活化能为 78.32 kJ/mol。

Khatibi 等(2021)通过煅烧鸡蛋壳得到 CaO,随后采取浸渍法将 Na、K 掺杂到 CaO,合成得到 Na-K/CaO 固体碱催化剂,在最优条件下,催化菜籽油与甲醇的酯交换反应,实现 97.6％ 的 FAME 产率,表征 Na-K/CaO 催化剂发现,FAME 的产率与 Na-K/CaO 表面的碱量成正比。然而,Na-K/CaO 重复使用 4 次,FAME 的产率下降到 66％,分析原因可能是 Na、K 在重复使用过程中流失及 Na-K/CaO 表面的孔道被堵塞所致。

Attari 等(2022)也使用废鸡蛋壳为原料合成钙基催化剂,并用于催化地沟油生产生物柴油,通过响应面法优化了工艺条件,其最高生物柴油产率达 98.62％,同时得到该反应的能量比耗(SEC)为 5.01 kJ/g。然而,该文并未对催化剂的重复使用性进行研究。

Fasanya 等(2022)同样利用废鸡蛋壳为原料,在 850 ℃ 焙烧下经一定温度水热处理(120 ℃、140 ℃)得到钙基催化剂;然而,120 ℃ 水热处理得到 CaO 颗粒尺寸从未处理的 47 nm 减小为 30 nm,140 ℃ 水热处理得到 CaO 颗粒尺寸为 28 nm。两种尺寸的 CaO 均用于地沟油和漂白棕榈油转化生物柴油,30 nm 的 CaO 催化地沟油和漂白棕榈油转化生物柴油,其产率分别为 82.7％、79.4％,28 nm 的 CaO 催化地沟油和漂白棕榈油转化生物柴油,其产率分别为 83.1％、79.6％。此外,对地沟油和漂白棕榈油转化生物柴油进行了详细的 GC/MS 分析。

Amesho 等(2022)利用废牡蛎壳合成钙基固体碱催化剂,并将其应用于非粮油料麻疯树油转化生物柴油,在微波条件下,反应 3 h 生物柴油产率为 91.1％,重复使用 5 次,生物柴油产率仍达 76.5％。同时,得到的麻疯树生物柴油的燃料性能满足国际 ASTMD-6751 和 EN 14214 标准。

Aleman-Ramirez 等(2021)采用辣木属的叶子经煅烧衍生 CaO 基催化剂,表征发现叶子经煅烧后得到白云石、方解石和 $K_2Ca(CO_3)_2$ 等无机碳酸盐化合物,能有效催化大豆油转化生物柴油,实现了 86.7％ 的 FAME 产率。然而,该 CaO 基催化剂重复使用 3 次,FAME 产率仅为 53.11％,这是由于催化剂表面孔道被甘油酯及甘油堵塞降低了活性位点的密度,致使反应活性下降。

综上所述,各种原料衍生 CaO 基催化剂受到越来越多研究者的关注,但如何实现多元化的低成本原料用于 CaO 基催化剂仍需要广泛的研究;同时,针对废料来源的 CaO 基催化剂的活性和稳定性仍有待于进一步提高,这就需要在合成 CaO 基催化剂路径方面进行深入的研究,并提出其催化机制。

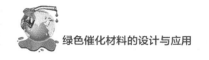

3.1.3 其他 CaO 基催化剂

商业 CaO 及各种原料衍生 CaO 型固体碱催化剂,其碱性较强且成本低廉,是生物柴油生产产业最具有潜力的催化剂。但 CaO 作为催化剂在酯交换反应中也存在活性相对于其他碱金属或碱土金属不是很高、易流失、与产物如甘油发生反应等缺点,针对出现的问题,科研工作者尝试将 CaO 与其他活性组分进行复合,以期提高 CaO 催化寿命。研究概况如表 3-3 所示。

Zhang 等(2016)采用共沉淀法成功合成高效的 CaO@($Sr_2Fe_2O_5$-Fe_2O_3)复合催化剂,相比纯 CaO 催化剂,在大豆油脂交换反应中 CaO@($Sr_2Fe_2O_5$-Fe_2O_3)表现出更为优异的性能,重复使用 5 次,生物柴油产率仍达到 89%。

Shi 等(2017)使用 KNO_3 对 Fe_2O_3 进行处理,得到两种晶型(γ-Fe_2O_3 和赤铁矿型 Fe_2O_3),并将其作为载体来负载 CaO。实验表明,比较于 CaO@赤铁矿型 Fe_2O_3,CaO@γ-Fe_2O_3 具有更强的碱性及磁性。值得注意的是,CaO@γ-Fe_2O_3 能催化大豆油、棕榈油、菜籽油与甲醇转化生物柴油,其产率分别为 98.8%、95.8%、90.9%;同时该催化剂在催化碳酸二甲酯与甘油的酯交换反应中也具有优异的活性,其产率达 91.9%。

Zhang 等(2018)通过水热法合成了混合金属氧化物催化剂 CeO_2@CaO,表征发现 CeO_2@CaO 拥有独特的核-壳结构,且 Ce 嵌入 CaO 中,在催化大豆油脂交换反应中,FAME 产率达 98%,催化剂重复使用 9 次 FAME 产率仍大于 80%,经分析,好的催化活性及稳定性能源于 CeO_2@CaO 催化剂中 CaO 与 CeO_2 之间存在一个较强的协同催化作用,减少活性组分在反应体系中的流失。

Li 等(2018)使用坡缕石作为载体负载活性组分 KF/CaO 得到复合物 KCa/Pal-40,并用于催化大豆油脂交换制备生物柴油。表征结果发现活性组分金属氧化物分散在坡缕石表面,且催化剂的活性主要来源于催化剂表面的活性物种 $KCaF_3$。催化剂的稳定性研究表明,KCa/Pal-40 能重复使用 10 次,生物柴油产率从第 1 次的 97.9% 仅下降为第 10 次的 91.3%;相反,KF/CaO 重复使用 10 次后,生物柴油产率仅为 75.6%。

Seffati 等(2020)通过荷叶制备得到活性炭(AC),并用于负载 $CuFe_2O_4$ 纳米颗粒,随后再封装活性组分 CaO,得到 AC/$CuFe_2O_4$@CaO 纳米复合固体碱。EDX 显示成功合成了 AC/$CuFe_2O_4$@CaO 复合固体碱,TEM 结果证实 AC/$CuFe_2O_4$@CaO 呈现纳米级颗粒。将 AC/$CuFe_2O_4$@CaO 用于催化鸡油脂交换生产生物柴油,实现了 95.6% 的生物柴油产率,得到的产品经各指标燃料性能测定,结果显示,能满足生物柴油 ASTM D-6751 和 EN 14214 国际标准。

表 3-3 用于催化酯交换反应的其他 CaO 基催化剂概况

序号	起始原料（摩尔比）	其他 CaO 基催化剂	反应条件（时间，温度，催化剂用量）	产率（Y）或转化率（C）	重复使用	反应活化能 /(kJ/mol)	参考文献
1	麻疯树油＋甲醇（1：15）	Zr/CaO	105 min，65 ℃，5%	Y＞99%	重复 4 次，Y＝40%	29.8	Kaur 等，2014
2	大豆油＋甲醇（1：12）	CaO@(Sr₂Fe₂O₅-Fe₂O₃)	2 h，70 ℃，0.5%	Y＝94.9%	重复 5 次，Y＝89%	/	Zhang 等，2016
3	菜籽油＋甲醇（1：12）	CaO-AC	6 h，35 ℃，10%，凝聚光照射(3.6 W)	Y＝90%	未报道	/	Furusawa 等，2016
4	大豆油＋甲醇（1：15）	CaO@γ-Fe₂O₃	3 h，70 ℃，2%	Y＝98.8%	重复 4 次，Y＝80%	/	Shi 等，2017
5	麻疯树油＋甲醇（1：15）	CaO-CeO₂	6 h，65 ℃，4%	Y＝95%	重复 5 次，Y＝83.41%	/	Teo 等，2014
6	大豆油＋甲醇（1：6）	CeO₂@CaO	6 h，70 ℃，3%	Y＝98%	重复 9 次，Y＞80%	/	Zhang 等，2018
7	大豆油＋甲醇（1：12）	KCa/Pal-40	2.5 h，65 ℃，3%	Y＝97.9%	重复 10 次，Y＝91.3%	/	Li 等，2018
8	棕榈油＋甲醇（1：30）	Ca-Zn 混合氧化物	2 h，56.9 ℃，7.5%	Y＝86.99%	未报道	/	Sierra-Cantor 等，2019
9	鸡油＋甲醇（1：12）	纳米 AC/CuFe₂O₄@CaO	4 h，65 ℃，3%	Y＝95.6%	未报道	/	Seffati 等，2020
10	花生油＋甲醇（1：15）	Ca600/Mg₄Al₂HT	6 h，60 ℃，2.5%	Y＝95%	未报道	/	Dahdah 等，2020

绿色催化材料的设计与应用

续表 3-3

序号	起始原料（摩尔比）	其他 CaO 基催化剂	反应条件（时间、温度、催化剂用量）	产率(Y)或转化率(C)	重复使用	反应活化能/(kJ/mol)	参考文献
11	地沟油+甲醇(1:15)	CaO/SiO₂	2 h,60 ℃,6%	Y=94%	重复5次,Y>70%	/	Lani 等,2020
12	橄榄油+甲醇(1:6)	CaO/SA-FS	4 h,62 ℃,6%	C=95.5%	重复4次,C=70.5%	/	Khandan 等,2020
13	地沟油+甲醇(1:6)	CaO/NCC/PVA	4 h,65 ℃,0.5%	Y=98.4%	重复4次,Y>90%	45.72	Zik 等,2020
14	地沟油+甲醇(1:9)	纳米 CaO/CeM(Si/Ce=25)	6 h,60 ℃,5%	C=96.8%	重复5次,C=91.5%	/	Dehghani 等,2019
15	琉璃苣籽油+甲醇(1:15)	Li-CaO	150 min,65 ℃,4%	Y=97.8%	重复7次,活性有所下降	43.5	Kumar,2020
16	海棠果籽油+甲醇(1:9.66)	纳米 Zn@CaO	81.31 min,56.71 ℃,5%	C=91.95%	未报道	/	Rajendiran 等,2020
17	花生油+甲醇(1:6)	CaO/FA-ZM	30 min,60 ℃,6%	Y=97.8%	重复5次,Y=97.9%	67.17	Pavlović 等,2020
18	花生油+甲醇(1:6)	20CaO/ZM_FA	2 h,60 ℃,4%	C=96.5%	未报道	/	Pavlović 等,2021
19	棕榈油+甲醇(1:20)	SCBA/CaO	3 h,65 ℃,6%	Y=93.8%	重复5次,Y=70.3%	/	Mutalib 等,2020
20	地沟油+甲醇(1:16.7)	纳米 CaO@MgO	7.08 h,69.37 ℃,4.571%	Y=98.37%	重复3次,Y>90%	/	Foroutan 等,2020

续表 3-3

序号	起始原料（摩尔比）	其他 CaO 基催化剂	反应条件（时间，温度，催化剂用量）	产率(Y)或转化率(C)	重复使用	反应活化能/(kJ/mol)	参考文献
21	大豆油+甲醇(1∶9)	CaO/AC	5 h,65 ℃,5%	Y=98.59%	重复 5 次，Y=67.01%	/	Sun 等,2021
22	废煎炸油+甲醇(1∶12)	K⁺-CaO	3 h,65 ℃,3%	Y=98.46%	重复 8 次，Y=68.04%	/	Hossain 等,2021
23	棕榈油+甲醇(1∶12)	La₂O₃/CaO	6 h,60 ℃,10%	Y=92.3%	未报道	/	Ngaosuwan 等,2021
24	椰子油+甲醇(1∶6)	OH-浸渍 CaO	10 min,60 ℃,5%	C=66.36%	未报道	/	Bambase 等,2021
25	蓖麻油+甲醇(1∶10.5)	纳米 Zn@CaO	70 min,57 ℃,2.15%	Y=84.9%	未报道	/	Naveenkumar 等,2021
26	大豆油+甲醇(1∶13)	纳米 CaO/Ag	90 min,72 ℃,5%	Y=90.95±2.56%	重复 5 次，Y=76.69%	43.73	Zhu 等,2021
27	废食用油+甲醇(1∶18)	生物炭/CaO/K₂CO₃	200 min,65 ℃,4%	Y=98.83%	重复 5 次，活性无明显降低	45.53	Foroutan 等,2021
28	地沟油+甲醇(1∶12)	灰烬/CaO	114.21 min,54.6 ℃,11.66%	Y=93.6%	未报道	/	Gouran 等,2021
29	地沟油+甲醇(体积比 1.94∶1)	黏土/CaO	74.3 min,55 ℃,9.6%	C=97.16%	重复 5 次，活性无明显降低	78.32	Mohadesi 等,2022
30	枳实籽油+甲醇(1∶12)	CaO-Bi₂O₃	2 h,65 ℃,6%	Y=98.7%	重复 7 次，Y=73.2%	/	Farooq 等,2022
31	橡胶籽油+甲醇(1∶12)	Zn-CaO	2 h,55 ℃,5%	Y=94.12%	重复 5 次，Y=89.5%	/	Rahman 等,2022

Lani 等（2020）采用离子交换法从稻壳中提取 SiO_2，并用于负载 CaO，得到 CaO/SiO_2 复合物。经研究，CaO/SiO_2 在催化地沟油转化生物柴油的反应中具有比 CaO 更高的活性，这是由于 CaO/SiO_2 具有较大的比表面积及耐水性，同时，SiO_2 作为载体，有效抑制 CaO 的流失，使 CaO/SiO_2 复合物能有效重复使用 5 次。

Zik 等（2020）以煅烧鸡骨头得到 CaO、酸水解法从椰子渣中分离得到纳米晶纤维素（NCC）为前驱体，将其负载于聚乙烯醇（PVA）上，得到 CaO/NCC/PVA 复合物，在催化地沟油脂交换反应中表现好的活性，且重复使用 4 次，产率仍大于 90%。CaO/NCC/PVA 优异的性能源于它的大比表面积、高碱性及在反应体系中受机械搅拌影响小。反应动力学研究表明，酯交换反应的活化能为 45.72 kJ/mol。

Rajendiran 等（2020）合成 Zn 掺杂 CaO 纳米复合型催化剂，用于催化成本低廉的海棠果籽油（*Calophyllum inophyllum*）酯交换制备生物柴油。实验表明，最优条件下，生物柴油转化率为 91.95%，且绿色化学值为 0.873。

Pavlović课题组（2020;2021）将 CaO 负载在粉煤灰基沸石材料，合成了 CaO/FA-ZM 复合型固体碱，在催化花生油的酯交换反应中，反应时间 30 min 时，实现了 97.8% 的 FAME 产率，且重复使用 5 次催化活性无明显下降。采用两种动力学模型（1. 异质和齐次体系的不可逆伪一阶速率定律，2. 变化机制与甘油三酯传质限制相结合）对酯交换反应体系进行研究，结果显示，两种模式均有一个高的可信度，$R^2>0.93$，且两种模型得到的反应活化能分别为 67.17 kJ/mol、58.03 kJ/mol。随后该课题组又将煅烧得到的 CaO 负载在由褐煤飞灰衍生的钙霞石型沸石（ZM_{FA}）上，得到 CaO/ZM_{FA} 复合型固体碱。研究发现，该复合型催化剂具有大孔道结构及附着高的活性位点，能较好地催化甘油三酯等大尺寸化合物发生化学反应。

Sun 等（2021）通过温和的一锅自活化法将 Ca 原位掺杂到椰子壳衍生的多层活性炭（AC）上，得到 CaO/AC 复合催化剂，并用于大豆油脂交换反应中，结果显示，在 CaO/AC 催化下实现 98.59% 的 FAME 产率，与原始 CaO 相比，催化剂用量减少了 89.75%。此外，催化剂制备过程中 Ca 的自活化作用，改善了活性炭介孔结构；同时，颗粒平均尺寸为 14.7 nm 的 CaO 原位高分散封装于多层介孔活性炭中，为酯交换反应提供了大量可接触的活性位点，有效提高了酯交换反应的效率。

Hossain 等（2021）用 K^+ 掺杂鸡蛋壳衍生的 CaO，得到 K^+-CaO 复合催化剂，通过响应面法优化了废煎炸油转化生物柴油的工艺条件，其最高 FAME 产率达 98.46%。然而，该催化剂重复使用 8 次后，FAME 产率下降了 30.42%，经对催化剂流失进行分析，发现重复使用到第 8 次时催化剂流失了 58.84%。所得到的生物柴油产品经燃料性能测定，发现能够满足国际生物柴油 EN 14214 和 ASTM

D-6751 标准。

Ngaosuwan 等（2021）采用简单的物理浸渍法将 La_2O_3 掺杂到鸡蛋壳衍生的 CaO 上，成功制备了 La_2O_3@CaO 复合氧化物催化剂，并用于催化棕榈油制备生物柴油。经研究，La 的添加量及制备方法能够调控 La_2O_3@CaO 催化剂的结构。表征数据显示，当 La 的掺杂量为 5%，催化剂表面存在 CaO、$Ca(OH)_2$、La_2O_3 及 $La(OH)_3$，且它们之间存在协同效应增强了 La_2O_3@CaO 的碱性；同时由于引入了 La，促使 CaO 形成更多的孔洞结构。在最佳反应工艺条件下，FAME 产率为 92.3%。

Zhu 等（2021）利用成功合成的 CaO/Ag 复合物催化剂用于催化大豆油制备生物柴油。研究表明，Ag 与 CaO 间的协同催化效应有效提高了生物柴油收率，且 CaO/Ag 拥有大比表面积 7.02 m^2/g、孔容 58.84 nm、大的孔体积 0.07 cm^3/g，这有利于减少酯交换反应过程中传质阻力，提高传质效率。通过响应面法优化了工艺条件，最佳生物柴油收率达 90.95%±2.56%。

Foroutan 等（2021）以马尾藻褐藻衍生的生物炭、鸡蛋壳衍生的 CaO、K_2CO_3 为原料，合成得到生物炭/CaO/K_2CO_3 复合型催化剂，通过响应面法优化了废食用油转化生物柴油的工艺条件，其最高 FAME 收率为 98.83%。另外，通过酯交换反应的动力学研究，得到指前因子为 $6.03×10^4$ min^{-1}，反应活化能为 45.53 kJ/mol。本研究中由废食用油制备的生物柴油燃料性能均符合 ASTM D-6751 和 EN 14214 标准。

Mohadesi 等（2022）使用黏土/CaO 作为催化剂用于催化地沟油合成生物柴油，经对黏土/CaO 进行表征，发现黏土/CaO 由二氧化硅、氧化钙、氧化铝及氧化铁组成，且具有一个无定形结构，催化剂颗粒呈球形结构、分布均匀。通过响应面法优化其工艺条件，其反应最高转化率为 97.16%。

Farooq 等（2022）使用 Bi_2O_3 对 CaO 进行改性，合成得到 CaO-Bi_2O_3 复合氧化物催化剂，当 Bi_2O_3 的负载量为 20%（湿重）时，CaO-Bi_2O_3 复合氧化物展现出优异的催化活性，FAME 产率达 98.7%。催化剂可重复性实验表明，CaO-Bi_2O_3 重复使用 7 次，FAME 产率下降为 73.2%。

Rahman 等（2022）将 $ZnSO_4$ 掺杂到废鸡蛋壳衍生的 CaO，合成得到 Zn-CaO 复合型固体碱。研究发现，在催化橡胶籽油与甲醇的酯交换反应中，Zn-CaO 的催化活性优于 CaO，在同样的酯交换反应条件下，Zn-CaO 从重复使用第 1 次时的反应产率 94.12% 下降到第 5 次的 89.5%，而 CaO 从重复使用第 1 次时的反应产率 80.4% 下降到第 5 次的 62.4%，表明 CaO 催化活性的流失速度比 Zn-CaO 快，这主要是由于在酯交换反应过程中，CaO 上的活性位点被反应原料或产物所吸附，导致活性下降。

从表 3-3 可以看出,经掺杂活性物种的 CaO 或与其他金属氧化物复合而成的多元复合型催化剂的催化活性得到了明显的改善,且具有一定的耐酸性和耐水性,但其稳定性还需进一步提高,未来 CaO 基催化剂应从低成本的角度出发,通过工艺简单的物理、化学性质改性等方法在节约成本、提高催化活性及稳定性等方面作深入的研究,并探明其催化作用机制。

3.2 MgO 基催化材料

通常碱土金属催化剂的比表面积和活性顺序随着碱土金属原子序数的增加而减小,其活性大小的顺序为 MgO>CaO>SrO>BaO,其碱强度正好相反,顺序为 BaO>SrO>CaO>MgO,虽然 MgO 碱性稍弱,但也可以用于催化各种有机反应。表 3-4 为用于催化酯交换反应的 MgO 基催化剂应用研究概况。

Jeon 等(2013)以 $Mg(NO_3)_2$ 为原料,使用聚二甲基硅氧烷-聚氧化乙烯(PDMS-PEO)梳状共聚物作为模板,通过溶胶-凝胶法合成得到改性的大比表面积的介孔 MgO 催化剂,并将经模板改性的 MgO(t-MgO)与未改性的 MgO(nt-MgO)应用于催化菜籽油与甲醇的酯交换反应,结果显示,t-MgO 催化酯交换反应,其转化率达 98.2%,而 nt-MgO 催化下转化率仅达 82.8%,这是由于 t-MgO 具有一个高的碱量(0.820 7 mmol/g),高于 nt-MgO(0.323 2 mmol/g)2.5 倍。同时,t-MgO 的重复使用性能也优异 nt-MgO。

Mutreja 等(2014)将 K 掺杂到 La-Mg 混合金属氧化物中,得到 LaMg-3@10 复合型固体碱催化剂,催化棉花籽油进行酯交换反应,反应 20 min 后实现 96% 的反应转化率。

Vahid 等(2017)以 $Al(NO_3)_3 \cdot 9H_2O$ 和 $Mg(NO_3)_2 \cdot 6H_2O$ 为原料,合成得到 $MgAl_2O_4$ 载体,然后将 $Mg(NO_3)_2 \cdot 6H_2O$ 浸渍在 $MgAl_2O_4$ 上,25 ℃ 下等离子处理 45 min 后 550 ℃ 焙烧 4 h,得到 $MgO/MgAl_2O_4$ 纳米复合型催化剂。经研究发现,通过等离子处理的 $MgO/MgAl_2O_4$ 的比表面积为 92.8 m^2/g、孔容为 0.131 cm^3/g,而未通过等离子处理的 $MgO/MgAl_2O_4$ 的比表面积为 60.6 m^2/g、孔容为 0.079 cm^3/g,表明通过等离子处理后的催化剂更有利于反应传质过程的进行;同时,通过等离子处理能去除合成过程中催化剂表面残留的不需要的官能团。两种催化剂性能测定表明,重复使用 5 次后,等离子处理的 $MgO/MgAl_2O_4$ 催化活性下降 5.6%,而未通过等离子处理的 $MgO/MgAl_2O_4$ 催化活性下降 17.1%。

Du 等(2019)以 $Mg(CH_3COO)_2 \cdot 4H_2O$ 和聚乙烯醇(PVA)为起始原料,通过

表 3-4 用于催化酯交换反应的 MgO 基催化剂概况

序号	起始原料(摩尔比)	其他 MgO 基催化剂	反应条件(时间,温度、催化剂用量)	产率(Y)或转化率(C)	重复使用	反应活化能/(kJ/mol)	参考文献
1	菜籽油+甲醇(3:20)	介孔 MgO	2 h,190 ℃,3%	$Y=98.2\%$	重复 5 次,$Y=95\%$	/	Jeon 等,2013
2	棉花籽油+甲醇(1:54)	LaMg-3@10	20 min,65 ℃,5%	$C=96\%$	重复 3 次,$C=87\%$	/	Mutreja 等,2014
3	菜籽油+甲醇(1:12)	$MgO/MgAl_2O_4$	3 h,110 ℃,3%	$C=96.5\%$	重复 6 次,$C=90.9\%$	/	Vahid 等,2017
4	蓖麻油+乙醇(1:12)	MgO-UREA	1 h,75 ℃,6%	$Y=96.5\%$	重复 5 次,$Y=80.2\%$	/	Du 等,2019
5	花生油+甲醇(1:12)	$MgO/MgFe_2O_4$	3 h,110 ℃,3%,微波	$C=92.5\%$	重复 5 次,$C=78.8\%$	/	Amania 等,2019
6	辣木籽油+甲醇(1:12)	纳米 MgO	4 h,45 ℃,1%	$C=93.69\%$	未报道	/	Esmaeili 等,2019
7	地沟油+甲醇(1:15)	硅藻土@CaO/MgO	2 h,90 ℃,6%	$Y=96.47\%$	重复 7 次,$Y=50.4\%$	/	Rabie 等,2019
8	橄榄油+甲醇(1:15)	Cs_2O-MgO/MPC	4 h,60 ℃,4%	$Y=96.1\%$	重复 4 次,$Y=93.3\%$	/	Hassan 等,2020
9	花生油+甲醇(1:14.6)	纳米 MgO/$MgAl_{0.4}Fe_{1.6}O_4$	4.9 h,117.2 ℃,3.3%	$Y=98.8\%$	重复 8 次,$Y=75.8\%$	/	Nayebzadeh 等,2020
10	地沟油+甲醇(1:7.77)	SrO/MgO	1.37 h,50.16 ℃,0.1 g	$Y=87.49\%$	重复 4 次,$Y>80\%$	/	Shahbazi 等,2020

续表 3-4

序号	起始原料(摩尔比)	其他 MgO 基催化剂	反应条件(时间,温度,催化剂用量)	产率(Y)或转化率(C)	重复使用	反应活化能/(kJ/mol)	参考文献
11	蓖麻油+丁醇(1:6)	0.5 Zn/Mg-γAl$_2$O$_3$	2 h,80 ℃,5%	Y>99%	重复 4 次,Y=76%	/	Navas 等,2020
12	废食用油+甲醇(1:16.7)	CaO@MgO	7.08 h,69.37 ℃,4.571%	Y=98.37%	重复 3 次,Y>90%	/	Foroutan 等,2020
13	鸡油+甲醇(1:24)	纳米 MgO@Na$_2$O	2 h,65 ℃,2%	Y=95.22%	重复 4 次,Y>80%	/	Bahador 等,2021
14	大豆油+甲醇(1:12)	Mg-Al-O	—,200 ℃,0.2 g	Y=84.4%	重复 3 次,Y=80.7%	/	Chen 等,2021
15	大豆油+乙酸甲酯(1:50)	Mg-Al CHT(3:1)	4 h,200 ℃,0.04 g/cm^3	C=95.9%	重复 3 次,C=94.3%	61.5	Dhawan 等,2021
16	辣木籽油+甲醇(重量比1:0.69)	MgO/K$_2$CO$_3$/HAp	3.3 h,70 ℃,4%	Y=99.3%	重复 9 次,Y>60%	/	Foroutan 等,2021
17	大豆油+甲醇(1:3)	20MgO@ZnO-400	—,210 ℃,1%	Y=73.3%	重复 3 次,Y=67.4%	/	Yang 等,2022
18	地沟油+甲醇(1:2)	MgO/CaO(源于工业废渣)	2 h,63 ℃,9%	Y=93.32%	重复 6 次,活性无明显降低	/	Aghel 等,2022
19	废植物油+甲醇(1:20)	MgO@CNT@K$_2$CO$_3$	4 h,65 ℃,4%	Y=98.25%	未报道	61.74	Cao 等,2022

溶胶-凝胶法制备得前驱体后 800 ℃焙烧 5 h 得到碳基 MgO 复合物(MgO-UREA)。SEM 和 BET 表征显示 MgO-UREA 具有合适的孔结构及高的比表面积,EDX 和 TG 表征显示 MgO-UREA 存在残余碳,改善了催化剂的催化活性。在利用 MgO-U-REA 催化酯交换反应的过程中,FAEE 产率为 96.5%。

Foroutan 等(2020)以废鸡蛋壳为原料,成功合成了 CaO@MgO 纳米混合金属氧化物,实验表明,制备的催化剂具有很强的碱性,在催化废食用油酯交换制备生物柴油的反应中,转化率最高可达 98.37%。按照相关国际标准,对得到产品的密度、动力黏度、浊点为、倾点、闪点、酸值、十六烷值及氧化稳定性等进行测定,测定结果达到了国际 ASTM D-6571 及 EN 14214 生物柴油标准。

Bahador 等(2021)成功合成了 MgO 和 MgO@Na$_2$O 两种纳米固体碱催化剂,BET 表征结果显示,MgO 的比表面积为 154.915 m^2/g、孔容为 0.219 cm^3/g,MgO@Na$_2$O 的比表面积为 2.551 6 m^2/g、孔容为 0.005 9 cm^3/g,MgO@Na$_2$O 的比表面积较 MgO 减少很多,这可能是由于 Na$_2$O 颗粒附着在了 MgO 结构里,导致比表面积减少。在催化鸡油的酯交换反应中,两种催化剂均展现了高的活性,其反应机理如图 3-2 所示。

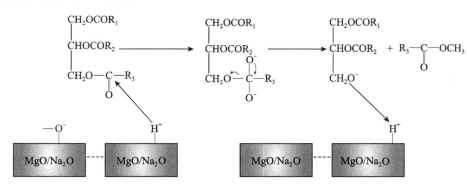

图 3-2　MgO@Na$_2$O 催化制备生物柴油反应机理图(Bahador 等,2021)

Chen 等(2021)通过气凝胶调控结构合成了多孔 Mg-Al-O 混合金属氧化物,与传统合成方法相比,通过气凝胶调控合成的 Mg-Al-O 的比表面积(98.2 m^2/g)高于传统合成方法(63.6 m^2/g)的 1.5 倍、孔尺寸减少 20%。催化大豆油转化生物柴油的性能测试结果显示,气凝胶调控合成的 10Mg-3.6Al-A(其碱量为 11.4 μmol/m^2)在反应温度 200 ℃下,实现了 FAME 产率为 84.4%,重复使用到第 2 次,FAME 产率为 83.0%,重复使用到第 3 次,FAME 产率为 80.7%,表明合成的催化剂具有高的稳定性,但该 Mg-Al-O 催化剂用于酯交换反应需在较高反应温度条件下才能得到理想的生物柴油收率,因此还需要做进一步的研究。

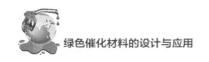

Foroutan 等（2021）使用羟磷灰石（HAp）作为载体，负载活性组分 MgO/K₂-CO₃ 得到 MgO/K₂CO₃/HAp 复合催化剂，研究发现将 MgO 和 K₂CO₃ 负载在 HAp 上，有效增强了催化剂的催化活性，通过响应面法优化了非粮油料辣木籽油（*Moringa oleifira*）转化生物柴油的工艺条件，其最高 FAME 产率为 99.3%，催化剂回收后使用各种有机溶剂（正己烷、水及甲醇）对其进行洗涤，结果显示使用正己烷洗涤回收的催化剂重复使用 9 次，产率下降了最少，仅为 40%。

Cao 等（2022）使用 MgO 和 MgO@CNT@K₂CO₃ 催化剂催化废植物油转化生物柴油，最佳催化条件下，MgO 和 MgO@CNT@K₂CO₃ 催化酯交换反应得到的产率分别为 94.26%、98.25%。酯交换反应动力学研究表明，MgO 和 MgO@CNT@K₂CO₃ 催化酯交换反应的活化能分别为 59.98 kJ/mol、61.74 kJ/mol。然而，该研究并未对 MgO 和 MgO@CNT@K₂CO₃ 的稳定性进行进一步的研究。

根据文献报道，MgO 不易从反应体系中浸出，同时，当反应原料含水量较高时，仍能较好地保持一定的活性。但商业 MgO 由于催化活性和比表面积较低，直接用于催化反应没有经济价值。因此，对 MgO 进行改性成为未来 MgO 基催化材料的发展方向，如含 Mg 的双金属和三金属混合金属氧化物由于其较强的碱性和较大的表面积而通常优于单一金属氧化物。

3.3 SrO 基催化材料

氧化锶（SrO）的碱性处于 BaO 和 CaO 之间，因此 SrO 也能用于催化各种化学反应，特别在催化酯交换反应中也有一定的应用（Tangy 等，2021）。表 3-5 为用于催化酯交换反应的 SrO 基催化剂应用研究概况。

Li 等（2016）采用四种不同的合成方法（固体混合法、湿浸渍法、共沉淀法及改进后共沉淀方法）合成了 Sr 功能化的 CaO，其中改进的共沉淀方法得到催化剂（Sr/Ca-ICP）表现出最优的性能，且存在 Sr 与 Ca 强的相互作用。经深入研究发现 Sr/Ca 摩尔比为 0.5、催化剂活化温度为 900 ℃时，催化棕榈油与甲醇反应 30 min，其最高转化率能达 98.31%。高的催化活性主要源于 Sr/Ca-ICP 表面存在活性组分 SrₓCa₁₋ₓO 和 SrO。

Sahani 等（2018）利用硝酸锶和硝酸镧为原料，通过共沉淀法后 900 ℃焙烧 4 h 下合成的 La-SrO 混合金属氧化物作为催化剂，用于催化预处理过的非粮油料油患子木（*Schleichera Oleosa*）的酯交换反应（机理如图 3-3 所示）。氮气吸附-脱附表征显示 La-SrO 混合金属氧化物的比表面积为 15.9 m²/g，平均孔径为 2.21 nm，表明催化剂

第3章 金属氧化物基催化材料的设计及应用

表3-5 用于催化酯交换反应的 SrO 基催化剂概况

序号	起始原料(摩尔比)	催化剂	反应条件(时间、温度、催化剂用量)	产率(Y)或转化率(C)	重复使用	反应活化能/(kJ/mol)	参考文献
1	棕榈油+甲醇(1:9)	0.5Sr/Ca-ICP900	30 min,65℃,5%	C=98.31%	重复6次,C=92.25%	/	Li 等,2016
2	S. Oleosa油+甲醇(1:14)	La-SrO	40 min,60℃,1.5%	Y=96.37%	重复6次,C>75%	/	Sahani 等,2018
3	棕榈油+甲醇(1:12)	MM-SrO	30 min,65℃,8%	C=96.19%	重复6次,C=82.49%	53.31	Li 等,2019
4	油酸+甲醇(1:4)	SO_4^{2-}&Cl^-/Sr-FeO	2 h,100℃,10%	C=96%	重复20次,C>80%	/	Huang 等,2020
5	钝顶螺旋藻油+甲醇(1:12)	β-Sr_2SiO_4	104 min,65℃,2.5%	C=97.88%	重复6次,C=76.34%	/	Singh 等,2020
6	玉米油+甲醇(1:10)	SrO-ZnO/Al_2O_3	3 h,70℃,10%	C=95.1%	未报道	25.5	Al-Saadi 等,2020
7	麻疯树油+甲醇(1:27.6)	7-SrO/CaO-H	89.8 min,65℃,4.77%	Y=99.71%	重复5次,Y=62.11%	/	Palitsakun 等,2021
8	棕榈油+甲醇(1:18)	SrO-CaO-Al_2O_3	3 h,65℃,7.5%	Y=98.16%	重复5次,Y=92.61%	/	Zhang 等,2021
9	棕榈油+甲醇(1:9)	SrO-M/Na	30 min,65℃,4%	C=95.36%	重复4次,C=33.81%	/	Li 等,2021

中存在介孔结构。在最佳酯交换反应条件下,实现了 96.37% 的 FAME 转化率。此外,制备得到的 *Schleichera Oleosa* 生物柴油其燃料性能满足国际 ASTM D-6751 生物柴油标准。

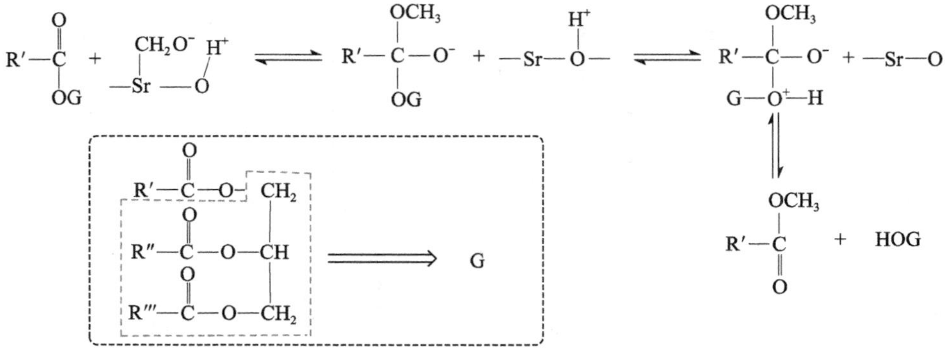

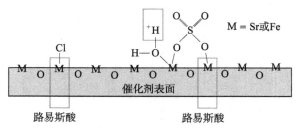

图 3-3　催化剂与甘油三酯分子相互作用的反应机理(Sahani 等,2018)

Huang 等(2020)通过共沉淀法制备 Sr-Fe 混合金属氧化物,随后使用 H_2SO_4 和 HCl 对 Sr-FeO 表面进行改性,得到 SO_4^{2-} & Cl^-/Sr-FeO 固体酸催化剂。分析表明,硫酸基团接枝到制备的 Sr-Fe 复合氧化物上,是为了促进催化剂表面 Sr 阳离子与相邻氧阴离子的电荷分离作用,而氯离子共价配位到复合氧化物上是为了抑制催化剂表面 Sr 阳离子皂化,避免催化剂的失活。Py-FTIR 显示 SO_4^{2-} & Cl^-/Sr-FeO 固体酸表面主要为 Brönsted 酸(图 3-4);XRD 分析显示 SO_4^{2-} & Cl^-/FeO 固体酸存在 $SrSO_4$ 簇晶体,它的存在能显著提高催化剂的活性及重复使用性能。在催化油酸与甲醇的酯化反应中,SO_4^{2-} & Cl^-/Sr-FeO 固体酸重复使用 20 次,其转化率仍高于 80%,这主要是由于 SO_4^{2-} & Cl^-/Sr-FeO 固体酸中配位的 Cl^- 与催化剂表面 $SrSO_4$ 簇的协同催化效应加强了催化剂的稳定性。

图 3-4　SO_4^{2-} & Cl^-/Sr-FeO 表面存在的布朗斯特酸(Huang 等,2020)

Singh 等（2020）采用固态反应合成了 β-Sr_2SiO_4 复合氧化物，并以此为催化剂，催化海藻油［钝顶螺旋藻（$Spirulina\ platensis$）］酯交换制备生物柴油。XRD 和 FTIR 表征结果显示合成的催化剂中形成了 β-Sr_2SiO_4 复合氧化物。通过响应面法优化了工艺条件，实现了 97.88% 的 FAME 转化率，催化剂的可重复实验证明，反应重复 6 次以后，FAME 的转化率仍为 76.34%，表明催化剂具有较好的重复使用性。

Palitsakun 等（2021）使用 SrO 改性鸡蛋壳衍生的 CaO，合成得到 SrO/CaO 复合氧化物固体碱催化剂，通过响应面法优化了麻疯树油与甲醇酯交换工艺条件，最优条件下 FAME 产率为 99.71%，催化剂重复使用 5 次，FAME 产率下降到 62.11%，催化剂活性的下降一方面是由于催化剂表面的 SrO（原碱强度 $H_0 = 18.4 \sim 26.5$）在反应过程中浸出，导致催化剂的碱强度降低到 $H_0 = 9.8 \sim 15.0$，另一方面也与反应过程中活性金属 Sr^{2+} 和 Ca^{2+} 的流失有关。

Zhang 等（2021）通过水热法合成了一系列各种 SrO/CaO 质量比的 SrO-CaO-Al_2O_3 三元混合金属氧化物，经研究发现，0.4-SrO-CaO-Al_2O_3 在棕榈油与甲醇的酯交换反应中表现出最优异的催化活性，FAME 产率最高达 98.16%，催化剂的可重复实验证明，反应重复 5 次以后，FAME 的产率仍为 92.61%，0.4-SrO-CaO-Al_2O_3 的高活性及好的重复使用性是由于形成了 $Ca_{12}Al_{14}O_{33}$ 和 $Ca_{0.2}Sr_{0.8}O$ 两种活性晶相；同时，Sr 的加入提高了催化剂表面氧的供电子能力，有效提高了催化剂的碱度。

Li 等（2021）分别使用 Na_2CO_3 和 $(NH_4)_2CO_3$ 作为沉淀剂对 SrO 进行改性，合成得到 SrO-M/Na 和 SrO-M/NH_4 两种复合型催化剂，并用于催化棕榈油与甲醇的酯交换反应。结果表明，SrO-M/Na 催化活性稍高于 SrO-M/NH_4，这主要由于 SrO-M/Na 的碱量（2.08 mmol/g）比 SrO-M/NH_4 高 10.1%。但重复使用性实验显示，SrO-M/NH_4 稳定性明显高于 SrO-M/Na，SrO-M/Na 在重复到第 4 次时，催化活性下降到 33.81%，而 SrO-M/NH_4 重复使用 4 次后，活性仍达 71.69%，究其原因，这是由于 SrO-M/Na 在重复使用过程中活性组分 Na 浸出到反应体系，导致活性下降较快，而实验过程中没有检测到 SrO-M/NH_4 催化剂浸出到反应体系；同时，SrO-M/NH_4 具有大的比表面积（68.34 m^2/g）和孔容（0.071 m^3/g）。因此，SrO-M/NH_4 的重复使用性高于 SrO-M/Na。

3.4　ZnO 基催化材料

在催化各种有机化学反应中，氧化锌（ZnO）因其低密度、大比表面积、酸碱两性等优良性能而备受青睐（Wang 等，2021），表 3-6 为用于催化酯交换反应的 ZnO

表 3-6　用于催化酯交换反应的 ZnO 基催化剂概况

序号	起始原料（摩尔比）	催化剂	反应条件（时间、温度、催化剂用量）	产率(Y)或转化率(C)	重复使用	反应活化能/(kJ/mol)	参考文献
1	菜籽油+甲醇(1:40)	ZnO	10 min,250 ℃,1%,超临界	Y=95%	未报道	/	Yoo 等,2010
2	棕榈油+甲醇(1:10)	Cu/ZnO	1 h,55 ℃,10%	Y=97.18%	重复 6 次,Y=73.95%	233.88	Gurunathan 等,2015
3	地沟油+乙醇(1:9)	CuO/ZnO	2 h,65 ℃,5%	Y=93.5%	重复 6 次,Y>80%	54.8	Guo 等,2022
4	蓖麻油+甲醇(1:12)	Fe(Ⅱ)/ZnO	50 min,55 ℃,14%	Y=91%	重复 7 次,Y>70%	1.52753	Baskar 等,2016
5	大豆油+甲醇(1:10)	Fe(Ⅲ)/ZnO	3 h,65 ℃,10%	C=98%	未报道	/	Saxena 等,2019
6	棕榈油+甲醇(1:5)	Ni/ZnO	80 min,60 ℃,2%	Y=80%	重复 5 次,Y=24%	/	Noreen 等,2021
7	菜籽油+甲醇(1:15)	ZnO/BiFeO$_3$	6 h,65 ℃,4%	C=95.43%	重复 5 次,C=92.08%	/	Salimi 等,2019
8	菜籽油+甲醇(1:12)	Li/ZnO-Fe$_3$O$_4$	35 min,35 ℃,超声波 0.8%	Y=99.8%	未报道	/	Kelarijani 等,2020
9	菜籽油+甲醇(1:11.25)	aFe$_2$O$_3$/ZnO	29.22 min,—,47.24%	Y=94.21%	重复 5 次,Y=85.34%	60.576	Maleki 等,2022
10	麻疯树油+甲醇(1:10)	Fe-Zn-1	4 h,160 ℃,4%	C=94.5%	重复 5 次,C>80%	/	Kumar 等,2020
11	海藻油+甲醇(1:25)	Ca/ZnO	3 h,55 ℃,2.9%	Y=99%	重复 4 次,Y=17%	/	Abdala 等,2020

续表 3-6

序号	起始原料（摩尔比）	催化剂	反应条件（时间、温度、催化剂用量）	产率(Y)或转化率(C)	重复使用	反应活化能/(kJ/mol)	参考文献
12	甘油＋碳酸二甲酯(1:4)	Mg/ZnO	2 h,80 ℃,3%	C=98.4%	重复6次，C=84.23%	/	Pradhan 等，2021
13	植物油＋甲醇(1:20)	Se/ZnO	3 h,65 ℃,5%	Y=94.7%	重复5次，Y>80%	/	Krishna Rao 等，2021
14	废花生油＋甲醇(1:6)	TiO₂-ZnO	—,66 ℃,267 mg	Y=96.4%	未报道	/	Zahed 等,2021
15	棕榈酸馏出物＋甲醇(1:9)	TiO₂-ZnO	25 min,60 ℃,3%	Y=97.45%	重复10次，Y=80.03%	/	Soltani 等,2022
16	米糠油＋甲醇(1:8)	ZnO/SiO₂	4 h,100 ℃,6 g/L	Y≈100%	重复7次，Y>75%	/	Fatimah 等,2022
17	碳酸丙烯酯＋甲醇(1:10)	rGO/ZnO	4 h,180 ℃,3%	Y=74%	重复4次，Y=56.9%	/	Kumar 等,2020
18	地沟油＋甲醇(1:12)	CFA/ZnO	3 h,140 ℃,0.5%	Y=83.17%	重复4次，Y=55.82%	/	Yusuff 等,2021
19	地沟油＋甲醇(1:15)	ZnCuO/NDG	8 h,180 ℃,10%	Y=97.1%	重复6次，无明显失活	/	Kuniyil 等,2021
20	棕榈酸馏出物＋甲醇(1:9)	SO₃H-ZnAl₂O₄	1.5 h,100 ℃,2%	Y=94.65%	重复8次，Y=67.29%	/	Soltani 等,2016a
21	棕榈酸馏出物＋甲醇(1:9)	C@Zn	15 min,90 ℃,1.5%	Y=91.2%	重复8次，Y=69.26%	/	Soltani 等,2016b
22	微绿球藻油＋甲醇(1:15)	PEG@ZnO：Mn²⁺	4 h,60 ℃,3.5%	Y=87.5%	重复6次，Y=73.5%	/	Vinoth Arul Raj 等,2019
23	麻疯树油＋甲醇(1:30)	Zn₀.₅Al/Co₀.₁₂	6 h,160 ℃,10%	Y=91.4%	重复4次，Y=69.8%	20.1	Sun 等,2022

基催化剂研究概况。

Yoo 等（2010）使用 SrO、CaO、ZnO、TiO_2 及 ZrO_2 作为催化剂在超临界甲醇条件下将菜籽油转化为生物柴油。研究发现，SrO 和 CaO 溶解在反应过程中，形成了甲醇锶和甲醇钙，导致活性组分的损失；TiO_2 及 ZrO_2 作为催化剂时，反应温度为 270 ℃ 条件下，FAME 产率仅为 79%、68%。而 ZnO 作为催化剂时，250 ℃ 条件下 FAME 产率能达 95%，这是由于 ZnO 在超临界甲醇体系中活性高，且流失小。然后，本文中得到高 FAME 产率需要一个较高的反应温度，这可能限制其工业应用。

最近，使用 Fe、Ni、Cu、Ca、Mg、Se 金属掺杂的 ZnO 基催化剂能有效用于生物柴油的合成反应。Gurunathan 等（2015）以硫酸锌和硫酸铜为原料，采用共沉淀法合成了 Cu 掺杂的 ZnO 复合型纳米 Cu/ZnO 固体碱，原子力显微镜（AFM）表征发现 Cu/ZnO 存在多孔粗糙的表面，该表面结构有利于催化楝树油脂交换转化生物柴油。

Guo 等（2022）以 $Zn(NO_3)_2 \cdot 6H_2O$ 和 $CuSO_4 \cdot 5H_2O$ 为原料，采用共沉淀的方法得到前驱体，并于 500 ℃ 条件下煅烧 2 h 获得 CuO/ZnO 光催化剂，并用于紫外光照射下（30 W，$\lambda = 254$ nm，0.5 mW/cm^2）的密封盒中催化地沟油与乙醇酯交换合成生物柴油。结果表明，在最佳工艺条件下，CuO/ZnO 光催化剂催化酯交换反应获得最高 FAEE 产率为 93.5%，催化剂重复使用 6 次，FAEE 产率仍高于 80%，表明，CuO/ZnO 光催化剂具有较好的稳定性和可重复使用性。另外，作者对 CuO/ZnO 光催化酯交换合成生物柴油的反应机理进行了分析（图 3-5），第 1 步是 CH_3CH_2OH 与催化剂表面的空穴（h^+）作用形成乙醇阴离子（$CH_3CH_2O^-$）；第 2 步是 $CH_3CH_2O^-$ 作为亲核试剂进攻甘油三酯中的羰基碳，形成四面体中间体 A；第 3 步是四面体中间体 A 与乙醇反应形成四面体中间体 B 和 $CH_3CH_2O^-$；第 4 步是四面体中间体 B 通过电子转移重排形成 FAEE。最后，合成的地沟油生物柴油的燃料性能满足 GB/T 20828-2015 和 ASTM D6751 生物柴油标准。

Baskar 等（2016）使用硫酸亚铁和硫酸锌为原料，合成得到 Fe（Ⅱ）掺杂的 ZnO 复合纳米催化剂（Fe（Ⅱ）/ZnO），表征结果显示，Fe（Ⅱ）/ZnO 是单相催化剂，呈现聚集性的球状结构，具有大的比表面积及粗糙的表面形貌，在催化蓖麻油与甲醇的酯交换反应中，生物柴油产率能达 91%。通过酯交换反应的动力学研究，表明该反应活化能为 1 527.53 J/mol。随后，Saxena 课题组（2019）使用 Fe（Ⅲ）掺杂的 ZnO，获得双金属 Fe（Ⅲ）/ZnO 纳米颗粒催化剂，其平均颗粒尺寸和比表面积分别为（76.24±7）nm、12.39 m^2/g，在大豆油与甲醇的酯交换反应中表现出了高的催化活性。Noreen 等（2021）也将 Fe、Ni、Cu 掺杂到 ZnO 中，合成了一系列复合催化剂。实验表明，将 Fe、Ni、Cu 掺杂的 ZnO 用于催化非粮印楝油与甲醇的酯交换反应，其生物柴油产率分别能达到 95%、80%、85%。

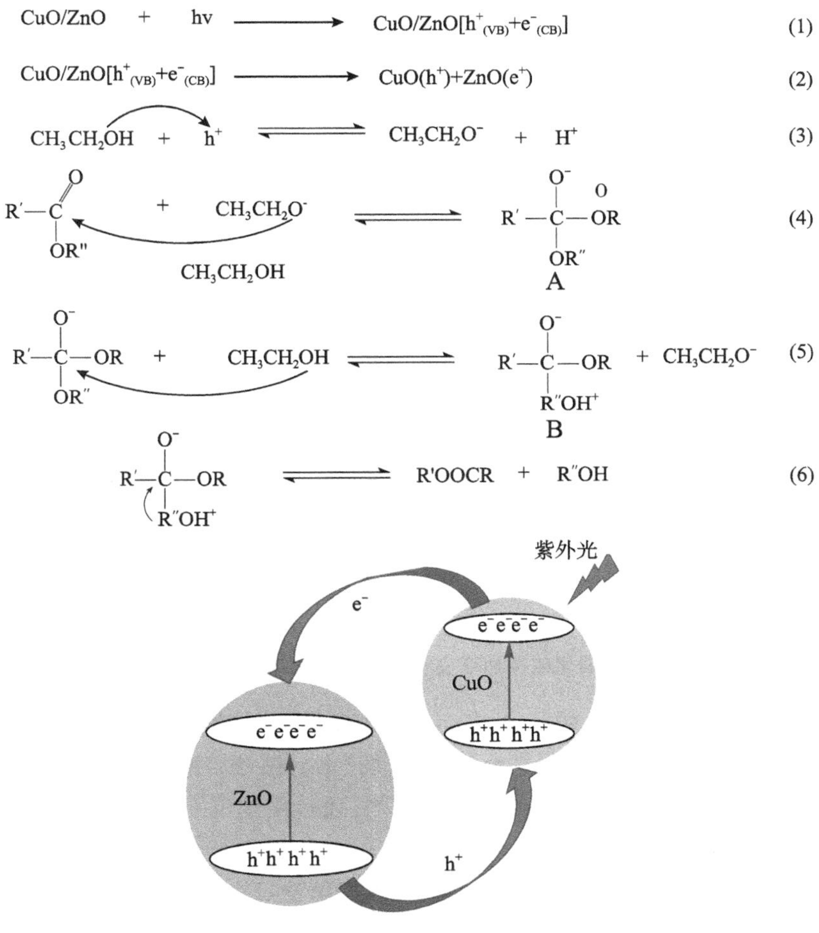
CuO/ZnO + hv → CuO/ZnO[h+(VB)+e-(CB)] (1)
CuO/ZnO[h+(VB)+e-(CB)] → CuO(h+)+ZnO(e+) (2)
CH3CH2OH + h+ ⇌ CH3CH2O- + H+ (3)
CH3CH2O-
CH3CH2OH
A
(4)
CH3CH2OH
CH3CH2O-
B
(5)
R'OOCR + R″OH (6)
紫外光
e-
CuO
ZnO
h+

图 3-5 CuO/ZnO 光催化剂催化酯交换反应示意图(Guo 等,2022)

Maleki 等(2022)通过溶胶-凝胶法合成不同 αFe_2O_3 负载量的 $\alpha Fe_2O_3/ZnO$ 纳米颗粒催化剂,CO_2-TPD 和拉曼光谱表征结果表明,ZnO 均匀的分散到 αFe_2O_3 结构中,且复合催化剂中产生的氧空位有效增强了催化剂的碱性。通过性能研究,ZnO 负载量为 47.24%(湿重)时,$\alpha Fe_2O_3/ZnO$ 展现最佳催化活性及稳定性。

Krishna Rao 等(2021)采用机磨热加工法制备了 Se 掺杂的 ZnO 纳米棒,表征发现 Se/ZnO 晶格中的表面积缺陷,主要为氧间隙(O_i^-)和氧空位(V_o^+),对提高 Se/ZnO 纳米棒的催化活性起着至关重要的作用,其催化植物油与甲醇的酯交换反应机理如图 3-6 所示。在最优反应条件下,Se/ZnO 催化酯交换反应,其 FAME

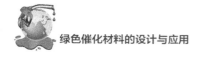

产率最高达 94.7%。

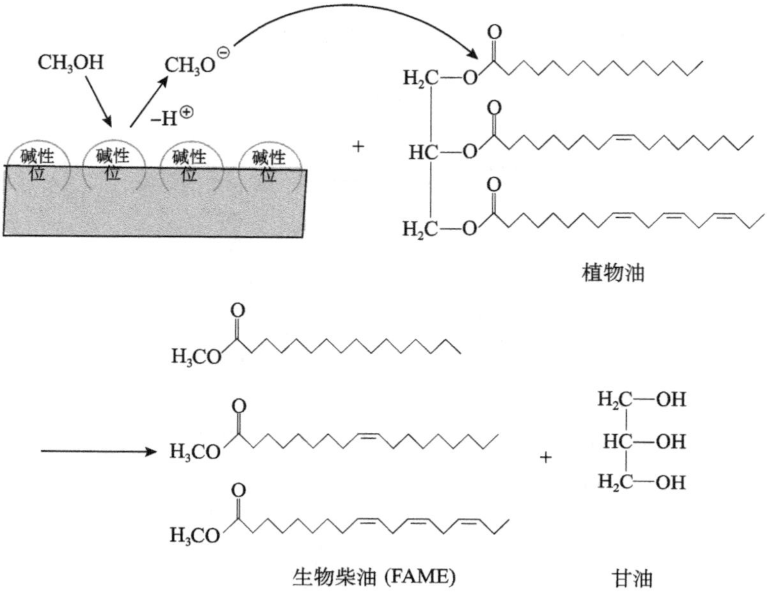

图 3-6 Se/ZnO 纳米固体碱催化植物油脂交换制备生物柴油反应机理（Krishna Rao 等,2021）

近来,将 ZnO 与其他较大比表面积、具有多孔结构的材料[如氧化石墨烯(GO)]、粉煤灰)进行复合得到复合型固体催化剂也被较多地使用于催化合成生物柴油。Kumar 等(2020)采用液氨作为还原剂,通过简单混合制备了不同还原氧化石墨烯(rGO)负载量(1%、2%、5%、10%)的 rGO/ZnO 复合催化剂。研究结果显示,5% rGO/ZnO 复合催化剂拥有大量的酸性-碱性位点及高的比表面积,在催化碳酸丙烯酯与甲醇的酯交换反应中,最高产率能达 74%,其酯交换反应合成碳酸二甲酯(DMC)的机理如图 3-7 所示。rGO/ZnO 重复实验表明,催化剂重复使用 4 次,其 DMC 产率分别为 71.5%、61.1%、59.9%、56.9%,催化活性的下降可能是由于在酯交换反应中,催化剂活性位点被原料及产品占据。

Yusuff 等(2021)采用浸渍法制备了粉煤灰(CFA)负载 ZnO 复合型催化剂(CFA/ZnO)。研究发现,在 400 ℃焙烧下得到的 CFA/ZnO 催化剂能有效催化地沟油与甲醇合成生物柴油,当催化剂投入量仅为 0.5%时,就能实现了 83.17%的生物柴油产率和 98.14%的 FAME 含量。

Kuniyil 等(2021)将不同量的 N-掺杂石墨烯(NDG)与 ZnCuO 进行复合,制备得到一系列 ZnCuO/NDG 纳米复合催化剂。经 XRD、FTIR、N₂ 物理吸附、HR-

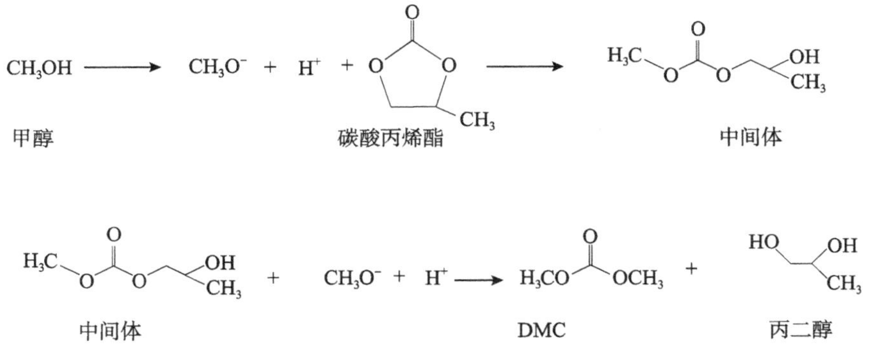

图 3-7　催化合成 DMC 的反应机理(Kumar 等,2020)

TEM、TGA 及拉曼光谱等表征,发现 ZnCuO/NDG 纳米复合催化剂的催化性能较 ZnCuO 得到增强,主要是由于引入 NDG 后,ZnCuO 的性能得到较大程度的改善,如比表面积、缺陷位点等。当 NDG 引入量为 30％时,ZnCuO/NDG 表现出最佳的催化活性及稳定性。

通过磺化处理 ZnO 得到负载型固体酸,也表现出好的催化活性。Soltani 课题组(2016a;2016b)采用水热法合成介孔 ZnAl₂O₄ 聚合物,随后使用苯磺酸对介孔 ZnAl₂O₄ 聚合物进行磺化处理,得到介孔 SO₃H-ZnAl₂O₄ 固体酸,其平均孔径尺寸、比表面积、孔隙分别为 3.1 nm、352.39 m²/g、0.13 cm³/g,且具有 1.95 mmol/g 的磺酸基密度,将其用于催化棕榈酸馏出物和甲醇的酯化反应表现出良好的催化性能。

Vinoth Arul Raj 等(2019)使用聚乙二醇(PEG)封接 Mn-ZnO,得到 PEG@ZnO:Mn²⁺ 催化剂,将其用于催化微绿球藻(*Nannochloropsis oculata*)与甲醇反应制备生物柴油,通过响应面优化了工艺条件,实现 87.5％的生物柴油产率。

Sun 等(2022)使用浸渍法、共沉淀法及桦木模板法等三种方法将 Co 掺杂到多孔 Zn/Al 复合氧化物中。表征数据表明,桦木模板法制备的多孔 Zn/Al/Co 复合氧化物催化剂具有明显的正、反尖晶石型 ZnAl₂O₄ 结构,Co 较好地取代了尖晶石层状结构中的 Zn 和 Al 原子,改善了催化剂的碱性及比表面积。该复合催化剂在催化麻疯树油与甲醇的酯交换反应时,显示出良好的催化活性。另外,一级动力学模型被用于分析该酯交换反应体系,结果显示该反应的活化能为 20.1 kJ/mol;表观热力学参数显示表观焓变(ΔH)为 16.7 kJ/mol,熵变(ΔS)为−284.6 J/mol/K,吉布斯自由能变(ΔG)为 140.0 kJ/mol,表明该酯交换反应具有吸热性、吸附性及非自发性。

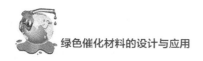

从表 3-6 可以看出,纯 ZnO 作为催化剂时催化活性较低,且需要在苛刻的条件下才能得到理想的催化效果,这限制了进一步的工业规模应用。对此,可以通过掺杂改性、载体负载或封装、形貌修饰等方式来改善相应的缺点,以获得催化活性高、重复使用性好的 ZnO 基非均相催化剂。

3.5 Al₂O₃ 基催化材料

氧化铝(Al_2O_3)又称为矾土、刚玉,是一种高分散度的两性氧化物,既可以溶于酸,又能溶于碱。Al_2O_3 由于具有好的化学稳定性、多孔结构、比表面积大等特点,被广泛用作催化剂或者催化剂的载体。Al_2O_3 存在许多同质异晶体,常见的主要有三种晶型,即 α-Al_2O_3、β-Al_2O_3、γ-Al_2O_3。

Amani 等(2014)将各种 Cs/Zr 摩尔比的混合金属氧化物负载于 Al_2O_3 上,研究发现,Cs/Zr 摩尔比为 1.5 时,$Cs_{0.6}Zr_{0.4}/Al_2O_3$ 表现出良好的催化性能,且具有较好的耐水性。

在 Al_2O_3 中掺杂钾(K)、K 的氧化物、K 的化合物,能够获得催化性能优良的固体碱催化剂。Wu 等(2017)以异丙醇盐铝[$Al(i$-$PrO)_3$]和硝酸钾(KNO_3)为原料,通过溶胶-凝胶法及一锅同步自组装法合成 K 掺杂的 Al_2O_3 复合型介孔催化剂 MAK,在催化菜籽油与甲醇的酯交换反应中,生物柴油产率能达 91.9%;反应动力学研究表明,酯交换反应的活化能介于 $20.9\sim23.4$ kJ/mol。另外,该酯交换反应体系符合 Eley-Rideal 反应机理,反应开始时甲醇吸附在 MAK 表面的活性位上,随后甲氧基阴离子与甘油三酯作用生成甲酯。

Marinković 等(2014)以异丙醇铝为前驱体,采用三种制备方法(溶胶-凝胶法 SG、回流法 RE、水热法 HT),并于 770 ℃ 煅烧 3 h 下合成了 KI/γ-Al_2O_3 复合型固体碱,分别标记为 SG-KI/γ-Al_2O_3-770、RE-KI/γ-Al_2O_3-770、HT-KI/γ-Al_2O_3-770。结果表明,SG-KI/γ-Al_2O_3-770 较其他方法制备得到的催化剂具有高的比表面积、稍大的介孔孔径、存在较多的活性晶相、高的碱量及较好的稳定性,能更有效地催化花生油与甲醇的酯交换反应。

Kazemifard 等(2019)采用共沉淀法和浸渍法结合的途径,合成了 K/Fe_3O_4@Al_2O_3 复合型纳米固体碱催化剂。表征结果表明,KOH/Fe_3O_4@Al_2O_3 具有核-壳结构、合适的比表面积、孔径和粒径,且催化剂上不含其他杂质。将该纳米 KOH/Fe_3O_4@Al_2O_3 催化剂用于废水中培养的微藻原位酯交换反应制备生物柴油,最佳工艺条件下,实现了 95.6% 的生物柴油产率,且该纳米催化剂能有效重复使用

6次。

Wei等(2020)以碱金属盐(Li、Na、K)为活性前驱体,采用浸渍法合成了一系列 γ-Al$_2$O$_3$ 基复合型催化剂。结果表明,活性前驱体 K$_2$CO$_3$ 负载量为 45%、煅烧温度 700 ℃ 下,KAlO$_2$/γ-Al$_2$O$_3$ 复合型固体碱展现出优异的催化活性,这是由于在煅烧过程中产生了大量的活性物质 KAlO$_2$。KAlO$_2$/γ-Al$_2$O$_3$ 在催化碳酸乙烯酯(EC)与甲醇酯交换制备碳酸二甲酯(DMC)的反应中(可能的反应机理如图3-8所示),EC转化率最高达 80.2%,DMC选择性达 98.9%。

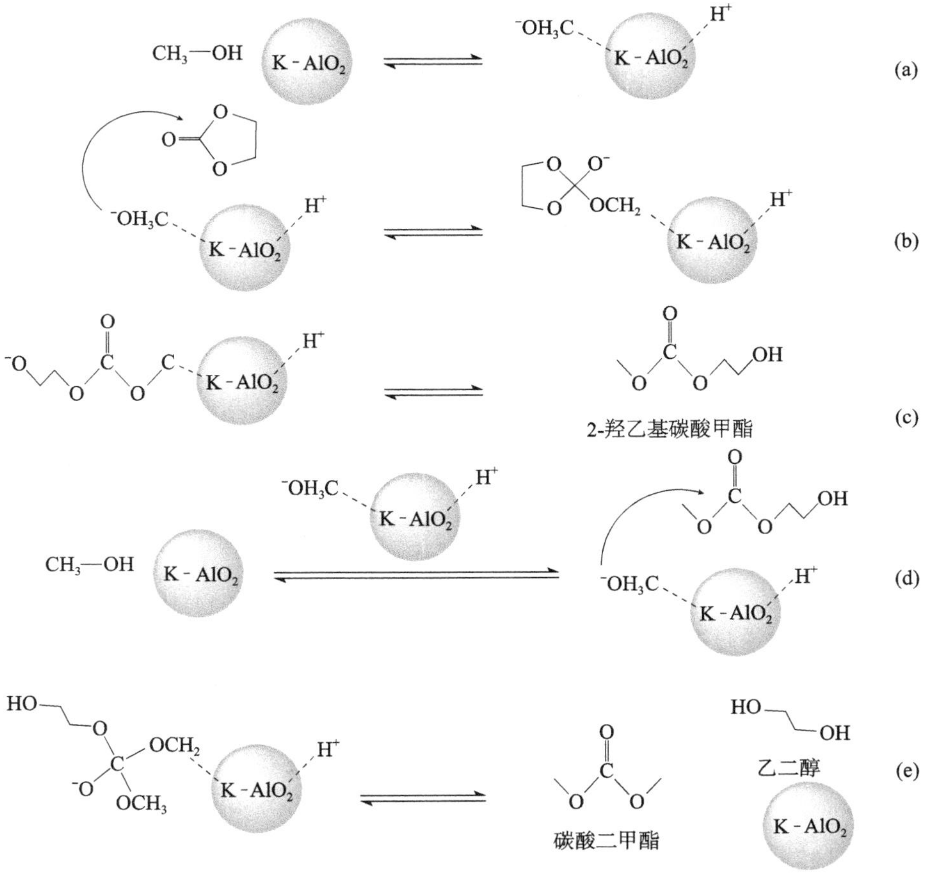

图 3-8　MAK 催化酯交换反应机理(Wei 等,2020)

Kesserwan 等(2020)通过快速环氧化物引发的溶胶-凝胶过程,在超临界二氧化碳条件下合成得到 CaO/Al$_2$O$_3$ 复合型气凝胶。表征发现,较低 Ca/Al 摩尔比下制备的气凝胶前驱体于 700 ℃ 煅烧后,结构能保持不变;同时,较低 Ca 含量的 CaO/Al_2O_3 复合型气凝胶催化酯交换反应不会发生皂化反应。当 Ca/Al 摩尔比为 3∶1 时,CaO/Al_2O_3 复合型气凝胶催化地沟油与甲醇酯交换反应(图 3-9),其产率最高能达 89.9%。反应动力学研究表明,该酯交换反应符合一级动力学。然而,对 CaO/Al_2O_3 复合型气凝胶的重复使用性没有进行相关的报道。

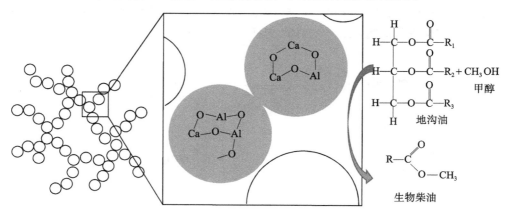

图 3-9 CaO/Al_2O_3 复合型气凝胶催化酯交换反应(Kesserwan 等,2020)

Yusuff 等(2019)通过浸渍法,将椰糠(ASCC)与 Al_2O_3 进行复合,制备得到椰糠/Al_2O_3 催化剂,EDX 和 XRD 表征数据显示,椰糠/Al_2O_3 中主要存在 SiO_2、K_2O、Al_2O_3、CuO 等化合物,BET 分析发现引入 Al_2O_3 能改善了复合催化剂的结构及加强了催化活性。将椰糠/Al_2O_3 用于催化废煎炸油的酯交换反应,取得了优异的催化效果。

Shaban 等(2020)以 $Zn(NO_3)_2 \cdot 6H_2O$ 和 $Al(NO_3)_3 \cdot 9H_2O$ 为原料,NH_4OH 为沉淀剂,通过共沉淀法获得前驱体,并于 550 ℃ 煅烧 5 h 后,经不同温度(700 ℃、800 ℃)退火处理得到两种结构的 $ZnAl_2O_4$ 纳米颗粒。数据显示,800 ℃ 退火处理得到的 $ZnAl_2O_4$ 纳米颗粒较 700 ℃ 退火处理的活性好,在催化地沟油的酯交换反应中,能实现最高 94.88% 的生物柴油产率,且获得的生物柴油产品的主要理化指标满足国际 ASTM D-6571 和 EN 14214 标准。

Qu 等(2021)采用水热法、浸渍法和共沉淀法等三种不同的方法制备了 Ca 改性的 $Zn-Ce/Al_2O_3$ 复合催化剂($Ca-Zn-Ce/Al_2O_3$),其中水热法制备的 $Ca-Zn-Ce/Al_2O_3$(Ca∶Zn∶Ce∶Al 的摩尔比为 5∶4∶1∶1)比表面积最大,为 3.231 m^2/g,其碱密度为 0.922 mmol/g。在催化棕榈油与甲醇的酯交换反应中,采用响应曲面法结合中心复合设计(RSM-CCD)来优化酯交换参数;数据表明,最优预测工况下,能取得 99.41％的生物柴油收率，且第 5 次重复使用时依旧保持 87.37％的收率，同时，制得的生物柴油主要理化指标符合 ASTM D-6751 标准。

采用简单的工艺，使用各种酸对 Al_2O_3 进行磺化得到负载型固体酸，其热稳定性好、比表面积较大，被广泛应用于催化领域。Duan 等（2016）采用沉淀法制备了 SO_4^{2-}/Al_2O_3（SA）及掺杂 SiO_2 的 $SO_4^{2-}/Al_2O_3-SiO_2$（SAS）两种负载型固体酸催化剂，并用于催化辛酸与甲醇的酯化反应。结果显示，当引入 SiO_2 后，SAS 的比表面积较 SA 得到增加，且 SAS 表面的 SO_4^{2-} 数量得到增多，这有效增强了 SAS 催化剂的酸性能。两种负载型固体酸重复使用性研究表明，SAS 重复使用 9 次，其催化活性从 99.07％降到 80.66％，而使用 SA 作为催化剂时，活性下降到 55％左右，表明加入 SiO_2 后有效改善 SO_4^{2-} 的稳定性，且 SiO_2 与 Al_2O_3 的相互作用也延缓了催化剂的失活。

Farooq 等（2016）采用浸渍法将 Mn、Zn、Sn 等金属氧化物掺杂到 Mo/γ-Al_2O_3-MgO 复合物中，制备了一系列双功能复合型固体催化剂。结果表明，在催化地沟油酯化、酯交换制备生物柴油的反应中，$Mo-Mn/\gamma$-Al_2O_3-MgO 的催化活性较 Mo-Zn/γ-Al_2O_3-MgO 和 Mo-Sn/γ-Al_2O_3-MgO 好，这是由于 $Mo-Mn/\gamma$-Al_2O_3-MgO 表面存在最佳的催化活性位点。最后计算得该反应体系的表观活化能为 58.97 kJ/mol，得到指前因子为 1.88×10^6 min^{-1}。

Nayebzadeh 等（2019）通过微波燃烧法制备了 ZrO_2-Al_2O_3 纳米混合金属氧化物，随后将 SO_4^{2-} 基团浸渍在纳米催化剂上，得到 SO_4^{2-}/ZrO_2-Al_2O_3 负载型固体酸。研究发现，Al/Zr 摩尔比为 2 时，ZrO_2-Al_2O_3 存在无定形结构，且具有大的比表面积及小的结晶颗粒尺寸，同时，还发现煅烧对 ZrO_2-Al_2O_3 纳米催化剂的活性和形貌没有影响。对比 ZrO_2-Al_2O_3、SO_4^{2-}/ZrO_2-Al_2O_3 的催化活性及重复使用性，数据显示，SO_4^{2-} 基团引入，有效增强 ZrO_2-Al_2O_3 的酸性能及稳定性，其反应示意如图 3-10 所示。

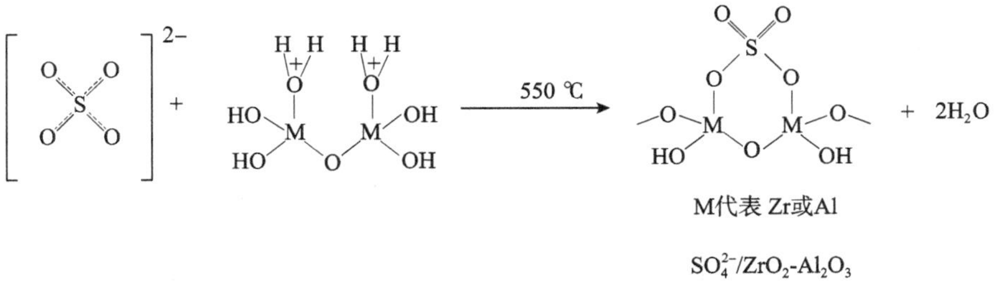

图 3-10 金属离子与 SO_4^{2-} 基团发生化学反应制备酸性纳米催化剂示意图（Nayebzadeh 等，2019）

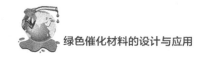

Singh 等(2020)通过浸渍法将磷钨酸(TPA)负载于 Al_2O_3 上,并于 550 ℃ 煅烧 4 h 得到 TPA/Al_2O_3 前驱体,随后使用不同浓度 KOH 对 TPA/Al_2O_3 进行浸渍,制备得到一系列 K^+ 掺杂的 K/TPA/Al_2O_3 复合型固体催化剂。结果表明,20% K^+ 负载量的 K/TPA/Al_2O_3 催化剂表现出最好的活性,其酸密度 0.83 mmol/g、碱密度为 1.80 mmol/g。在催化地沟油同时酯化、酯交换的反应中,获得 97% 的 FAME 产率;同时,原料中所含的水(4%)及游离脂肪酸(7.8%)对催化剂的催化活性无明显影响。最后计算出该反应体系的反应表观活化能为 38.27 kJ/mol,焓变(ΔH)为 27.77 kJ/mol,熵变(ΔS)为 -0.294 kJ/mol,吉布斯自由能变(ΔG)为 77.48 kJ/mol,表明该反应体系是非自发过程,且过渡态比反应物具有更高的能级。

Bento 等(2021)使用 H_3PMo/Al_2O_3 作为异相酸催化剂,催化湿生物质一锅反应制备生物柴油,实验结果表明,在 200 ℃ 条件下反应 6 h,产率达到 96.6%。表 3-7 为用于催化酯交换反应的 Al_2O_3 基催化剂研究概况,从表中可以看出,Al_2O_3 基催化剂(掺杂、复合、载体等)均表现出好的活性,但对于掺杂、复合、作为载体的 Al_2O_3 基催化剂的表面活性位及反应机理研究还不够深入,对改性后的 Al_2O_3 结构调控不够精准;同时,Al_2O_3 基催化剂的使用寿命还有待进一步改善。

3.6 ZrO_2 基催化材料

近年来,ZrO_2 以其优异的性能在催化领域得以大量的研究使用。纯 ZrO_2 外表面酸碱强度均很高,有良好的亲水性;若将其用作载体,活性组分主要分布在外表面上,有利于反应物接触活性位点,加强催化作用。

Wang 等(2015)使用 ZrO_2 多晶陶瓷泡沫催化高酸值光皮梾木果(*S. wilsoniana*)油(含水量为 7.1、酸值为 130.697 mg KOH/g)与甲醇酯交换反应制备生物柴油,在 290 ℃、10 MPa 的条件下,实现了 98.38% 的 FAME 含量,但这需要在较为苛刻的反应条件下才能获得。

Rozina 等(2021)使用 ZrO_2 纳米颗粒作为催化剂,用于废非粮甜橙皮(*Citrus aurantium*)油与甲醇的酯交换反应。通过响应面法优化了工艺条件,最佳酯交换反应产率达 94%。同时,测定了橙皮生物柴油的密度、动力黏度、浊点、倾点及闪点等物理化学性能,发现橙皮生物柴油的物理化学性能能够满足国际 ASTM D-6571、EN 14214 生物柴油标准。

表 3-7 用于催化酯交换反应的 Al_2O_3 基催化剂概况

序号	起始原料(摩尔比)	催化剂	反应条件(时间,温度,催化剂用量)	产率(Y)或转化率(C)	重复使用	反应活化能/(kJ/mol)	参考文献
1	油酸+甲醇(1:6)	$ZnO-Al_2O_3-La_2O_3$	1 h,100 ℃,0.14 g	C=88%	未报道	/	Tzompantzi 等,2013
2	地沟油+甲醇(1:20)	$Cs_{0.6}Zr_{0.4}/Al_2O_3$	3 h,65 ℃,3%	Y=90%	重复 4 次,Y=70.05%	/	Amani 等,2014
3	菜籽油+甲醇(1:12)	K/Al_2O_3	24 h,70 ℃,2%	Y=91.9%	未报道	20.9~23.4	Wu 等,2017
4	花生油+甲醇(1:17)	K/Al_2O_3	7 h,70 ℃,8.25%	Y=88.74%	重复 4 次,Y=69.48%	/	Ghavami 等,2022
5	棕榈油+甲醇(1:14)	$\gamma-Al_2O_3/KI$	4 h,60 ℃,4%	Y=98%	重复 11 次,Y=79%	/	Islam 等,2015
6	花生油+甲醇(1:15)	$SG-KI/\gamma-Al_2O_3$	4 h,65 ℃,2.5%	Y=99.99%	重复 7 次,Y=89.99%	/	Marinković 等,2022
7	菜籽油+碳酸二甲酯+甲醇(1:1:8)	KF/Al_2O_3	2 h,65 ℃,5%	Y=98.8%	未报道	/	Tang 等,2017
8	橡胶籽油+甲醇(1:9)	$Al_2O_3-CaO-KI$	5 h,65 ℃,2%	Y=91.6%	未报道	/	Razak 等,2018
9	微藻+甲醇(1:12)	$K/Fe_2O_3-Al_2O_3$	6 h,65 ℃,4%	Y=95.6%	重复 6 次,Y=85.6%	/	Kazemifard 等,2019
10	菜籽油+甲醇(一)	$K_2O/La_2O_3-Al_2O_3$	3 h,65 ℃,1.2 g	C=100%	重复 5 次,C≈70%	/	Salinas 等,2016

绿色催化材料的设计与应用

续表 3-7

序号	起始原料(摩尔比)	催化剂	反应条件(时间,温度,催化剂用量)	产率(Y)或转化率(C)	重复使用	反应活化能/(kJ/mol)	参考文献
11	莱籽油+甲醇(1:12)	$KOH-CaO-Al_2O_3$	4 h,65 ℃,4%	Y=86%	重复5次,Y=74.1%	/	Nayebzadeh 等,2019
12	碳酸乙烯酯+甲醇(1:8)	$KAlO_2/\gamma-Al_2O_3$	80 min,100 ℃,1%	C=80.2%	重复5次,C=55.3%	/	Wei 等,2020
13	大豆油+乙醇(1:12)	$K_2CO_3/\gamma-Al_2O_3$ 海泡石/$\gamma-Fe_2O_3$	1.5 h,70 ℃,5%	Y=98.07%	重复4次,Y=46.58%	/	Junior 等,2020
14	海藻+乙醇(1:48)	CaO/Al_2O_3	2 h,50 ℃,12%	Y=99%	未报道	/	Turkkul 等,2020
15	废棕榈油+甲醇(1:9)	CaO/Al_2O_3	4 h,65 ℃,4%	Y=89%	重复2次,Y=77%	/	Elias 等,2020
16	地沟油+甲醇(1:11)	CaO/Al_2O_3气凝胶	4 h,65 ℃,1%	Y=89.9%	未报道	/	Kesserwan 等,2020
17	废煎炸油+甲醇(1:12)	椰糠/Al_2O_3	2.5 h,65 ℃,1.5%	Y=94.05%	重复5次,Y=75.57%	/	Yusuff 等,2019
18	花生油+甲醇(1:30)	GO/Al_2O_3	2 h,120 ℃,1%	C=92.7%	重复5次,C=80%	/	AbdelDayem 等,2020
19	地沟油+甲醇(1:18)	$ZnAl_2O_4$	3 h,100 ℃,5%	Y=94.88%	未报道	/	Shaban 等,2020
20	地沟油+甲醇(1:12)	IL/CD-Mg-Al-La	6 h,60 ℃,3%	Y=98.3%	重复6次,Y=95.2%	/	Liu 等,2020
21	棕榈油+甲醇(1:18)	$Ca-Zn-Ce/Al_2O_3$	3 h,65 ℃,7.5%	Y=99.41%	重复5次,Y=87.37%	/	Qu 等,2021

续表 3-7

序号	起始原料（摩尔比）	催化剂	反应条件（时间、温度、催化剂用量）	产率（Y）或转化率（C）	重复使用	反应活化能/(kJ/mol)	参考文献
22	地沟油+甲醇（1:3）	CRL-CaO-Al₂O₃	24 h,40 ℃,10%	$C=69.1\%$	未报道	/	Ramlee 等,2021
23	地沟油+甲醇（1:9）	TiO₂/Al₂O₃	1 h,61 ℃,1.3%	$Y=92.6\%$	未报道	/	Moyo 等,2021
24	乙酸+正丁醇（1:3）	10Mo₁V₉Al	2 h,100 ℃,1%	$Y>80\%$	重复3次，活性下降4%	/	Mitran 等,2013
25	麻疯树油+甲醇（1:19）	TPA25-Al	50 min,65 ℃,4%	$Y=84\%$	重复3次，活性下降＞11.9%	/	Badday 等,2013
26	辛酸+甲醇（1:4.5）	SO₄²⁻/Al₂O₃-SiO₂	3 h,160 ℃,5%	$Y=99.07\%$	重复9次，$Y=80.66\%$	/	Duan 等,2016
27	地沟油+甲醇（1:27）	Mo-Mn/γ-Al₂O₃-MgO	4 h,100 ℃,5%	$Y=91.4\%$	重复10次，$Y=67.2\%$	58.97	Farooq 等,2016
28	地沟油+甲醇（20 g+18.5 g）	Cr/Ca/γ-Al₂O₃	3 h,65 ℃,6%	$C=92.79\%$	重复6次，$C=78.29\%$	/	Sulaiman 等,2017
29	地沟油+甲醇（1:12.7）	0.25A/SZ	93 min,148.5 ℃,2.9%	$Y=93.5\%$	重复5次，$Y=68.6\%$	/	Vahid 等,2018
30	油酸+甲醇（1:9）	SO₄²⁻/ZrO₂-Al₂O₃	4 h,90 ℃,3%	$Y=91.6\%$	重复9次，$Y=78.9\%$	/	Nayebzadeh 等,2019
31	地沟油+甲醇（1:9）	K/TPA/Al₂O₃	2.5 h,65 ℃,10%	$Y=97\%$	重复4次，$Y>60\%$	38.27	Singh 等,2020
32	湿生物质+乙醇（1:120）	H₃PMo/Al₂O₃	6 h,200 ℃,15%	$Y=96.6\%$	未报道	/	Bento 等,2021

1962 年,日本科学家 Hino 和 Arata 成功地制备出了硫酸化氧化锆(SO_4^{2-}/ ZrO_2)固体酸,并将其应用在催化碳氢化合物的异构化反应中,研究发现,SO_4^{2-}/ ZrO_2 固体酸表现出了优于浓硫酸的超强酸性。自此,SO_4^{2-}/ZrO_2 在绿色催化领域得到广泛的研究和应用。Saravanan 等(2012)利用溶胶-凝胶技术制备出纳米晶体 SO_4^{2-}/ZrO_2(其可能的结构如图 3-11 所示),经表征分析,纳米晶体 SO_4^{2-}/ZrO_2 催化剂的结晶尺寸为 11 nm、比表面积为 28 m^2/g、S 含量为 2.6(湿重)%、酸密度为 2.5 mmol/g,且同时含有 Brönsted 酸和 Lewis。酸在辛酸与甲醇的酯化反应中,能够获得 96%~98% 的辛酸转化率,且选择性达 100%,好的活性归因于该催化剂具有硫含量高和丰富的 Brönsted 酸性中心。另外,作者也探究了 SO_4^{2-}/ZrO_2 催化辛酸与短链醇酯化反应的机理,见图 3-11。

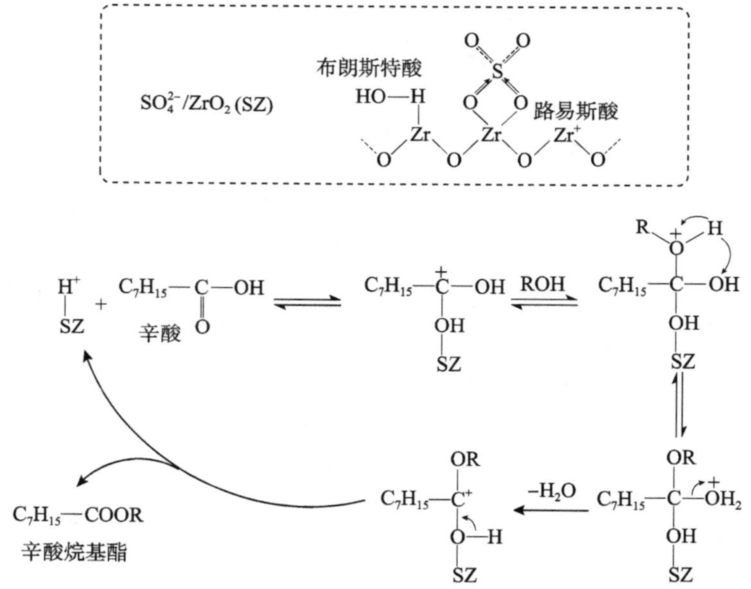

图 3-11　SO_4^{2-}/ZrO_2 催化剂的结构及催化辛酸与醇类酯化反应机理图(Saravanan 等,2012)

Alhassan 等(2015)在 SO_4^{2-}/ZrO_2 的合成过程中利用硝酸盐引入金属元素 Fe、Mn 并经过硫酸浸渍和 600 ℃ 焙烧 3 h 处理后,制备出了双功能 Fe_2O_3-MnO-SO_4^{2-}/ZrO_2 复合型纳米颗粒。表征显示,Fe_2O_3-MnO 掺杂到 SO_4^{2-}/ZrO_2 表面后,能有效抑制 ZrO_2 颗粒的聚集,从而增加了催化剂的比表面积及酸性。将 Fe_2O_3-MnO-SO_4^{2-}/ZrO_2 应用到甲醇和废油脂的酯交换反应中,最佳条件下,甲酯的收率能达到 96.5%,并且催化剂在重复使用 7 次后没有明显的失活现象。

Saravanan 等(2016a,2016b)通过简单的浸渍法制备了 SO_4^{2-}/ZrO_2 固体酸催化剂,将其用于催化棕榈酸与甲醇的酯化反应中,其产率能达 91%,然后催化剂重复使用 5 次后,产率下降到 59%,SO_4^{2-}/ZrO_2 失活的原因可能是由于活性组分 S 的损失及催化剂表面活性位点发生结焦积炭。另外,作者也研究了不同碳链的醇与棕榈酸的酯化反应,结果显示,随着醇碳链的增加,酯化反应的产率随之降低,这是由于醇碳链增加,烷基给电子能力增大,降低了对酸的亲电进攻,导致反应产率下降。

Wang 等(2019)在溶剂热合成体系中,利用具有双支链结构的季铵盐(双八烷基二甲氯化铵)来合成多级粒度纳米颗粒 ZrO_2,在低温脱除模板剂后,利用硫酸溶液浸渍,在 550 ℃和 600 ℃下焙烧 3 h,合成得到具有介孔结构和高比表面积的 SO_4^{2-}/ZrO_2 催化剂,分别命名为 MSZ550 和 MSZ600。表征研究发现,介孔 SO_4^{2-}/ZrO_2 由多级粒度的纳米颗粒堆积而成,形成了粗糙的外表面。对比 MSZ550 和 MSZ600 催化剂中的 S 含量、酸含量以及酸种类,发现焙烧温度对催化剂活性中心的形成有很大的作用,高温焙烧有利于产生更多具有更高强度的 Brönsted 酸。催化剂的重复使用实验表明,SO_4^{2-} 和 ZrO_2 表面的羟基共同作用产生的 Brönsted 酸在酯交换反应中起主要作用,且催化剂的失活也正是这部分活性物质的流失所致。

Singh 等(2020)通过共沉淀法将 CoO-NiO(CN)混合金属氧化物负载于 SO_4^{2-}/ZrO_2(SZ)上,制备得到 CN/SZ 复合型催化剂用于催化地沟油与甲醇的酯交换反应。对比了 CN/SZ、SZ 及纯 ZrO_2 的催化活性,发现 CN/SZ 的催化活性最好,这是由于 CN 复合到 SZ 上后,产生更多具有更高强度的表面酸碱活性位,且 CN/SZ 的比表面积($91.77\ m^2/g$)较 SZ($3.45\ m^2/g$)及纯 ZrO_2($43.22\ m^2/g$)得到较大的增加。催化剂重复使用 5 次,催化活性从 98.8% 下降为 73.9%,可能由于催化剂表面中毒及表面活性位被堵塞所致。最后,该文还对异相催化剂表面活性位催化酯化和酯交换反应的可能反应途径进行了讨论。

Melero 等(2012;2014)使用 Zr-SBA-15 作为固体酸催化剂催化高酸值棕榈原油与甲醇酯交换反应制备生物柴油,通过响应面法优化了工艺条件,209 ℃下反应 6 h,FAME 产率达 92%。该课题组随后将 Zr-SBA-15 负载于膨润土上,得到凝聚的 Zr-SBA-15/膨润土复合催化剂,该催化剂被用于连续填料床反应器上催化地沟油与甲醇转化生物柴油,210 ℃条件下,能实现 96% 的 FAME 产率,以上研究表明 Zr-SBA-15、凝聚 Zr-SBA-15/膨润土用于酯交换反应上均展现高的催化活性,但所需的反应温度较高,这在工业应用中可能有所限制。

Kaur 等(2015)利用 Li、Na、K 等碱金属掺杂 ZrO_2,得到一系列掺杂型催化剂

（Li/ZrO₂、Na/ZrO₂、K/ZrO₂）。研究发现，Li 掺杂的 ZrO₂ 形成了锆酸锂单相，且 Li 的掺杂量及催化剂焙烧温度对 Li/ZrO₂ 催化剂有较大的影响。将其用于催化高酸值植物油同时酯化、酯交换制备生物柴油，反应结束后生物柴油产率达到 99%，催化剂重复使用 9 次，产率仍高于 90%。另外，最后计算得 Li/ZrO₂ 催化甲酯化反应体系的表观活化能为 40.8 kJ/mol、乙酯化反应体系的表观活化能为 43.1 kJ/mol。

同样的，Dai 等（2021）也使用简易固态反应法将 Li、Na、K 等掺杂 ZrO₂，随后空气氛围下 800 ℃焙烧 4 h 得到 M₂ZrO₂（M＝Li、Na、K）复合型催化剂。研究结果显示，Li₂ZrO₂ 展现出较高的反应活性，其活性来源于 ZrO₂ 提供其酸性位、Li₂-ZrO₂ 催化剂表面提供其碱性位，其催化地沟油酯化、酯交换反应机理如图 3-12 所示。催化活性研究表明，Li₂ZrO₂ 能有效催化大豆油、橄榄油、蓖麻油、椰子油、菜籽油、地沟油等油脂转化生物柴油，且催化剂能高效重复使用 7 次。

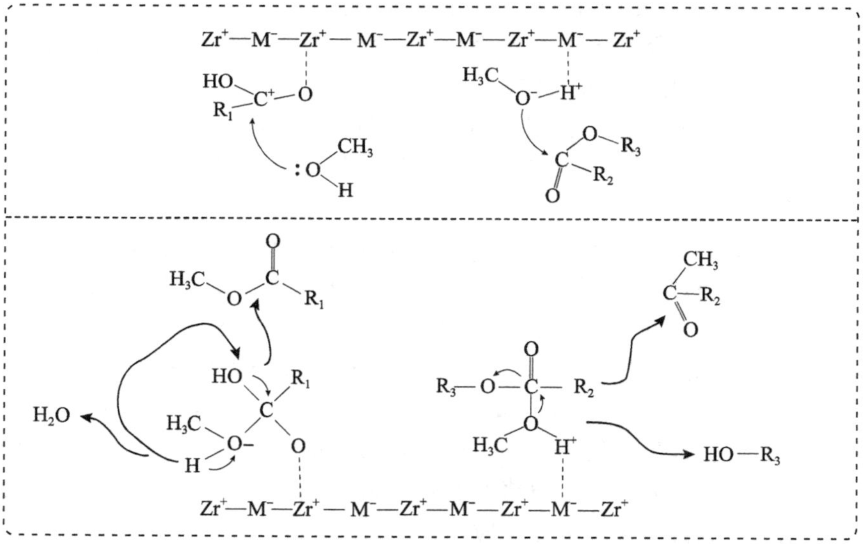

图 3-12 酸、碱双功能 M₂ZrO₂ 催化地沟油酯化、酯交换制备生物柴油的反应机理（Dai 等，2021）

Li 等（2021）采用沉淀法合成了一系列不同 Zn 负载量的 Zn/ZrO₂ 复合催化剂，用于山苍子核仁油的酯交换反应制备生物柴油。相较于纯的 ZrO₂，均匀分散了 Zn 物种的 Zn/ZrO₂ 复合催化剂表面存在 Zn 氧化物和 ZnOH⁺ 活性组分，且 Zn 与 ZrO₂ 之间存在的协同催化效应，这些都有效提高了山苍子核仁油脂交换反应效率。另外，该文还提出了 Zn/ZrO₂ 催化酯交换反应的可能历程，包括金属和酸催化途径。

最近,将具有较好稳定性及酸性的杂多酸负载于 ZrO₂ 上,得到活性较好的复合固体酸催化剂。Alcañiz-Monge 等(2018)在温和的条件下通过溶胶凝胶法和水热法制备了复合型磷钨酸催化剂(HPW/ZrO₂),并应用于棕榈酸与甲醇的酯化反应合成生物柴油。研究结果显示,HPW 负载量为 30% 的复合催化剂展现最佳的催化活性,其在最佳反应条件下,酯化反应转化率达 90% 以上。但 HPW/ZrO₂ 催化剂重复使用性较差,重复使用 5 次后,棕榈酸的转化率从 95% 降为 33%,为此对于该催化剂还需进一步改善其稳定性。Ramli 等(2017)也通过浸渍法合成了具有高比表面积和高酸性的 ZrO₂ 负载 HPW 复合催化剂,用于乙酰丙酸与乙醇的酯化反应,其乙酰丙酸的产率能达 97.3%。

Fatimah 等(2019)以竹叶灰(BLA)为载体,采用浸渍法对 ZrO₂ 进行负载合成出了 ZrO₂/BLA 复合催化剂,催化大豆油进行酯交换反应,其反应机理如图 3-13 所示。对比了微波辅助催化法和传统回流法对酯交换反应的影响,结果表明,微波辅助催化下,30 min 生物柴油收率达 92.75%,而传统回流法却需要反应 2 h。

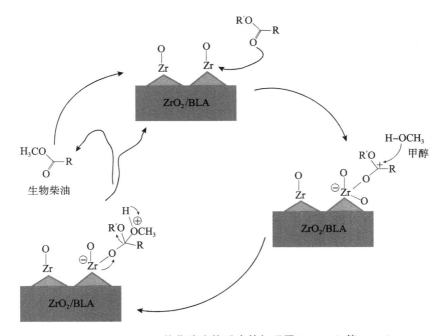

图 3-13　ZrO₂/BLA 催化酯交换反应的机理图(Fatimah 等,2019)

Rahman 等(2019)分别以聚环氧乙烷-聚环氧丙烷-聚环氧乙烷三嵌段共聚物(P123)、溴化十六烷基三甲铵(CTAB)作为表面活性剂,采用溶胶-凝胶法及水热

法合成出纳米 ZrO_2 催化剂,随后采用浸渍法将 Bi_2O_3 负载于 ZrO_2 上,得到 Bi_2O_3/ZrO_2(P123)及 Bi_2O_3/ZrO_2(CTAB)两个酸碱双功能催化剂。研究发现,Bi_2O_3/ZrO_2(CTAB)的比表面积是 Bi_2O_3/ZrO_2(P123)(比表面积:63 m^2/g)的 2.49 倍,且 Bi_2O_3/ZrO_2(CTAB)拥有适宜的孔径尺寸(9.8 nm),同时,Bi_2O_3/ZrO_2(CTAB)(总酸量:17.38 mmol/g、总碱量:4.36 mmol/g)、ZrO_2(CTAB)(总酸量:16.12 mmol/g、总碱量:6.68 mmol/g)较 Bi_2O_3/ZrO_2(P123)(总酸量:0.41 mmol/g、总碱量:1.49 mmol/g)、ZrO_2(P123)(总酸量:0.35 mmol/g、总碱量:1.66 mmol/g)展示出更高的总酸量及总碱量,表明使用表面活性剂 CTAB 辅助合成的纳米 ZrO_2 颗粒,能增加催化剂的总酸性/碱性位点的数量和密度。将双功能 Bi_2O_3/ZrO_2(CTAB)催化剂用于高酸值微拟球藻(*Nannochloropsis* sp.)的酯交换反应,可以得到 73.21% 的收率。另外,ZrO_2-CuO(Afsharizadeh 等,2019),Cu-Ni/ZrO_2(Munir 等,2021)等复合型 ZrO_2 基催化剂也被应用于酯化、酯交换合成生物柴油。

关于 ZrO_2 基催化剂应用概况如表 3-8 所示。从表可知,ZrO_2 具有高沸点、高熔点、良好的热稳定性和良好的耐腐蚀性能,但 ZrO_2 比表面积较小、需要苛刻的反应条件下才能展现出优异催化活性。为此,对 ZrO_2 进行物理、化学改性(如合成结构优异的纳米 ZrO_2、合成高稳定性硫酸化 ZrO_2、掺杂活性组分进入 ZrO_2、ZrO_2 与其他活性组分复合构建核-壳结构等),提升其在催化领域中的催化活性以及结构稳定性成为未来研究的焦点。

3.7 SiO_2 基催化材料

二氧化硅(SiO_2)具有优良的孔结构、大比表面积、表面硅羟基丰富、热及化学稳定性高、较强的机械强度、制备方法较为简单、合成成本较低等优点,因而 SiO_2 成为固载活性组分时应用较多的载体之一。

Corro 等(2013)采用浸渍法将 $Zn(NO_3)_2$ 浸渍到 SiO_2 上,随后 500 ℃下焙烧 12 h 得到 ZnO/SiO_2 光催化剂,在紫外光照射下催化高酸值麻疯树油预酯化反应,能达到 96% 的转化率;该文还探讨了 UV 辐射对脂肪酸酯化过程的影响,其示意性能量转移如图 3-14 所示。从图可知,脂肪酸和甲醇分别吸附在表面的 Zn^{2+} 位(Lewis 酸)和晶格氧原子上(Lewis 碱),被紫外光辐射产生的光生电子和空穴活化,形成相应的自由基,进而参与酯化反应。

表3-8 用于催化酯交换反应的 ZrO₂ 基催化剂概况

序号	起始原料（摩尔比）	催化剂	反应条件（时间，温度，催化剂用量）	产率(Y)或转化率(C)	重复使用	反应活化能/(kJ/mol)	参考文献
1	光皮梾木果油+甲醇(1:4)	ZrO₂泡沫	12 h,290 ℃,—	$Y=98.38\%$	重复5次，$Y=97\%$	/	Wang 等,2015
2	甜橙皮油+甲醇(1:6)	ZrO₂	2 h,87.5 ℃,0.5%	$Y=94\%$	重复7次，$Y=66\%$	/	Rozina 等,2021
3	大豆油+甲醇(1:12)	SO_4^{2-}/ZrO_2	10 h,120 ℃,4%	$Y\approx100\%$	未报道	/	Pu 等,2012
4	辛酸+甲醇(1:10)	SO_4^{2-}/ZrO_2	7 h,60 ℃,0.5%	$C=98\%$	未报道	/	Saravanan 等,2012
5	棕榈酸+甲醇(1:40)	SO_4^{2-}/ZrO_2	6 h,95 ℃,20%	$C=96\%$	未报道	/	Chen 等,2013
6	乙酰丙酸+乙醇(1:10)	$SO_4^{2-}/Si\text{-}ZrO_2$	10 h,70 ℃,5%	$C=65.6\%$	重复5次，$C=12.8\%$	/	Kuwahara 等,2014
7	地沟油+甘油(1:10)	SO_4^{2-}/ZrO_2	3 h,150 ℃,3%	$C>80\%$	未报道	/	Subbiah 等,2014
8	地沟油+甲醇(1:20)	$Fe_2O_3\text{-}MnO\text{-}SO_4^{2-}/ZrO_2$	4 h,180 ℃,3%	$Y=96.5\pm0.02\%$	重复7次，$Y=87\pm0.02\%$	/	Alhassan 等,2015
9	棕榈酸+甲醇(1:20)	介孔 SO_4^{2-}/ZrO_2	7 h,60 ℃,3%	$Y=90\%$	重复5次，$Y=71\%$	/	Saravanan 等,2015
10	大豆油+甲醇(1:20)	正方 SO_4^{2-}/ZrO_2	6 h,150 ℃,3%	$Y=100\%$	未报道	/	Shi 等,2016

续表 3-8

序号	起始原料（摩尔比）	催化剂	反应条件（时间，温度，催化剂用量）	产率（Y）或转化率（C）	重复使用	反应活化能/(kJ/mol)	参考文献
11	硬脂酸+甲醇(1:20)	气凝胶 SO_4^{2-}/ZrO_2	7 h,60 ℃,6%	Y=88%	重复5次，Y>60%	/	Saravanan 等，2016
12	棕榈酸+甲醇(1:20)	SO_4^{2-}/ZrO_2	7 h,60 ℃,6%	Y=90%	重复5次，C=59%	/	Saravanan 等，2016
13	大豆油+甲醇(1:20)	MSZ600	5 h,140 ℃,3%	C=100%	重复6次，C=86.3%	/	Wang 等，2019
14	地沟油+甲醇(1:3)	CN/SZ	2 h,65 ℃,0.2%	Y=98.8%	重复5次，Y=73.9%	/	Singh 等，2020
15	棕榈酸+甲醇(1:25)	SO_4^{2-}/ZrO_2	4 h,65 ℃,6%	Y=80%	重复5次，Y<50%	/	Wang 等，2020
16	地沟油+甲醇(1:1.25)	SO_4^{2-}/ZrO_2	4 h,100 ℃,5%	Y=96.15%	重复5次，Y>90%	19.721	Yu 等，2020
17	菜籽油+甲醇(1:20)	$SO_4^{2-}/ZrO_2/Al_2O_3$	2 h,60 ℃,5%	C=80%	未报道	/	Chiang 等，2020
18	粗棕榈油+甲醇(1:45.8)	Zr-SBA-15	6 h,209 ℃,12.45%	Y=92%	重复4次，Y=60%	/	Melero 等，2012
19	地沟油+甲醇(1:50)	Zr-SBA-15/膨润土	30 min,210 ℃,28 g	Y=96%	连续反应260 h，Y=96%	/	Melero 等，2014
20	废棉籽油+甲醇(1:12)	Li/ZrO_2	1.25 h,65 ℃,5%	Y=99%	重复10次，Y=80%	40.8	Kaur 等，2015
21	大豆油+甲醇(1:8)	Li_2ZrO_2	2 h,65 ℃,6%	C=98%~99%	重复7次，C≈90%	/	Dai 等，2021

续表 3-8

序号	起始原料（摩尔比）	催化剂	反应条件（时间、温度、催化剂用量）	产率(Y)或转化率(C)	重复使用	反应活化能 /(kJ/mol)	参考文献
22	山苍子核仁油+甲醇(3 g+1 g)	Zn/ZrO₂	12 h,110 ℃,3%	C=65.9%	重复5次,C=37.8%	/	Li等,2021
23	棕榈酸+甲醇(1:95)	HPW/ZrO₂	6 h,60 ℃,0.3 g	C=95%	重复5次,C=33%	/	Alcaniz-Monge等,2018
24	乙酰丙酸+乙醇(1:17)	HPW/ZrO₂	3 h,150 ℃,1 g	Y=97.3%	重复5次,Y>75%	/	Ramli等,2017
25	大豆油+甲醇(1:15)	ZrO₂/BLA	1 h,50 ℃,12%,微波	Y=95.99%	重复1次,Y=93.23%	/	Fatimah等,2019
26	地沟油+甲醇(1:4)	GO@ZrO₂-SrO	1.5 h,120 ℃,0.2 g	Y=91%	重复5次,Y=54%	/	Jume等,2020
27	地沟油+甲醇(1:25)	Fe-Mn-WO₃/ZrO₂	4 h,200 ℃,4%	Y=96%	重复11次,Y=92.1%	/	Alhassan等,2015
28	海藻+甲醇(1:9)	WO₃/ZrO₂	3 h,50 ℃,5%	C=94.58%	重复3次,C=87.35%	/	Guldhe等,2017
29	微拟球藻+甲醇(1:90)	Bi₂O₃/ZrO₂	6 h,80 ℃,20%	Y=73.21%	未报道	/	Rahman等,2019
30	油酸+甘油(1:1)	ZrO₂-SiO₂-Me&Et-PhSO₃H	4 h,160 ℃,5%	C=80%	未报道	/	Kong等,2019
31	地沟油+甲醇(1:10)	ZrO₂-SrO₂	3 h,120 ℃,5%	Y=86%	重复4次,Y=76%	/	Afsharizadeh等,2019
32	非粮油+甲醇(1:6)	Cu-Ni/ZrO₂	1.5 h,70 ℃,2.5%	Y=90.2%	重复6次,Y=77.4%	/	Munir等,2021
33	棕榈油+甲醇(1:9)	CaO/ZrO₂	1 h,65 ℃,6%	C=96.99%	重复3次,C=92.76%	/	Li等,2022

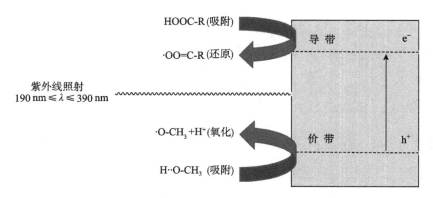

图 3-14　紫外线照射下 ZnO/SiO₂ 催化酯化反应的机理图（Corro 等,2013）

Tangy 等(2016)采用微波辅助合成了 SrO@SiO₂ 复合型固体碱催化剂,并在微波辅助条件下催化地沟油进行生物柴油合成的催化反应,能获得 99.4% 的生物柴油转化率,催化剂重复使用 10 次,转化率仍高达 94.8%。好的催化效果源于活性组分 SrO 纳米颗粒均匀分散到 SiO₂ 表面,提高了其催化活性。另外,WO₃(Chen 等,2016)、CaO(Putra 等,2018;Boonphayak 等,2021)、ZrO₂(Mahmoud 等,2020)等氧化物负载在 SiO₂ 上得到复合型催化剂也被应用于催化酯化、酯交换反应。

Feyzi 等(2016)结合溶胶-凝胶法和浸渍法合成出磁性 Ca/Fe₃O₄@SiO₂ 复合纳米催化剂,用于废花生油和甲醇的酯交换反应体系,最佳反应条件下,能得到 97% 的生物柴油产率。对该反应体系的动力学和热力学进行分析发现,该反应体系的表观活化能为 47.03 kJ/mol,焓变(ΔH)为 112.56 kJ/mol,熵变(ΔS)为 298.63 J/(mol·K),表明该反应体系是吸热反应,随着反应温度的升高,反应速率随之增加;同时,由于使用过量的甲醇,其反应体系的焓变和熵变不受甲醇浓度的影响。

Hashim 等(2020)采用溶胶-凝胶法成功合成出双功能 RHSiO₂-Cu-Al-Mg 纳米复合催化剂,并作为一锅法氢化-酯化糠醛转化乙酸糠醇酯的催化剂,其反应合成如图 3-15 所示。NH₃-TPD 和 H₂-TPR 结果表明,RHSiO₂-Cu-Al-Mg 纳米复合催化剂表面分布着适量的酸性位点及氧化还原活性位点;另外,催化剂中活性金属 Mg 的加入对调控复合物的酸度起着重要作用,这有效提高了糠醇与乙酸的原位酯化反应的转化率。

近来,将碱金属掺杂到 SiO₂ 中,能得到活性、稳定性均较好的固体碱催化剂。Foroutan 等(2021)利用 NaOH 对废玻璃进行处理,得到 Na₂SiO₃ 固体碱催化剂,并用于催化废鸡油脂交换反应转化生物柴油,能获得 99.36% 的生物柴油产率,合

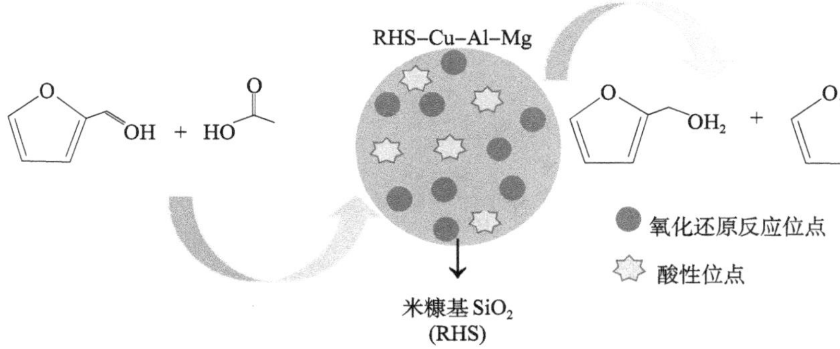

RHS-Cu-Al-Mg

●氧化还原反应位点

☆酸性位点

米糠基 SiO$_2$
(RHS)

图 3-15　RHSiO$_2$-Cu-Al-Mg 催化糠醛转化乙酸糠醇酯示意图（Hashim 等，2020）

成的鸡油生物柴油的燃料性能经测定满足 EN 11214 和 ASTM D-6751 生物柴油标准。Nguyen 等（2021）通过溶胶-凝胶法合成了颗粒尺寸小、大比表面积及高碱性的 Li$_4$SiO$_4$ 催化剂，并作为大豆油与甲醇酯交换反应的催化剂，显示出良好的催化活性，其转化率能达 91%，催化剂重复使用 10 次，催化活性无明显下降。

Mahloujifar 等（2021）研究了 KAlSiO$_4$ 固载不同碱金属（Li、K、Rb、Na、Cs）的结构特征及催化活性，结果表明，得到的一系列复合催化剂拥有介孔结构和强碱性，其催化芝麻油的酯交换反应，能得到 21.6%～97.6% 的反应产率，其活性大小排序为 Li/KAlSiO$_4$>K/KAlSiO$_4$>Rb/KAlSiO$_4$>Na/KAlSiO$_4$>Cs/KAlSiO$_4$。然而，该催化剂重复使用 6 次，其生物柴油产率下降为 7.5%，这是由催化剂在反应过程中浸出及洗涤回收催化剂时活性金属 Li 的流失所致。为此，如何再生回收 Li/KAlSiO$_4$ 催化剂，使其使用寿命延长还需进一步研究。

离子液体（ILs）是指在室温或近室温温度下呈液态的完全由离子构成的物质，具有低挥发性、极性大、高稳定性及可重复使用性等优点，其作为酸碱催化剂和溶剂在有机化学领域应用广泛，尤其是在催化合成生物柴油、碳酸甘油酯等方面，离子液体作为一种新型绿色环保型催化剂的研究备受关注。Xie 等（2020）制备了磁性纳米催化剂 Fe$_3$O$_4$/SiO$_2$-PIL（图 3-16），并将其应用于大豆油、高酸值劣质油合成生物柴油，在最佳工艺条件下，酯交换反应转化率达 93.3% 以上，且催化剂具有的强磁性使其易于分离回收重复使用。

Li 等（2021）通过溶胶-凝胶法将离子液体［HSO$_3$-pmim］［HSO$_4$］负载到 SiO$_2$ 上合成得到一种新型固载 ILs 催化剂［HSO$_3$-pmim］［HSO$_4$］/SiO$_2$，用于乙酸和正戊醇的酯化反应。采用以丙酮为溶剂的索氏萃取法测定了该固载 ILs 催化剂［HSO$_3$-pmim］［HSO$_4$］/SiO$_2$ 的固载率，对其抗腐蚀性和稳定性进行了检验。催

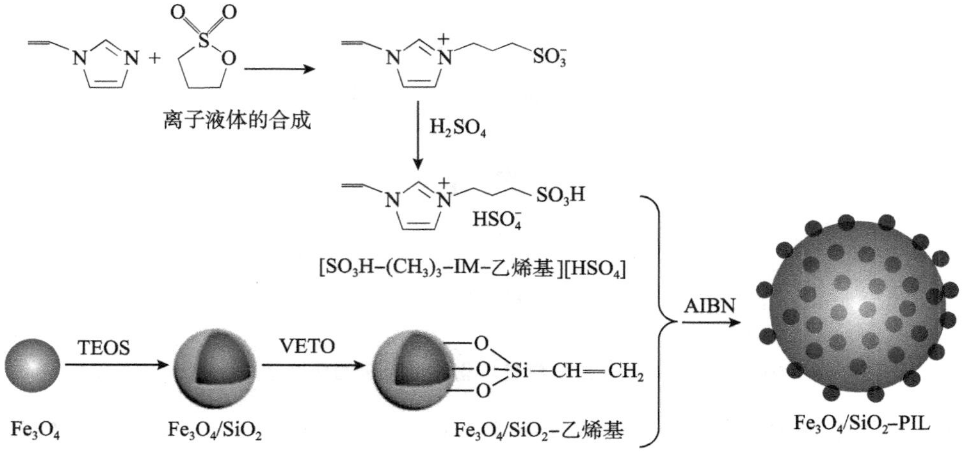

图 3-16　Fe_3O_4/SiO_2-PIL 催化剂制备示意图(Xie 等,2020)

化活性显示,[HSO_3-pmim][HSO_4]/SiO_2催化酯化反应,在 1 h 内反应达到平衡,其乙酸转化率可达 67.15%,催化剂连续使用 5 次,表现出好的重复使用性。根据理想拟均相动力学(Ideal Quasi Homogeneous,IQH)模型和非均相动力学(Langmuir-Hinshelwood-Hougen-Watson,LHHW)模型(图 3-17)分别建立了乙酸和正戊醇酯化反应的动力学方程,通过四-五阶 Runge-Kutta 算法循环迭代计算得到基于 IQH 和 LHHW 动力学模型的动力学参数。结果显示,LHHW 模型在描述 [HSO_3-pmim][HSO_4]/SiO_2 催化的乙酸和正戊醇酯化反应动力学方面准确性高于 IQH 模型,且 IQH 模型的动力学方程与实验值之间的绝对平方误差为 1.49×10^{-4},LHHW 模型的动力学方程与实验值之间的绝对平方误差为 3.87×10^{-5}。

多金属氧酸盐(Polyoxometalates,POMs)简称多酸,又称为多金属氧簇,是一类由前过渡金属离子经氧原子连接而成的多核金属氧簇,由于多酸具有的强 Brönsted 酸性,使其可作为酸性催化剂或双功能催化剂。目前,常用于催化领域的有 $H_3PW_{12}O_{40}$、$H_4SiW_{12}O_{40}$、$H_3PMo_{12}O_{40}$,$H_4SiMo_{12}O_{40}$ 等四种 Keggin 型结构多酸。

Yan 等(2013)设计一锅法合成介孔 $H_4SiW_{12}O_{40}$-SiO_2 催化剂,表征结果表明,各种负载量的 $H_4SiW_{12}O_{40}$ 较好地分散在 SiO_2 的孔道内,同时,$H_4SiW_{12}O_{40}$ 负载量为 20% 的介孔 $H_4SiW_{12}O_{40}$-SiO_2 催化剂在酯化反应中展现高的催化活性,其中催化乙酰丙酸转化乙酰丙酸甲酯的转化率为 79%,转化乙酰丙酸乙酯的转化率为 75%。

目前,由于单壁纳米碳管(SWCNTs)侧壁具有大量较强活性的 sp^2 杂化碳,能

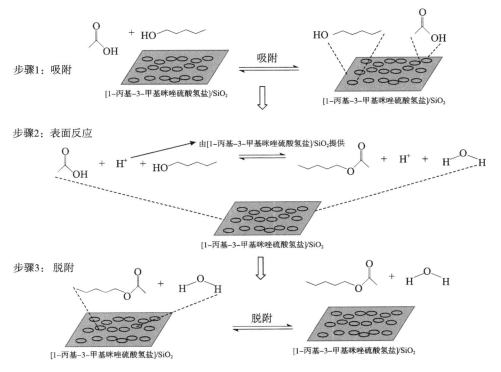

图 3-17　基于 LHHW 动力学模型的乙酸和正戊醇酯化反应机理(Li 等,2021)

与其他基团发生反应,从而使 SWCNTs 的侧壁带有活性官能团。基于此,Shu 等
(2022)尝试通过溶胶-凝胶法使固体酸更加均匀地负载到 SWCNTs 侧壁,合成得
到一种强酸性、高热稳定性的新型固体酸催化剂 La-PW-SiO$_2$/SWCNTs,并用于
催化油酸与甲醇的酯化反应合成生物柴油,反应 8 h 后油酸的转化率为 93.1%,经
过 6 次循环使用后,转化率仍达 88.7%。La-PW-SiO$_2$/SWCNTs 高催化活性和稳
定性可归因于在使用 SiO$_2$ 在形成溶胶时,生成了稳定的(OH$_2^+$ Si)$^+$ 键,(OH$_2^+$-
Si)$^+$易与带有羟基的 SWCNTs 结合,当带有 La^{3+} 的 H$_2$PW$_{12}$O$_{40}$靠近 SWCNTs 表
面时,La^{3+} 向碳管表面移动,形成了 Lewis 酸中心;同时,在 La^{3+} 的作用下,会形成
(OH$_2^+$ Si)(H$_2$PW$_{12}$O$_{40}$)复合物,从而增强了催化剂的酸性,其 Brönsted 酸和 Lewis
酸协同催化酯化反应机理如图 3-18 所示。此外,由于催化剂中 Brönsted 酸性位
点的减少和 Lewis 酸性位点的增加,可有效延缓催化剂失活的现象,对 La-PW-
SiO$_2$/SWCNTs 催化剂的重复稳定性也有促进作用。

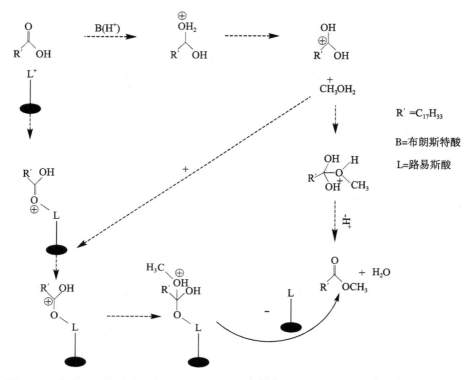

R′=C₁₇H₃₃

B=布朗斯特酸

L=路易斯酸

图 3-18　基于 Brönsted 酸和 Lewis 酸协同催化油酸与甲醇酯化反应机理图（Shu 等，2022）

　　Peng 等（2020）设计在气相 SiO₂ 颗粒表面接枝 1,1,3,3-四甲基胍（TMG），得到 SiO₂-TMG，并在此基础上引入不同链长疏水烷基链（丁烷基（C₄）、辛烷基（C₈）、十二烷基（C₁₂）和十六烷基（C₁₆）等），制备双功能化固体颗粒 Cₙ-SiO₂-TMG，其合成如图 3-19 所示。通过 FTIR、TG 和 XPS 对改性前后的气相 SiO₂ 固体颗粒进行表征，证明了气相 SiO₂ 颗粒表面成功接枝了胍基和烷基，且引入的胍基及疏水烷基对气相 SiO₂ 表面形貌和孔结构几乎无影响，仅仅比表面积略有下降。将 Cₙ-SiO₂-TMG 用于大豆油与甲醇 Pickering 乳液界面催化（PIC）体系的酯交换反应，研究发现，Cₙ-SiO₂-TMG 既可作为 Pickering 乳液界面催化体系的乳化剂，也可作为酯交换反应的催化剂；当 Cₙ-SiO₂-TMG 使用量为 3%（湿重）时，烷基链更长，其稳定的乳液液滴尺寸更小；当 Cₙ-SiO₂-TMG 使用量为 7%（湿重）时，烷基链链长对乳液液滴尺寸的影响不明显；通过对该 PIC 反应体系的动力学进行研究，其反应活化能为 26.8 kJ/mol，说明此 PIC 体系是化学控制反应。

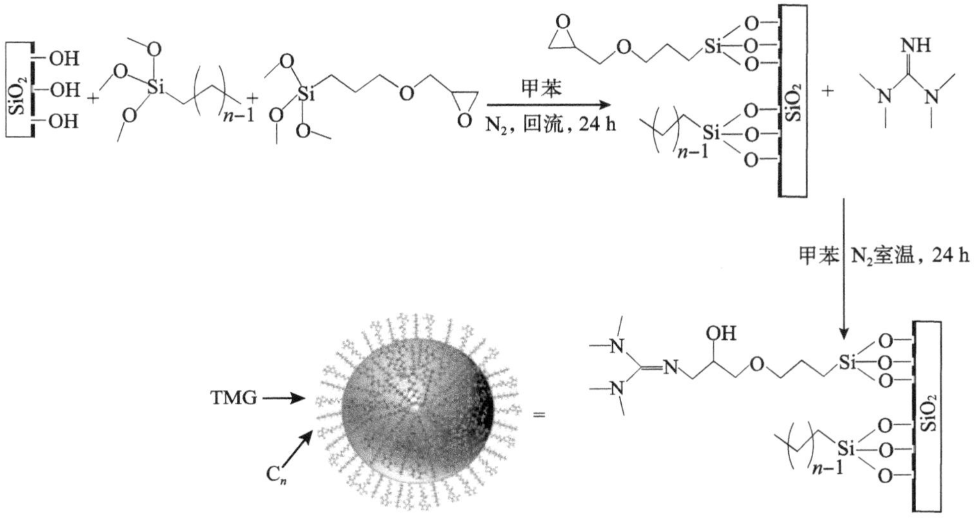

图 3-19 C_n-SiO_2-TMG 纳米颗粒 ($n=4,8,12,16$) 合成示意图（Peng 等，2020）

Peixoto 等（2021）采用两种合成途径合成了 SO_3H-芳基-SiO_2 纳米颗粒，用于催化乙酰丙酸与正丁醇的酯化反应，研究发现 SiO_2NPs10_CSPTMS 展现出最高的活性和选择性，重复使用 10 次，其酯化反应产率仍达 83.2%。另外，SiO_2NPs10_CSPTMS 还能用于催化糠醛与 3-甲基呋喃的醛醇缩合反应中，得到 100% 的反应产率，且能循环使用 7 次。

关于 SiO_2 基催化剂应用概况见表 3-9。从表可知，SiO_2 基催化剂均展现出令人满意的催化活性，但对于 SiO_2 的孔径、粒径、形貌及结构还需精确调控，并对其机理进行深入研究，以期获得能适用于不同催化体系的 SiO_2 基新型复合催化材料。

3.8　TiO_2 基催化材料

在常用的金属氧化物中，二氧化钛（TiO_2）也具有一定的酸性及较好的稳定性，并且随着制备方法的不同会显示出不同酸的特性，且廉价易得，但单一的 TiO_2 用于催化有机反应，活性偏低。为此，研究者们从改性 TiO_2 催化剂的角度出发，合成各种形态纳米级 TiO_2、对 TiO_2 的表面进行修饰、在其内部掺入其他杂质或与其他金属氧化物复合来提高其催化性能。

绿色催化材料的设计与应用

表3-9 用于催化酯交换反应的 SiO_2 基催化剂概况

序号	起始原料(摩尔比)	催化剂	反应条件(时间、温度、催化剂用量)	产率(Y)或转化率(C)	重复使用	反应活化能/(kJ/mol)	参考文献
1	麻疯树油+甲醇(1:12)	ZnO/SiO_2	4 h,20℃,15%,光催化	C=96%	重复10次,活性无明显下降	/	Corro等,2013
2	地沟油+甲醇(15 g:4 mL)	$SrO@SiO_2$	7 s,60℃,0.5 g,微波	C=99.4%	重复10次,C=94.8%	/	Tangy等,2016
3	油酸+甲醇(1:40)	$SO_4^{2-}/WO_3/SiO_2$	6 h,60℃,3%	C=97%	重复5次,C=97%	/	Chen等,2016
4	地沟油+甲醇(1:14)	CaO/SiO_2	90 min,60℃,8%	Y=91%	未报道	66.27	Putra等,2018
5	油料+甲醇(1:9)	$CaO-SiO_2$	8 h,65℃,10%	Y=93%	重复6次,Y=45%	/	Boonphayak等,2021
6	硬脂酸+乙醇(4 g:100 mL)	介孔ZrO_2/SiO_2	3 h,125℃,10%	C=76.9%	重复5次,C=72.5%	47.0	Mahmoud等,2020
7	废花生油+甲醇(1:15)	$Ca/Fe_3O_4@SiO_2$	3 h,65℃,6%	Y=97%	重复7次,活性无明显下降	47.03	Feyzi等,2016
8	麻疯树油+甲醇(1:9)	$CaSO_4/Fe_2O_3-SiO_2$	4 h,120℃,12%	Y=94%	重复9次,Y=83%	/	Teo等,2019
9	糠醇+乙酸(1:5)	$RHSiO_2$-Cu-Al-Mg	4 h,150℃,0.1 g	C=95%	重复3次,活性下降18%	/	Hashim等,2020
10	废鸡油+甲醇(1:14.5)	Na_2SiO_3	2.2 h,70℃,5%	Y=99.36%	重复4次,Y=90%	/	Foroutan等,2021

· 130 ·

续表 3-9

序号	起始原料（摩尔比）	催化剂	反应条件（时间，温度，催化剂用量）	产率（Y）或转化率（C）	重复使用	反应活化能/（kJ/mol）	参考文献
11	大豆油＋甲醇（1∶12）	Li_4SiO_4	2 h，65 ℃，6%	C=91%	重复10次，活性无明显下降	/	Nguyen 等，2021
12	非粮橄榄油＋甲醇（1∶10）	$Na\text{-}SiO_2@CeO_2$	2 h，65 ℃，2.5%	Y=97%	重复5次，活性无明显下降	/	Khan 等，2021
13	棕榈酸馏出物＋甲醇（1∶5）	$NiSO_4/SiO_2$	7 h，110 ℃，15%	C=93%	重复2次，C=79.85%	/	Embong 等，2021
14	芝麻油＋甲醇（1∶6）	$Li/KAlSiO_4$	3 h，75 ℃，5%	Y=97.6%	重复6次，Y=7.5%	/	Mahloujifar 等，2021
15	油酸＋甲醇（1∶40）	[BsAlm][OTf]/SCF	4 h，100 ℃，10%	C=87%	未报道	/	Zhen 等，2012
16	大豆油＋甲醇（1∶14）	$SiO_2/SILC$	4 h，60 ℃，3%	Y=94.5%	重复6次，活性无明显下降	/	Zeng 等，2020
17	大豆油＋甲醇（1∶35）	$Fe_3O_4/SiO_2\text{-}PIL$	6 h，120 ℃，9%	C=93.3%	重复5次，C=84.5%	/	Xie 等，2020
18	地沟油＋甲醇（1∶20）	$C_{12}\text{-}SiO_2\text{-}ILs$	10.3 h，120 ℃，4.9%	Y=91.45%	重复5次，活性无明显下降	/	Zou 等，2020
19	乙酸＋正戊醇（1∶1）	[HSO_3-pmim][HSO_4]/SiO_2	1 h，100 ℃，1%	C=67.15%	重复5次，活性无明显下降	29.8~38.9	Li 等，2021
20	乙酰丙酸＋甲醇（205 mg∶2 mL）	$H_4SiW_{12}O_{40}\text{-}SiO_2$	6 h，65 ℃，104 mg	C=79%	重复2次，C=74%	/	Yan 等，2013

续表 3-9

序号	起始原料（摩尔比）	催化剂	反应条件（时间，温度，催化剂用量）	产率(Y)或转化率(C)	重复使用	反应活化能/(kJ/mol)	参考文献
21	油酸+甲醇(1:40)	TPA3/SBA-15	4 h,40 ℃,0.1 g	C=98%	重复4次，C=95%	44.6	Patel 等,2013
22	油酸+甲醇(1:15)	La-PW-SiO$_2$/SWCNTs	8 h,65 ℃,1.5%	C=93.1%	重复6次，C=88.7%	/	Shu 等,2022
23	油酸+乙醇(1:1.05)	SG-T-P-LS	10 h,28.6 ℃,14.9%	C=89.94%	未报道	/	Yin 等,2013
24	油酸+甲醇(1:9)	rp-SBA-15-Pr-SO$_3$H	1 h,60 ℃,0.5%	Y=99.3%	未报道	/	Jeenpadiphat 等,2015
25	油酸+甲醇(1:20)	HS/C-SO$_3$H	5 h,80 ℃,0.1 g	C=96.9%	重复3次，C>90%	/	Wang 等,2015
26	大豆油+甲醇(1:2.5)	C$_n$-SiO$_2$-TMG	5 h,70 ℃,7%	C=66.7%	未报道	26.8	Peng 等,2020
27	乙酰丙酸+正丁醇(1:6)	SiO$_2$ NPs10_CSPTMS	2 h,120 ℃,10%	Y≈100%	重复10次，Y=83.2%	/	Peixoto 等,2021
28	废植物油+甲醇(1:20)	Na/SiO$_2$/TiO$_2$	2 h,70 ℃,9%	Y=97%	重复6次，Y>80%	/	Khan 等,2022

Khaligh 等(2021)成功合成了 TiO_2 纳米管,在太阳能作用下,催化废烹饪橄榄油与甲醇的酯交换反应,取得了 91.2% 以上的废烹饪橄榄油转化率,纳米催化剂重复使用 4 次,转化率仅下降 3%;TiO_2 纳米管催化酯交换反应机理如图 3-20 所示。

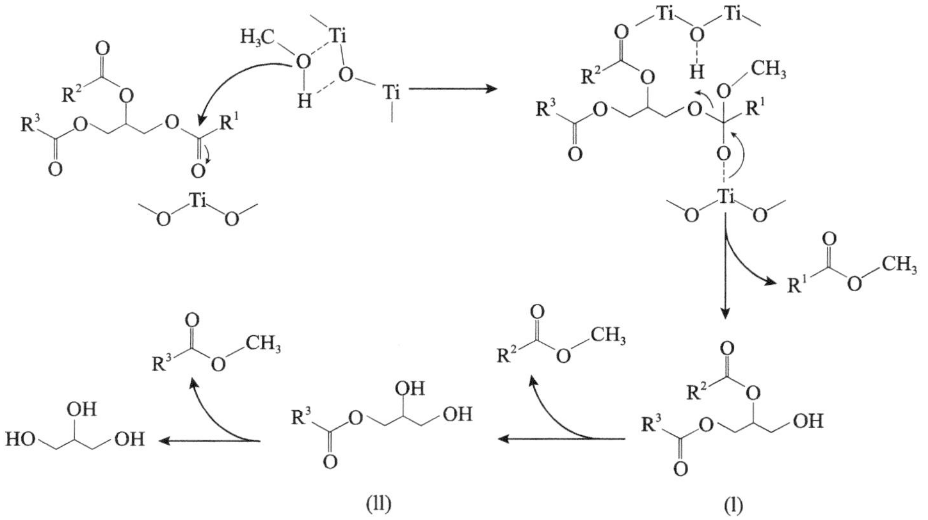

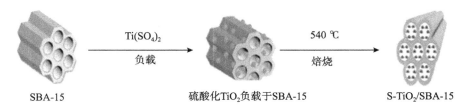

图 3-20　TiO_2 纳米管催化酯交换反应机理(Khaligh 等,2021)

　　Hossain 等(2019)通过浸渍法合成了硫酸化的 TiO_2 负载于 SBA-15 得到复合固体酸催化剂 S-TiO_2/SBA-15(合成示意如图 3-21 所示),催化地沟油与甲醇的酯交换反应,200 ℃条件下能取得了 94.96% 的生物柴油收率,得到的产品经测定符合生物柴油的规格标准。

　　SBA-15　　　　$\xrightarrow[\text{负载}]{Ti(SO_4)_2}$　　　硫酸化TiO_2负载于SBA-15　　　$\xrightarrow[\text{焙烧}]{540\ ℃}$　　　S-TiO_2/SBA-15

图 3-21　S-TiO_2/SBA-15 合成示意(Hossain 等,2019)

　　采用负载、掺杂等方式对 TiO_2 进行改性,能提高 TiO_2 的催化活性。近来,Patil 等(2020)先通过超声波辅助溶胶-凝胶法合成了 TiO_2 纳米颗粒,随后采用电化学法合成 TiO_2-Cu_2O 纳米复合物,并将其用于催化药西瓜种子油(*Thumba*)与乙

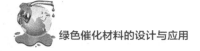

醇的酯交换反应,其反应转化率大于 60%。

Naeem 等(2021)先合成出 $SiO_2@TiO_2$ 核-壳结构作为载体,采用浸渍法将 Na 掺杂到 $SiO_2@TiO_2$ 核-壳结构中,得到 $Na-SiO_2@TiO_2$ 复合型催化剂,将其应用在地沟油与甲醇的酯交换反应中,反应 2 h 得到了 98% 的产率。动力学研究表明,该酯交换反应体系符合拟一级动力学模型,其反应表观活化能为 21.65 kJ/mol,焓变(ΔH)为 18.52 kJ/mol,熵变(ΔS)为 -219.17 J/(mol·K),吉布斯自由能变(ΔG)为 92.59 kJ/mol,表明该反应体系是吸热反应,且是非自发过程。

Guo 等(2021)利用溶胶-凝胶法合成了 La^{3+} 掺杂的复合型 $La^{3+}/ZnO-TiO_2$ 光催化剂,用于预酯化地沟油,其反应机理如图 3-22 所示。在紫外线照射 3 h 下,酯化率达 96.14%。

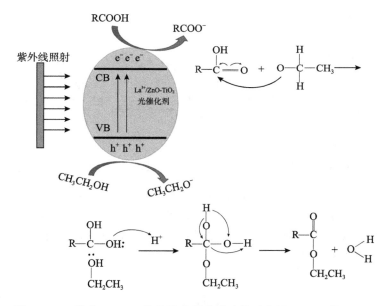

图 3-22　$La^{3+}/ZnO-TiO_2$ 催化游离脂肪酸酯化反应机理(Guo 等,2021)

De 等(2020)采用浸渍法将 Cu 掺杂到 TiO_2 中,得到掺杂型 $Cu-TiO_2$ 纳米催化剂,研究发现,TiO_2 纳米颗粒尺寸为 $80\sim150$ nm,相比纯的 TiO_2 纳米颗粒,$Cu-TiO_2$ 表现出更优异的催化活性,在催化棕榈油与甲醇的酯化反应中,使用纯的 TiO_2 作为催化剂,取得 84.5% 的生物柴油产率,使用 2% Cu 掺杂量的 $Cu-TiO_2$ 作为催化剂,能取得 90.93% 的生物柴油产率,表明 $Cu-TiO_2$ 的活性更高一些。

Bekhradinassab 等(2022)采用 Mn 掺杂到 TiO_2 中,合成出 3D-奶酪状的复合型催化剂,经表征分析发现,Mn 掺杂后 TiO_2 的酸量及酸密度(42.777 μmol/g、

0.641 $\mu mol/m^2$)较未掺杂的 TiO_2(35.534 $\mu mol/g$、0.331 $\mu mol/m^2$)有了较大的提升。在催化酸化油与甲醇的反应中,表现良好的催化活性,且催化剂重复使用6次,活性仅下降了1%。Aghilinategh 等(2020)使用 $SrTiO_3$ 纳米催化剂,在超临界甲醇条件下催化小球藻转化生物柴油,取得了较好的效果,其 $SrTiO_3$ 催化酯交换反应机理如图 3-23 所示。

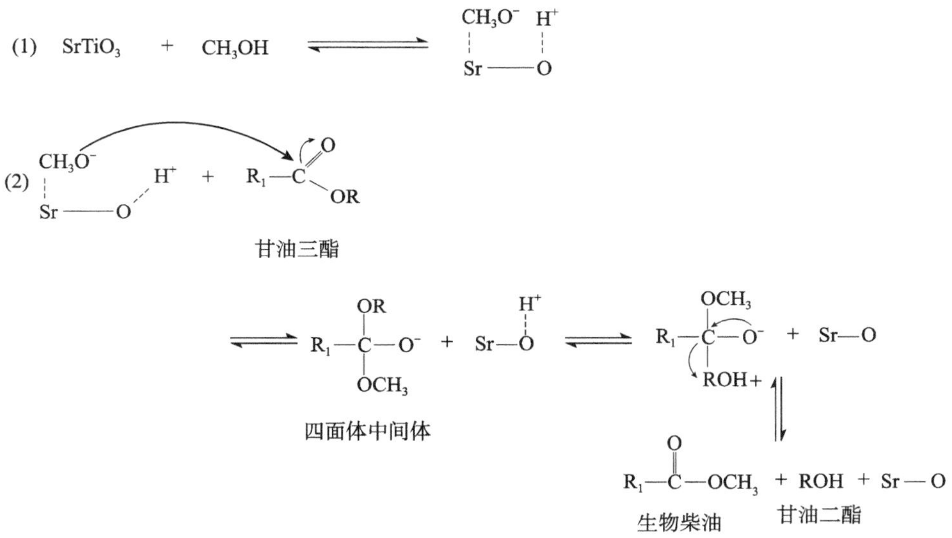
(1) SrTiO3 + CH3OH
CH3O⁻ H⁺
Sr—O
(2)
CH3O⁻
Sr—O
H⁺
R1—C
O
OR
甘油三酯
OR
R1—C—O⁻
OCH3
Sr—O
四面体中间体
OCH3
ROH+
Sr—O
R1—C—OCH3
ROH
生物柴油
甘油二酯

图 3-23　超临界甲醇条件下 $SrTiO_3$ 催化合成生物柴油机理(Aghilinategh 等,2020)

TiO_2 负载 SO_4^{2-} 固体酸催化剂也被广泛用于催化各种有机反应。Berrones-Hernández 等(2019)使用商用的 TiO_2 为前驱体、H_2SO_4 为磺化剂,采用简单的浸渍法制备得到 SO_4^{2-}/TiO_2 固体酸,研究发现,SO_4^{2-}/TiO_2 固体酸的催化活性高于均相催化剂 $Fe_2(SO_4)_3$,但 SO_4^{2-}/TiO_2 固体酸重复使用4次,催化活性从初始的71.1%降到6.4%,表明 SO_4^{2-}/TiO_2 固体酸热稳定性较差,并且活性基团 SO_4^{2-} 在反应过程中较容易流失。

Li 等(2021)采用静电纺丝法制备磺化 C-TiO_2 复合纳米纤维管催化剂(PAS-CNT),合成过程如图 3-24 所示,并将其用于碳水化合物在水/乙酸乙酯双相溶液中脱水生成 5-HMF。结果表明,该催化剂在以果糖和葡萄糖为原料合成 5-HMF 时表现出良好的活性,其产率分别为 75.47%和 42.44%。

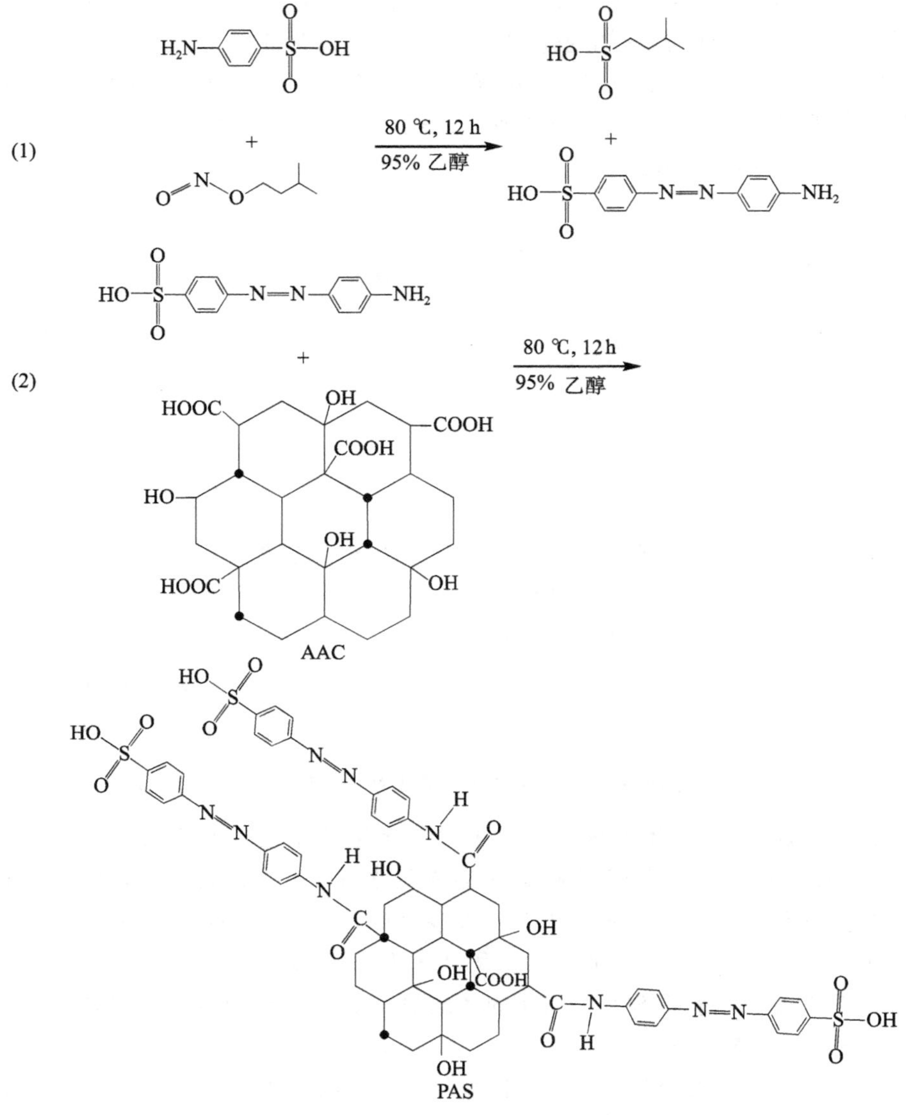

图 3-24　PAS-CNT 催化剂合成的可能途径(Li 等,2021)

　　Gao 等(2022)成功合成了一系列硫酸化 TiO_2 负载 $Mo(xMo/1.5ST)$ 催化剂,并用于催化麻疯树油(JO)酯交换制备生物柴油。表征发现,Mo^{6+} 和 Mo^{5+} 氧化态物种均匀分散在 SO_4^{2-}/TiO_2 表面,且催化剂中 SO_4^{2-} 促使 Mo^{6+} 物种还原为 Mo^{5+}

物种;另外,随着 Mo 负载量的增加,Mo/1.5ST 的催化活性逐渐增加,但 SO$_4^{2-}$ 含量和总酸量降低,Mo/1.5ST 中活性位点示意如图 3-25 所示。催化活性评估显示,Mo/1.5ST 催化下能获得 89.3% 的生物柴油收率。此外,该文还描述了 Mo/1.5ST 催化 JO 酯交换反应的可能机理。

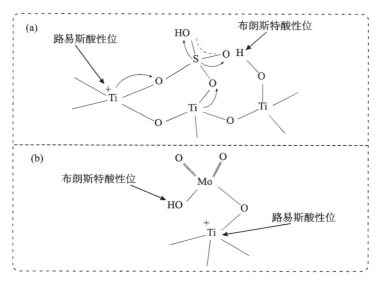

图 3-25 Mo/1.5ST 中 SO$_4^{2-}$ 位点(a)及 Mo 活性位点(b)(Gao 等,2022)

Guliani 等(2022)采用浸渍法将 TiO$_2$ 负载于介孔 MCM-48,得到复合型 MCM-48-TiO$_2$ 光催化剂,用于可见光下催化棕榈酸与甲醇进行酯化反应(反应机理如图 3-26 所示),最佳工艺条件下,获得了最高 95.9% 的棕榈酸转化率;MCM-48-TiO$_2$ 高的催化活性源于它的高比表面积(219 m^2/g)及高酸量(0.985 mmol/g)。该反应体系的动力学研究表明,其活化能为 25.1 kJ/mol,说明棕榈酸与甲醇的酯化反应是由动力学控制的。

目前,TiO$_2$ 光催化剂的研究也十分广泛。Zhan 等(2020)采用浸渍、逐步酸化和溶胶凝胶法,成功合成了 Dawson 型 Co$_3$P$_2$W$_{18}$O$_{62}$·15H$_2$O 改性的 TiO$_2$ 纳米复合物光催化剂。结果表明,Co$_3$P$_2$W$_{18}$O$_{62}$·15H$_2$O 的引入,既增加了复合催化剂的比表面积和孔容,又抑制了光生电子-空穴对的复合,改善了 TiO$_2$ 光催化活性。在紫外光照射 70 min 或可见光(λ=400~700 nm)照射 40 h 后,光降解对羟基苯甲酸乙酯(EP)效率分别为 87.32%、89.82%。

Li 等(2020)以半导体材料卟啉基 MOFs(PCN-222)为载体,采用溶剂热的方法合成 H$_3$PW$_{12}$O$_{40}$/PCN-222 二元复合材料,在模拟太阳光、可见光下降解罗丹明

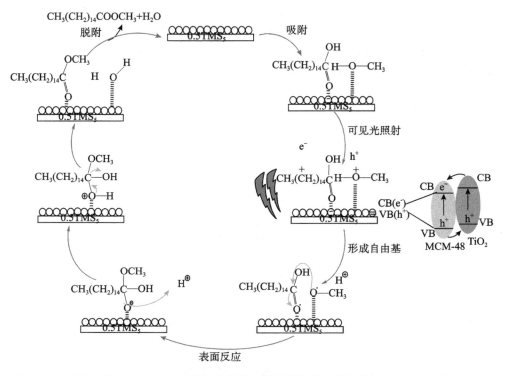

图 3-26　可见光下 MCM-48-TiO₂ 催化棕榈酸与甲醇酯化反应的可能机理（Guliani 等，2022）

B 来研究所制备材料的光催化活性。负载量 30% 的 $H_3PW_{12}O_{40}$/PCN-222 显示出最好的光催化性能，模拟太阳光照射 150 min 后，光催化降解罗丹明 B 为 94.66%；可见光照射 300 min 后，光催化降解罗丹明 B 为 79.82%。随后，该作者又合成了三元复合材料 PCN-222-$H_3PW_{12}O_{40}$/TiO₂，研究发现，80 min 的可见光照射后，PCN-222-$H_3PW_{12}O_{40}$/TiO₂ 光催化降解罗丹明 B 为 98.5%，反应速率为 $H_3PW_{12}O_{40}$ 的 4.69 倍。

　　关于 TiO₂ 基催化剂应用研究概况如表 3-10 所示。从表可知，TiO₂ 基催化剂在各个领域研究广泛，多数研究都是对 TiO₂ 的表面进行修饰、掺入其他金属或金属氧化物，但对于合成的改性的 TiO₂ 基催化材料的结构还需精确调控，产生高催化活性的机理还需深入研究，以期能获得适用于工业催化的 TiO₂ 基新型复合催化材料。

表3-10　用于催化酯交换反应的 TiO₂ 催化剂概况

序号	起始原料（摩尔比）	催化剂	反应条件（时间，温度，催化剂用量）	产率(Y)或转化率(C)	重复使用	反应活化能 /(kJ/mol)	参考文献
1	废煎炸橄榄油+甲醇（1：8）	TiO₂纳米管	4 h,60 ℃,2.26%	$C=91.2\pm0.7\%$	重复4次，$C=88.2\pm0.6$	/	Khaligh 等，2021
2	麻疯树油+甲醇（1：27）	Ti-SBA-15	3 h,200 ℃,0.75 g	$Y=90.9\%$	未报道	/	Chen 等，2013
3	地沟油+甲醇（1：15）	S-TiO₂/SBA-15	30 min,200 ℃,1%	$Y=94.96\%$	重复3次，$Y=90\%$	/	Hossain 等，2019
4	乳酸+正丁醇（2.8 g：30 mL）	TiO₂-Al₂O₃	4 h,140 ℃,22%	$Y=95.7\%$	未报道	/	Li 等，2012
5	棕榈油+甲醇（1：6）	TiO₂-ZnO	5 h,60 ℃,0.2 g	$C=92.2\%$	未报道	/	Madhuvilakku 等，2013
6	药西瓜种子油+乙醇（1：20）	TiO₂-Cu₂O	1 h,80 ℃,1.6%	$C>60\%$	未报道	/	Patil 等，2020
7	废棉籽油+甲醇（1：15）	W/TiO₂/SiO₂	4 h,65 ℃,5%	$Y=98\%$	重复5次，$Y=50\%$	40.8	Kaur 等，2018
8	地沟油+甲醇（1：25）	Na-SiO₂@TiO₂	2 h,65 ℃,4%	$Y=98\%$	重复5次，$Y>80\%$	21.65	Naeem 等，2021
9	地沟油+乙醇（1：12）	La³⁺/ZnO-TiO₂	3 h,35 ℃,4%	$C=96.14\%$	重复5次，$C>87\%$	59.58	Guo 等，2021
10	棕榈油+甲醇（1：15）	Cu-TiO₂	45 min,45 ℃,3%	$Y=90.93\%$	未报道	/	De 等，2020

续表 3-10

序号	起始原料（摩尔比）	催化剂	反应条件（时间、温度、催化剂用量）	产率（Y）或转化率（C）	重复使用	反应活化能/(kJ/mol)	参考文献
11	酸化油＋甲醇(1:20)	Mn/TiO_2	4 h,110 ℃,9%	C=89.1%	重复6次，C=88%	/	Bekhradinassab 等，2022
12	海藻油＋甲醇(1:18)	Ba_2TiO_4	3 h,65 ℃,3.5%	C=98.41%	重复6次，C=81.07%	/	Singh 等，2019
13	小球藻＋甲醇(0.5 g：12 mL)	$SrTiO_3$	1 h,270 ℃,60%	Y=16.65 mg/g(生物质)	未报道	/	Aghilinategh 等，2020
14	菜籽油(含7.5%油酸)＋甲醇(16:100)	$SO_4^{2-}/ZrO_2\text{-}TiO_2$	6 h,(63±2)℃,5%	C=42.4%	未报道	/	Boffito 等，2013
15	地沟油＋甲醇(1:20)	S-TSC	3 h,120 ℃,10%	C=77%	重复3次，C=10%	/	Shao 等，2013
16	油酸＋甲醇(1:6)	SO_4^{2-}/TiO_2	4 h,50~55 ℃,5%	C=71.1%	重复4次，C=6.4%	/	Berrones-Hernández 等，2019
17	果糖＋水＋乙酸乙酯(2.5 g：10 mL：40 mL)	PAS-CNT	3 h,150 ℃,0.13 g	Y=75.47%	重复5次，Y>50%	/	Li 等，2021
18	棕榈酸馏出物＋甲醇(1:9)	$SO_3H\text{-}GO@TiO_2$	40 min,70 ℃,3%	Y=96.73%	重复10次，Y=72.49%	/	Soltani 等，2021
19	碳酸二甲酯＋苯酚(1:1)	$HPMo/TiO_2$	10 h,150~180 ℃,0.6 g	C=50.4%	重复4次，C=29.5%	/	Wang 等，2015

续表 3-10

序号	起始原料（摩尔比）	催化剂	反应条件（时间、温度、催化剂用量）	产率（Y）或转化率（C）	重复使用	反应活化能/(kJ/mol)	参考文献
20	麻疯树油＋甲醇(1:6)	酶-PDA-TiO$_2$	30 h,37 ℃,10%	Y=92%	重复 4 次,活性下降较多	/	Zulfiqar 等,2021
21	非粮种子油＋甲醇(1:4)	LaTiO$_3$	1 h,80 ℃,0.1 g	Y=92.21%	重复 10 次,Y=75%	/	Rezania 等,2022
22	油酸＋甲醇(1:55)	TiO$_2$(光催化)	4 h,55 ℃,20%	C=98%	重复 5 次,C=71%	4.583	Welter 等,2022
23	麻疯树油＋甲醇(3 g:1 g)	Mo/1.5ST	16 h,110 ℃,3%	C=89.3%	重复 5 次,C=75.2%	/	Gao 等,2022
24	棕榈酸＋甲醇(1:20)	MCM-48-TiO$_2$	4.5 h,室温,3%	C=95.9%	重复 3 次,活性无明显下降	25.1	Guliani 等,2022

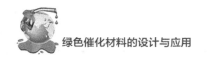

3.9　SnO₂基催化材料

二氧化锡（SnO₂）因化学稳定性较高、有一定的酸性、合成过程可控等优点，在催化领域具有一定的应用。关于 SnO₂ 基催化剂应用研究概况如表 3-11 所示。

Roy 等（2021）采用聚合物前驱体自燃法 800 ℃ 焙烧下合成了最佳活性的钾-锡氧化物（KSO800）固体碱催化剂，SEM-EDAX 表征分析发现催化剂中形成了锡酸钾化合物。将 KSO800 用于催化废煎炸油转化生物柴油，反应 35 min 内，FAME 转化率达 99.5%；此外，在催化剂重复使用 5 次后未检测到活性组分 K 浸出到反应体系。动力学研究表明，该反应体系符合拟一级动力学模型，且反应温度增加 10 ℃，反应速率增加一倍，其反应表观活化能为 66.52 kJ/mol，焓变（ΔH）为 62.95 kJ/mol，熵变（ΔS）为 −74.07 J/(mol·K)，吉布斯自由能变（ΔG）为 88 kJ/mol。

Zhang 等（2020）成功合成了硫酸化 Al₂O₃-SnO₂ 混合金属氧化物，得到 SO₄²⁻/Al₂O₃-SnO₂ 催化剂，并用于催化污泥中提取的脂质进行酯化/酯交换反应，表现出良好的催化活性。

Nabihah-Fauzi 等（2020）采用自蔓延燃烧法（self-propagating combustion，SPC）制备了 SnO₂ 前驱体，随后用氯磺酸进行磺化处理得到 HSO₃⁻/SnO₂ 固体超强酸。研究发现，SPC 法能制备出尺寸和形状均一的纳米颗粒，这有利于活性物种 HSO₃⁻ 的分散，提高催化剂的酸性，在催化棕榈酸馏出物与甲醇的酯化反应中，HSO₃⁻/SnO₂ 催化剂循环使用 5 次仅少量 HSO₃⁻ 浸出到反应体系，表明 HSO₃⁻/SnO₂ 固体超强酸具有较好的催化活性。此外，发现 SPC 法是一种工艺简单、绿色环保的纳米催化剂制备技术。

Ibrahim 课题组（2021；2022）采用超声辅助水热法、溶胶-凝胶法和沉淀法三种方法成功制备了表面改性的 ZrSnO₄ 混合金属氧化物，并将其用于催化硬脂酸与甲醇的酯化反应。在最佳催化工艺条件下，可以获得硬脂酸甲酯的收率为 74%。另外，计算化学研究表明，优化后的催化剂与硬脂酸的相互作用优于 SnO₂ 活性位点与硬脂酸中 C═O 的相互作用。随后，该课题组又采用超声辅助共沉淀法合成出了 SiO₂/ZrSnO₄ 复合型催化剂，能较好地用于催化棕榈酸酯化反应及大豆油的酯交换反应。

Ding 等（2021）通过晶种-结晶法合成介孔 SnO-γ-Al₂O₃ 纳米复合催化剂，用于催化季戊四醇和硬脂酸的酯化反应以制备季戊四醇四硬脂酸酯。表征结果显示，与常规水热合成的 SnO-γ-Al₂O₃ 催化剂相比，晶种-结晶法能够有效减小晶粒尺寸，

表3-11　用于催化酯交换反应的 SnO₂ 基催化剂概况

序号	起始原料（摩尔比）	催化剂	反应条件（时间，温度，催化剂用量）	产率(Y)或转化率(C)	重复使用	反应活化能/(kJ/mol)	参考文献
1	废煎炸油＋甲醇（1∶16）	KSO 800	35 min,65 ℃,3%	C=99.5%	重复5次,C=75%	66.52	Roy 等,2021
2	污水污泥＋甲醇（10 g 污泥,128 mL 甲醇）	SO₄²⁻/Al₂O₃-SnO₂	4 h,130 ℃,8%	Y=73.3%	未报道	/	Zhang 等,2020
3	棕榈脂肪酸馏出物＋甲醇（1∶9）	HSO₃⁻/SnO₂	2 h,100 ℃,3%	C=98.9%	重复5次,C=62.5%	/	Nabihah-Fauzi 等,2020
4	硬脂酸＋甲醇（1∶150）	ZrSnO₄	1 h,120 ℃,0.2 g	Y=74%	重复5次,活性无明显降低	4.705	Ibrahim 等,2021
5	棕榈酸＋甲醇（4 g 棕榈酸,85.6 mL 甲醇）	SnO₂/ZrSiO₄	2 h,80 ℃,5%	Y=90.2%	重复5次,Y=86.2%	62.744	Ibrahim 等,2022
6	硬脂酸＋季戊四醇（4.5∶1）	SnO-γ-Al₂O₃	3 h,100 ℃,1%	C=99.8%	重复7次,C=97%	/	Ding 等,2021
7	菜籽油＋乙酸甲酯（1.5 g 菜籽油,5 g 乙酸甲酯）	SnO@γ-Al₂O₃	30 min,210 ℃,10%	Y=33.5%	重复3次,Y=18%	/	Prestigiacomo 等,2022

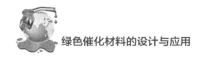

提高晶粒的结晶度、分散度及比表面积,尤其是催化剂的外表面积、孔容、孔尺寸和酸量都得到增加,从而有效地改善了介孔 SnO-γ-Al$_2$O$_3$ 的催化活性及稳定性。

金属氧化物的颗粒形态和表面性质一直是多相催化领域的研究热点。Prestigiacomo 等(2022)以环糊精和 F127 为模板,设计开发了一种分子-胶体共组装法结合超声辅助沉淀法合成出具有八面体晶体结构、孔径可调的 SnO@γ-Al$_2$O$_3$ 复合催化剂。结果表明,超分子模板和 γ-Al$_2$O$_3$ 纳米粒子的协同作用可能对 SnO 微晶的生长和取向产生关键作用,从而改善了催化活性。在催化菜籽油与乙酸甲酯的酯交换反应中,210 ℃条件下反应 30 min,FAME 产率为 33.5%。

3.10 磁性金属氧化物基催化材料

磁性催化材料多种多样,它在外界磁场的存在下可以展现出良好的磁响应性,使其实现快速分离回收,克服了传统催化剂在分离与回收过程中能耗高、质量损失大等问题,降低了应用成本。目前,常见磁性催化材料可分为两大类:一类主要是金属及其合金,包括 Fe、Ni、Co、Fe-Ni 及 Fe-Co 合金等,另一类主要是 MeFe$_2$O$_4$(Me=Ni、Co、Mn)、γ-Fe$_2$O$_3$ 及 Fe$_3$O$_4$ 等,尤其 Fe$_3$O$_4$ 由于比表面积较大、稳定性较好、生物相容性好、制备简便等特点,被广泛地应用于各领域,如催化、载药、分离富集等。此外,合成磁性催化材料的方法主要有水热法、化学沉淀法、溶胶-凝胶法和机械合金法等。

Ali 等(2020)通过两种途径(共沉淀、结合共沉淀和水热法)成功合成出铜铁尖晶石 CuFe$_2$O$_4$ 纳米颗粒,用于废煎炸油(WFO)酯交换反应制备生物柴油,反应机理如图 3-27 所示。表征发现,水热处理过的 CuFe$_2$O$_4$ 的催化活性远远高于仅通过共沉淀合成的 CuFe$_2$O$_4$。最佳酯交换工艺条件下,CuFe$_2$O$_4$ 催化酯交换反应 30 min,能获得 90.24% 的生物柴油收率,且 CuFe$_2$O$_4$ 易于回收、可重复使用 5 次。反应动力学研究发现该酯交换反应符合拟一级反应,且该反应活化能较低(37.64 kJ/mol)。热力学参数表明该酯交换反应体系是一个非自发的吸热过程。

AlKahlaway 等(2021)利用溶胶-凝胶法制备了具有明确晶体结构的磁性 Fe$_2$(MoO$_4$)$_3$ 催化剂,XPS 表征发现催化剂中有 Mo^{6+}、Mo^{5+}、Fe^{3+}、Fe^{2+} 等活性物种,表明 Fe$_2$(MoO$_4$)$_3$ 催化剂存在 Lewis 酸。将 Fe$_2$(MoO$_4$)$_3$ 用于油酸与乙醇的酯化反应,其最高转化率为 90.5%。另外,通过对酯化反应的动力学进行研究,得到酯化反应的指前因子为 2 449.16 min^{-1},反应活化能为 25.21 kJ/mol。

Iuliano 等(2020)将皱纹假丝酵母酶(*Candida rugosa* Lipase,CRL)负载于磁

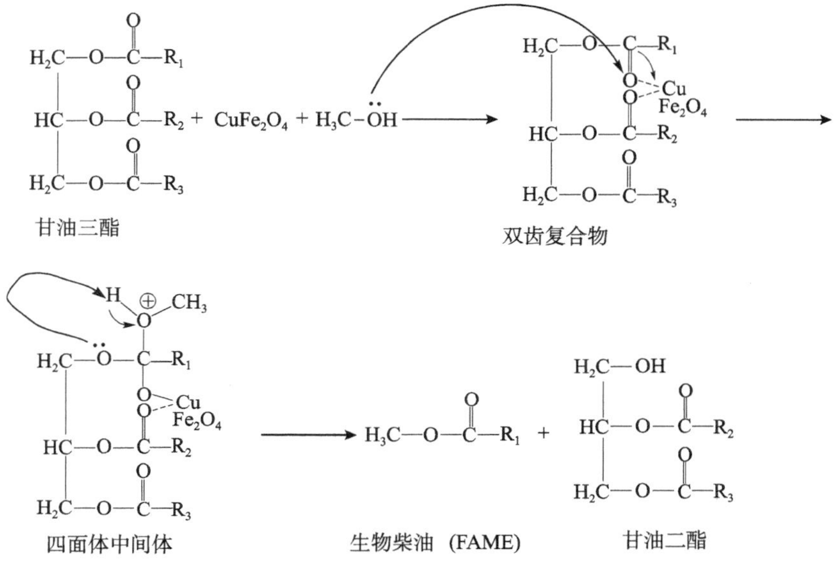

图 3-27 **CuFe$_2$O$_4$催化酯交换反应机理图**（Ali 等，2020）

性 MgFe$_2$O$_4$纳米颗粒上得到 MgFe$_2$O$_3$@OA@CRL 催化剂，用于催化酯交换反应合成生物柴油，45 ℃的条件下反应 48 h 时可以获得 98% 的生物柴油产率；此外，该催化剂可利用外界磁场高效回收循环使用。

Gonçalves 等（2021）利用浸渍法将 MoO$_3$ 负载于磁性锶铁氧体（SrFe$_2$O$_4$）材料上，得到多相磁性酸催化剂 MoO$_3$/SrFe$_2$O$_4$，采用线性回归方法和响应面法优化地沟油转化合成生物柴油的反应条件，在反应温度 164 ℃、醇油摩尔比 40∶1、催化剂用量 10% 的条件下反应 4 h，反应转化率达 95.4%，催化剂通过外界磁场回收后循环使用 8 次后，转化率仍达 59.9%。

Gutiérrez-López 等（2021）采用固态法合成了适用于催化麻疯树油转化生物柴油的磁性复合催化剂 NaFeTiO$_4$/Fe$_2$O$_3$-FeTiO$_3$，使用 Box-Behnken（BBD）设计对反应条件进行了优化，在最优化条件下，可获得 93.24% 的最大生物柴油转化率。然而，NaFeTiO$_4$/Fe$_2$O$_3$-FeTiO$_3$催化剂循环使用 5 次后，活性下降较大，反应转化率仅为 47.54%。

Naushad 等（2021）使用 1-丁基咪唑、3-溴丙基三甲氧基硅烷和 NiFe$_2$O$_4$ 纳米颗粒为原料（图 3-28），合成出新型磁性[NiFe$_2$O$_4$@BMSI]Br 纳米复合材料，通过离子交换法由[NiFe$_2$O$_4$@BMSI]Br 转化得到[NiFe$_2$O$_4$@BMSI]HSO$_4$ 纳米复合材料。表征显示，[NiFe$_2$O$_4$@BMSI]Br、[NiFe$_2$O$_4$@BMSI]HSO$_4$ 的比表面积分别

为 89.21 m^2/g、87.21 m^2/g,将两种催化剂用于棕榈油与甲醇的酯交换反应,结果显示,[NiFe$_2$O$_4$@BMSI]HSO$_4$ 的催化活性高于[NiFe$_2$O$_4$@BMSI]Br,80 ℃下反应 8 h,其产率分别为 86.4%、74.6%,且两种复合催化剂均能有效循环使用 6 次。

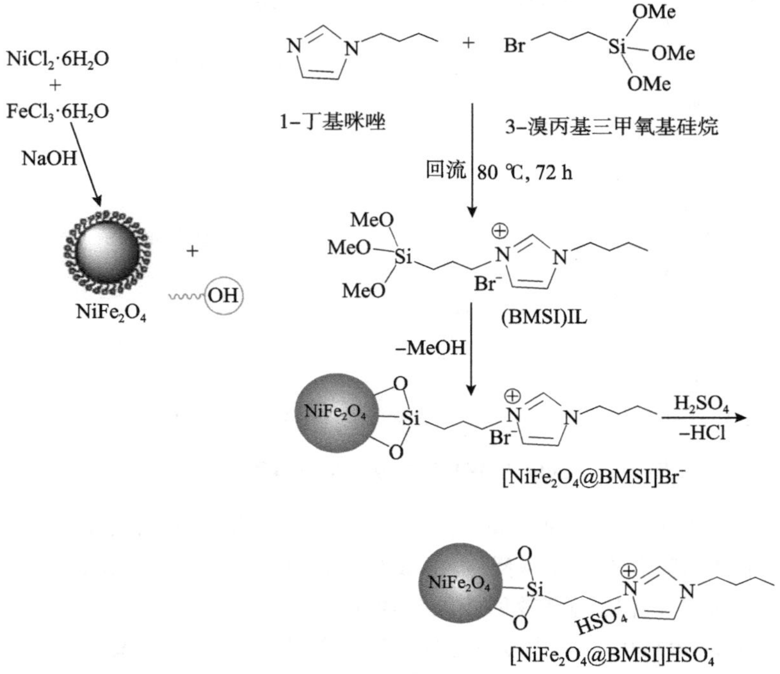

图 3-28　磁性纳米复合材料合成示意图(Naushad 等,2021)

Foroutan 等(2022)使用 CoFe$_2$O$_4$ 纳米颗粒和 K$_2$CO$_3$ 对建筑业产生的废粉笔灰进行改性,得到复合型废粉笔灰/CoFe$_2$O$_4$/K$_2$CO$_3$ 催化剂,对废粉笔灰、废粉笔灰/CoFe$_2$O$_4$、废粉笔灰/CoFe$_2$O$_4$/K$_2$CO$_3$ 催化剂的比表面积进行测定,结果显示,它们的比表面积分别为 20.8 m^2/g、77.8 m^2/g、5.8 m^2/g,表明废粉笔灰/CoFe$_2$O$_4$/K$_2$CO$_3$ 催化剂的比表面积较小,这可能是由于 K$_2$CO$_3$ 所致。将废粉笔灰/CoFe$_2$O$_4$/K$_2$CO$_3$ 用于催化花生油转化生物柴油,最佳条件下生物柴油收率能达 98.87%。反应动力学研究发现该反应体系具有较低的活化能(11.8 kJ/mol),热力学参数焓变(ΔH)为 9 010.7 J/mol,熵变(ΔS)为 -256.3 J/(mol·K),吉布斯自由能变(ΔG)为 95.7 kJ/mol,以上数据说明该反应体系是吸热过程,且需要一定的能量。

Mohamed 等(2020;2021)使用水热沉积技术合成了不同 α-Fe$_2$O$_3$ 负载量掺杂

的纳米线 AlOOH/γ-Al$_2$O$_3$ 催化剂,得到新型的磁性 α-Fe$_2$O$_3$/AlOOH(γ-Al$_2$O$_3$)复合催化剂。研究发现,α-Fe$_2$O$_3$ 负载量为 12% 的 α-Fe$_2$O$_3$/AlOOH(γ-Al$_2$O$_3$)在催化棉籽油与甲醇的酯交换反应中表现出最佳的催化活性,能获得 100% 的 FAME 产率,且催化剂也展现出优异的重复使用性,这都源于 α-Fe$_2$O$_3$/AlOOH(γ-Al$_2$O$_3$)催化剂具有大比表面积(323.3 m^2/g)、高的酸量(0.45 mmol/g)、高孔容(0.322 cm^3/g)及催化剂表面暴露的 α-Fe$_2$O$_3$ 活性位点平面(110)和(214)。此外,该酯交换反应体系的动力学和热力学数据表明该反应是吸热的、非自发的,且遵循关联路径。制备得到的棉籽生物柴油的燃料特性符合国际 ASTM 生物柴油标准。

Changmai 等(2021)通过逐步共沉淀、涂层和功能化,成功合成了较高稳定性、可磁性回收、具有核-壳结构的 Fe$_3$O$_4$@SiO$_2$-SO$_3$H 纳米复合酸催化剂,用于催化高酸值麻疯树油酯化、酯交换制备生物柴油。表征结果显示,Fe$_3$O$_4$@SiO$_2$-SO$_3$H 的比饱和磁化强度为 30.94 emu/g、比表面积为 32.88 m^2/g、酸量为 0.76 mmol/g;在催化酯化、酯交换反应中,其 FAME 转化率达 98%,且能高效重复循环使用 9 次。

Zhang 等(2021)设计采用后修饰法和浸渍法分别合成了磁性介孔 Fe$_3$O$_4$@SBA-15@HPW 和 Fe$_3$O$_4$@SBA-15-NH$_2$-HPW 复合固体酸催化剂,并应用于棕榈油和甲醇为反应物的生物柴油制备体系。表征结果表明,两个复合催化剂均具有有序的介孔结构、良好的顺磁性及强的 Brönsted 酸性。对这两种复合固体酸催化剂进行性能考查,发现通过后修饰法合成的 Fe$_3$O$_4$@SBA-15-NH$_2$-HPW 具有更好的催化活性和稳定性,循环使用 6 次,FAME 产率仍高于 80%。

Sabzevar 等(2021)设计合成了磁性 Fe$_3$O$_4$@ZIF-8/TiO$_2$ 纳米复合催化剂(图 3-29),并用于油酸与乙醇的酯化反应,通过响应面法(RSM)对制备工艺条件进行优化,结果显示,优化条件下 FAME 产率可达 80%,比纯 TiO$_2$ 和磁性 Fe$_3$O$_4$@ZIF-8 作为催化剂高出约 40%。

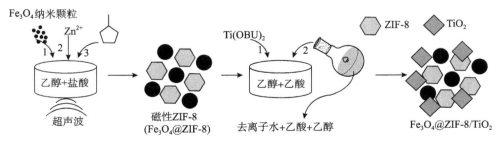

图 3-29 Fe$_3$O$_4$@ZIF-8/TiO$_2$ 纳米复合催化剂分步合成示意图(Sabzevar 等,2021)

Xie 课题组(2018;2020a;2019;2020b;2021a;2021b;2021c;2020c)近年来设计合成了 Fe_3O_4@HKUST-1-ABILs、Fe_3O_4-聚(GMA-co-MAA)、Fe_3O_4@MIL-100-(Fe)@酶、Fe_3O_4/SiO_2-PIL、有机胍@Fe_3O_4-聚(AGE-DVB-GMA)、$H_6PV_3MoW_8$-O_{40}/Fe_3O_4/ZIF-8、$CoFe_2O_4$/MIL-88B(Fe)-NH_2/(Py-Ps)PMo 等一系列磁性复合催化剂,并将其应用于催化制备生物柴油。该小组通过(Xie 等,2018)通过层层自组装法合成出具有磁性、核-壳结构的 Fe_3O_4@HKUST-1-ABILs 复合功能化材料,利用 HKUST-1 中的金属离子 Cu^{2+} 的不饱和位点与碱性离子液体配位,得到多相固体碱催化剂,通过单因素优化了大豆油与甲醇的酯交换反应条件,最佳条件下,大豆油的转化率可以达到 92.3%。此外,通过简单的外磁场作用下能较容易回收 Fe_3O_4@HKUST-1-ABILs 催化剂,且循环使用 5 次没有显著降低其催化活性。

随后该课题组(Xie 等,2020a)又通过水热合成法制备了 Fe_3O_4,结合蒸馏聚合法得到核壳结构的磁性聚合物 Fe_3O_4-聚(GMA-co-MAA)载体,经过碳二亚胺(EDC)/N-羟基琥珀酰亚胺(NHS)活化后,对脂肪酶进行固定化。表征结构显示,脂肪酶成功固载在 Fe_3O_4-聚(GMA-co-MAA)上,且没有改变原有的基本结构。将固定化脂肪酶用于催化酯交换反应制备生物柴油,反应 54 h 时,FAME 的收率为 92.8%。此外,活化后具有核-壳结构的磁性 Fe_3O_4-聚(GMA-co-MAA)载体也被用于固定有机胍,得到的复合催化剂也展现出较好的催化活性(Xie 等,2021a)。

Ghasemzadeh 等(2022)通过共沉淀法和浸渍法合成出比表面积为 16.63 m^2/g 的磁性废棉/Fe_3O_4@SiO_2@$H_3PW_{12}O_{40}$ 复合型催化剂。通过响应面法优化了废棉/Fe_3O_4@SiO_2@$H_3PW_{12}O_{40}$ 催化花生油与甲醇制备生物柴油的工艺条件,其最高 FAME 产率超过 90%。

Wang 课题组(2022a;2022b)使用 Na_2CO_3·H_2O,Na_2CO_3·$10H_2O$,$NaHCO_3$ 和 Na_2CrO_4 水溶液分别湿法浸渍高炉粉尘,于 300~600 ℃高温活化得到磁性 Na_2CO_3·H_2O@BFD 复合催化剂,用于催化大豆油与甲醇的酯交换反应。数据显示,300 ℃活化的 Na_2CO_3·H_2O@BFD 催化剂表现出最优的催化活性,能获得 100% 的 FAME 产率;高的活性源于浸渍的 Na_2CO_3 和高炉粉尘中的 Fe_2O_3 反应生成稳定且具有高活性的纳米 $NaFeO_2$(32.42 nm)以及高炉粉尘中含有的磁性纳米组分 Fe_3O_4(晶粒:3.14 nm;磁性:6.16 Am^2/kg)。同时,Na_2CO_3·H_2O@BFD 也表现出优异的稳定性和可回收性,循环使用 12 次,仍可获得 93% 的 FAME 产率。随后该小组又设计使用 Na_2CO_3 和 $CaCO_3$ 水溶液分别湿法浸渍高炉粉尘,于 500 ℃和 600 ℃高温活化得到磁性纳米催化剂,分别标记为 Na-BFD500 和 Ca-BFD600。表征发现,经高温活化后,$CaCO_3$、Na_2CO_3 和 Fe_2O_3 晶体转变为具有较高活性的纳米 $NaFeO_2$(29.9 nm)、$Ca_2Fe_2O_5$(10.5 nm)、CaO(100.1 nm)和 $Ca_2Fe_2O_5$(50 nm)晶体,对这两种活化温度不同的纳米催化剂进行性能考察,发现 Na-BFD$_{500}$ 催化大豆油制备生物柴油的产率达 100.0%,循环 16 次后仍可获得 95.8% 的 FAME 产率,而 Ca-BFD$_{600}$ 作为催化剂,FAME 产率也达 98.3%,循环 7 次后仍可获得 94.1% 的 FAME 产率,以上研究可为工业固体废物用于生物柴油合成提供了新的途径。

关于磁性金属氧化物基催化剂应用研究概况如表 3-12 所示。从表可知,磁性金属氧化物基催化剂在催化合成生物柴油方面研究广泛。总的来看,磁性金属氧化物基催化剂虽可利用外界磁场快速分离回收,解决纳米颗粒难以回收循环使用的问题,但这些研究成果大多仅处于实验室阶段,且对有关合成方法对磁性催化剂表面性质、饱和磁化强度、负载活性组分的稳定性方面还需进一步研究,对各种磁性金属氧化物基复合催化剂催化反应的微观机理研究较少。因此,若想将这些磁性金属氧化物基催化材料真正推向实际应用,仍有很多科学问题亟待解决。

3.11　其他金属氧化物基催化材料

以上对 CaO 基、MgO 基、SrO 基、ZnO 基、Al$_2$O$_3$ 基、ZrO$_2$ 基、SiO$_2$ 基、TiO$_2$ 基、SnO$_2$ 基及磁性氧化物基催化材料的制备、物化性质、催化行为及重复使用性等方面进行了详细概述。除了以上金属氧化物基催化材料,La$_2$O$_3$、IrO$_2$、WO$_3$、Ta$_2$O$_5$、Nb$_2$O$_5$、MoO$_3$、CuO、Cr$_2$O$_3$、Y$_2$O$_3$ 等金属氧化物及复合物在催化领域也表现出较好的催化活性,表 3-13 为近年来其他金属氧化物基催化剂的应用研究概况。

Jiménez-Morales 等(2010;2011)将设计合成的 Ta$_2$O$_5$-SBA-15 和 WO$_3$/ZrO$_2$-MCM-41 两种固体酸催化剂,并分别用于催化月桂酸、油酸与甲醇的酯化反应,取得优异的效果。其中将 Ta$_2$O$_5$ 负载于 SBA-15 分子筛上制备得到的负载型固体酸 Ta$_2$O$_5$-SBA-15,在花生油为原料生产生物柴油的反应中,200 ℃下反应 6 h,获得 92.5% 的转化率,由各种催化剂表征手段分析可知,Ta$_2$O$_5$-SBA-15 催化剂高的比表面积(494 m^2/g)和高的酸密度(485 μmol NH$_3$/g)是生物柴油转化率高的主要原因;另外,Ta$_2$O$_5$-SBA-15 能较好地适用于催化含 9% FFAs 和 5% 水的花生油同时进行酯化、酯交换反应。

Akhtar 等(2019)使用 CuO-CeO$_2$ 和 Fe$_2$O$_3$ 纳米催化剂,用于催化风车子油转化生物柴油。XRD 结果显示,CuO-CeO$_2$ 的晶体尺寸为 54.4 nm,Fe$_2$O$_3$ 的晶体尺寸为 31.3 nm;从 SEM 可以看出,CuO-CeO$_2$ 呈球形结构,颗粒尺寸约为 32.3 nm,而 Fe$_2$O$_3$ 具有包括球形在内的规则形态,颗粒尺寸为 28.76～46.27 nm。对 CuO-CeO$_2$ 和 Fe$_2$O$_3$ 纳米催化剂进行性能考查,CuO-CeO$_2$ 的活性高于 Fe$_2$O$_3$ 纳米催化剂,

绿色催化材料的设计与应用

表 3-12　用于催化酯交换反应的磁性金属氧化物基催化剂概况

序号	起始原料（摩尔比）	催化剂	反应条件（时间、温度、催化剂用量）	产率（Y）或转化率（C）	重复使用	反应活化能/(kJ/mol)	参考文献
1	棕榈油+甲醇（1:9）	$CuFe_2O_4$	7 h,200 ℃,2%	$Y>80\%$	重复 5 次,活性无明显降低	/	Luadthong 等,2016
2	地沟油+甲醇（1:18）	$CuFe_2O_4$	30 min,60 ℃,3%	$Y=90.24\%$	重复 5 次,$Y=89.3\%$	37.64	Ali 等,2020
3	油酸+乙醇（1:9）	$Fe_2(MoO_4)_3$	9 h,70 ℃,3%	$C=90.5\%$	重复 6 次,转化率下降 3%	25.21	AlKahlaway 等,2021
4	废植物油+甲醇（1:18）	$MnFe_2O_4$/GO	4 h,65 ℃,3%	$Y=96.47\%$	未报道	/	Bai 等,2021
5	BSG 油+甲醇（1:4）	$MgFe_2O_3$@OA@CRL	48 h,45 ℃,30%	$Y=98\%$	重复 4 次,$Y=87\%$	/	Iuliano 等,2020
6	地沟油+甲醇（1:40）	MoO_3/$SrFe_2O_4$	4 h,164 ℃,10%	$Y=95.4\%$	重复 8 次,$Y=59.9\%$	/	Gonçalves 等,2021
7	麻疯树油+甲醇（1:12.47）	$NaFeTiO_4$/Fe_2O_3-$FeTiO_3$	1 h,65 ℃,13.8%	$C=93.24\%$	重复 5 次,$C=47.54\%$	/	Gutierrez-López 等,2021
8	棕榈油+甲醇（1:12）	[$NiFe_2O_4$@BMSI]HSO_4	8 h,80 ℃,5%	$Y=86.4\%$	重复 6 次,催化活性仍达 92.7%	/	Naushad 等,2021
9	地沟油+甲醇（1:18）	Mg^{2+}/$ZnFe_2O_4$	0.5 h,65 ℃,3%	$C=99.9\%$	重复 10 次,$C=94\%$	52	Ashok 等,2021
10	花生油+甲醇（1:15）	废粉笔灰/$CoFe_2O_4$/K_2CO_3	3 h,65 ℃,2%	$C=98.87\%$	重复 6 次,$C>90\%$	11.8	Foroutan 等,2022

续表 3-12

序号	起始原料（摩尔比）	催化剂	反应条件（时间、温度，催化剂用量）	产率（Y）或转化率（C）	重复使用	反应活化能/(kJ/mol)	参考文献
11	地沟油＋甲醇(1：6)	CSPA@Fe$_3$O$_4$	3 h,65 ℃,6%	Y＝98%	重复9次，Y＝91%	34.41	Changmai 等,2021
12	油酸＋甲醇(1：12)	EFB-MCC/γ-Fe$_2$O$_3$	2 h,60 ℃,9%	Y＝92.1%	重复5次，Y＝77.6%	／	Krishnan 等,2022
13	菜籽油＋甲醇(1：7)	Fe$_3$O$_4$-CeO$_2$-25K	2 h,65 ℃,4.5%	Y＝96.13%	重复5次，Y＝80.94%	／	Ambat 等,2019
14	甜扁桃油＋甲醇(1：10.43)	NaOH/斜发沸石-Fe$_3$O$_4$	2.5 h,65 ℃,0.5%	Y＝92%	重复4次，Y＝82%	9.21	Joorasty 等,2021
15	凤梨生油＋甲醇(1：12)	CES-Fe$_3$O$_4$	2 h,65 ℃,2%	Y＝98%	重复7次，Y＝98%	／	Chingakham 等,2019
16	酵母石油＋甲醇(一)	Fe$_3$O$_4$@SiO$_2$-CHO	10 h,55 ℃,2.5 g	Y＝98.12%	重复10次，Y＝90%	／	Cao 等,2021
17	棉籽油＋甲醇(1：6)	α-Fe$_2$O$_3$/AlOOH (γ-Al$_2$O$_3$)	3 h,60 ℃,3%	Y＝100%	重复3次，Y＝95%	57.4	Mohamed 等2020
18	地沟油＋甲醇(1：6)	α-Fe$_2$O$_3$/AlOOH	3 h,60 ℃,3%	Y＝95%	重复4次，Y＝91.3%	51.54	Mohamed 等,2021
19	猪油＋甲醇(1：21)	Fe$_3$O$_4$/Cs$_2$O	5 h,65 ℃,7%	Y＝97.1%	重复9次，Y＝78%	43.8	Booramurthy 等,2020
20	麻疯树油＋甲醇(1：9)	Fe$_3$O$_4$@SiO$_2$-SO$_3$H	3.5 h,80 ℃,8%	C＝98%	重复9次，C＝81%	37.0	Changmai 等,2021

续表 3-12

序号	起始原料（摩尔比）	催化剂	反应条件（时间，温度，催化剂用量）	产率(Y)或转化率(C)	重复使用	反应活化能/(kJ/mol)	参考文献
21	油酸+乙醇(1:11.5)	Fe₃O₄@SiO₂@PIL	6 h,90℃,9.5%	C=92.1%	重复6次，C=89.2%	/	Ding等,2021
22	棕榈油+甲醇(1:20)	Fe₃O₄@SBA-15-NH₂-HPW	5 h,150℃,4%	Y=91%	重复6次，Y>80%	/	Zhang等,2021
23	地沟油+甲醇(1:8)	MGO@MMO	1.5 h,60℃,10%	Y=94%	重复8次，Y=8%	/	Rezania等,2021
24	油酸+乙醇(1:30)	Fe₃O₄@ZIF-8/TiO₂	62.5 min h,50℃,6%	Y=80%	重复5次，Y=77.22%	5.95	Sabzevar等,2021
25	大豆油+甲醇(1:30)	Fe₃O₄@HKUST-1-ABILs	3 h,回流温度,1.2%	C=92.3%	重复5次，活性无明显降低	/	Xie等,2018
26	大豆油+甲醇(1:4)	Fe₃O₄-poly(GMA-co-MAA)@酶	54 h,40℃,20%	Y=92.8%	重复5次，Y=79.4%	/	Xie等,2020a
27	大豆油+甲醇(1:4)	Fe₃O₄@MIL-100(Fe)@酶	60 h,40℃,25%	C=92.3%	重复5次，C=83.6%	/	Xie等,2019
28	劣质油+甲醇(1:35)	Fe₃O₄/SiO₂-PIL	6 h,120℃,9%	C=93.3%	重复5次，C=84.5%	/	Xie等,2020b
29	大豆油+甲醇(1:20)	Fe₃O₄-poly(AGE-DVB-GMA)	8 h,65℃,7%	Y=92.6%	重复4次，活性无明显降低	/	Xie等,2021a
30	大豆油+甲醇(1:30)	Fe₃O₄/SiO₂-ILs	8 h,130℃,8%	C=94.2%	重复5次，C=86%	/	Xie等,2021b

续表 3-12

序号	起始原料（摩尔比）	催化剂	反应条件（时间、温度、催化剂用量）	产率（Y）或转化率（C）	重复使用	反应活化能/(kJ/mol)	参考文献
31	劣质油＋甲醇(1:30)	$H_6PV_3MoW_8O_{40}$/Fe_3O_4/ZIF-8	10 h,160 ℃,6%	C=92.6%	重复5次，C=80.4%	/	Xie 等,2021c
32	劣质油＋甲醇(1:30)	$CoFe_2O_4$/MIL-88B(Fe)-NH₂/(Py-Ps)PMo	8 h,140 ℃,8%	C=95.6%	重复5次，C=85.2%	/	Xie 等,2020c
33	花生油＋甲醇(1:12)	废棉/Fe_3O_4@SiO_2@$H_3PW_{12}O_{40}$	3.5 h,70 ℃,3%	Y=95.3%	重复4次，Y=85.5%	/	Ghasemzadeh 等,2022
34	地沟油＋甲醇(1:40)	KOH/Fe_3O_4@MCM-41	3 h,65 ℃,8%	Y=93.95%	重复3次，C>80%	115.79	Khakestarian 等,2022
35	大豆油＋甲醇(1:16)	Co/Fe_2O_3-CaO	2.5 h,70 ℃,3%	Y=98.2%	重复5次，Y=78.8%	/	Xia 等,2022
36	地沟油＋甲醇(1:5)	CaO-ZSM-5/Fe_3O_4	4 h,65 ℃,3%	Y=91%	重复4次，Y=85%	/	Lani 等,2022
37	大豆油＋甲醇(1:15)	Na_2CO_3·H_2O@BFD	2 h,65 ℃,7%	Y=100.0%	重复12次，Y=92.56%	/	Wang 等,2022a
38	大豆油＋甲醇(1:15)	Na-BFD₅₀₀	2 h,65 ℃,7%	Y=100.0%	重复16次，Y=95.8%	/	Wang 等,2022b

表3-13 用于催化酯交换反应的其他金属氧化物基催化剂概况

序号	起始原料（摩尔比）	催化剂	反应条件（时间、温度、催化剂用量）	产率（Y）或转化率（C）	重复使用	反应活化能/(kJ/mol)	参考文献
1	月桂酸+乙醇(1:7)	$H_3PW_{12}O_{40}/Ta_2O_5$	1 h,78 ℃,0.05g	$Y=99.9\%$	重复3次，$Y=56.5\%$	/	Xu等,2008
2	油酸+甲醇(1:67)	WO_3/ZrO_2-MCM-41	24 h,65 ℃,18.7%	$C≈100\%$	重复4次，$C=97\%$	/	Jiménez-Morales等,2010
3	花生油+甲醇(1:12)	Ta_2O_5-SBA-15	6 h,200 ℃,4%	$C=92.5\%$	重复3次，$C=93\%$	/	Jiménez-Morales等,2011
4	棕榈酸+十六醇(1:2)	WO_3/Zr-SBA-15	6 h,162 ℃,0.16 g	$C=54.6\%$	重复3次，$C>20\%$	/	Mutlu等,2016
5	废棉籽油+甲醇(1:40)	$CeO_2/Li/$SBA-15	4 h,65 ℃,10%	$Y>98\%$	重复6次，$Y=60\%$	57.7	Malhotra等,2018
6	风车子油+甲醇(1:9)	CuO-CeO_2	3 h,70 ℃,0.25%	$Y=92\%$	重复5次，$Y=90\%$	229.3	Akhtar等,2019
7	地沟油+甲醇(1:15)	$PKSAC$-K_2CO_3-CuO	4 h,70 ℃,5%	$Y≈95\%$	重复6次，$Y=55.3\%$	/	Abdullah等,2020
8	废猪油+甲醇(1:29.87)	纳米CuO	35.36 min,—,2.07%	$Y=97.82\%$	未报道	/	Suresh等,2021
9	甘油三酯+甲醇(1:10)	Cu_4O-Bs/SBA-15	2 h,40 ℃,5%	$Y>97.5\%$	重复8次，$Y>91.0\%$	51.5	Hu等,2021
10	橄榄油+甲醇(1:21)	TPA/Cr-Al	5 h,80 ℃,4%	$Y=93\%$	重复5次,活性无明显降低	/	Ul Islam等,2022

续表 3-13

序号	起始原料(摩尔比)	催化剂	反应条件(时间、温度、催化剂用量)	产率(Y)或转化率(C)	重复使用	反应活化能/(kJ/mol)	参考文献
11	棕榈油+乙醇(1:90)	HPMo/Nb_2O_5	4 h,210 ℃,20%	Y=99.6%	重复3次,Y=88.6%	/	da Conceiçao等,2017
12	酸化大豆油+甲醇(1:45)	MoO_3	4 h,150 ℃,0.5%	Y=93%	重复8次,Y=84.8%	/	Pinto等,2019
13	废种子油+甲醇(1:12)	BaO-MoO_2	2 h,65 ℃,4.5%	Y=97.8%	重复4次,活性无明显降低	/	Jamil等,2021
14	棕榈油+乙醇(1:8)	酶/Nb_2O_5	72 h,45 ℃,—	C=99.9%	未报道	/	Da Silva等,2020
15	地沟油+甲醇(1:6)	WO_3/GQD	3.5 h,70 ℃,2%	Y=96.8%	重复5次,Y=75.88%	55.92	Borah等,2022
16	大豆油+甲醇(1:18)	Ce/Mn氧化物	40 min,140 ℃,3%	Y=91.6%	重复7次,Y=60%	/	Nasreen等,2016
17	油酸+甲醇(1:2)	磺化纤维素-磁铁矿纳米复合材料	5 h,80 ℃,0.75%	C=96%	重复5次,Y>95%	/	El-Nahas等,2017
18	棕榈酸馏出物+甲醇(1:16)	Ni/Mn/Na_2SiO_3	4 h,120 ℃,2%	C=96%	重复6次,C=77%	/	Ibrahim等,2020
19	棕榈油+甲醇(1:12)	0.1Li-Y_2O_3	2 h,65 ℃,3%	Y=97.43%	重复5次,Y=80%	/	Zhang等,2019
20	油酸+甲醇(1:120)	Eu^{3+}/Bi_2SiO_5	2 h,80 ℃,0.3 g	Y=96.5%	重复5次,Y=94%	15.4	Mahmoud等,2020

绿色催化材料的设计与应用

续表 3-13

序号	起始原料（摩尔比）	催化剂	反应条件（时间，温度，催化剂用量）	产率（Y）或转化率（C）	重复使用	反应活化能/(kJ/mol)	参考文献
21	非粮油＋甲醇（1∶9）	纳米 NiO	2 h，85 ℃，2.5%	Y＝97.5%	未报道	/	Dawood 等，2021
22	竹叶花椒油＋甲醇（1∶7）	纳米 Ag₂O	2 h，90 ℃，0.5%	Y＝95%	重复 4 次，Y＝60%	26.11	Rozina 等，2022
23	小桐子油＋甲醇（1∶9）	4NK/HCl-Atta-4	6 h，60 ℃，6%	Y＝94.7%	重复 5 次，Y＝80.1%	/	Adipah 等，2020
24	油酸＋甲醇（1∶5）	Cu₃(MoO₄)₂(OH)₂	5 h，140 ℃，5%	C＝98.38%	重复 7 次，C＝85.66%	22.1	Silva Junior 等，2021
25	甲基丙烯醛＋甲醇（1∶5）	Au/CeO₂-Mg(OH)₂	1 h，80 ℃，1.5 g	C＝93.3%	重复 8 次，C＝90%	/	Lim 等，2021

其能实现 92% 的转化率。

Abdullah 等（2020）以废棕榈仁壳（PKS）为原料，合成了 PKSAC-K$_2$CO$_3$-CuO 酸碱双功能纳米催化剂，对该催化剂进行表征发现，PKSAC-K$_2$CO$_3$-CuO 具有高稳定性、大比表面积（438.08 m^2/g）、合适的孔容（0.367 cm^3/g）及介孔孔径（3.8 nm），同时具有高的酸量（27.016 mmol/g）和碱量（8.866 mmol/g），能同时催化地沟油酯化、酯交换反应。在相对温和的反应条件下，FAME 的产率为 95%，催化剂循环使用 6 次后，FAME 产率降为 55.3%，这是由于 PKSAC-K$_2$CO$_3$-CuO 的碱量下降到 3.106 mmol/g，导致催化活性的下降。

Ul Islam 等（2022）使用不同负载量（10%～40%）的磷钨酸（TPA）改性 Cr-Al 混合氧化物，用于催化野生橄榄油（WOO）生产生物柴油。结果显示，TPA 负载量为 20% 的 TPA/Cr-Al 表现最为优异的催化活性，在优化条件下能获得 93% 的 FAME 收率。

Pinto 等（2019）研究了不同煅烧温度对水热法合成的 MoO$_3$ 催化剂理化性质和催化性能的影响。研究表明，600 ℃ 煅烧得到的 MoO$_3$ 能适用催化布里奇果油、巴西棕榈油、大豆油、油桃木果油、马卡巴原油及地沟油生产生物柴油，在最优条件下，使用少量的 MoO$_3$ 催化剂（0.5%），FAME 产率就能达到 90% 以上，MoO$_3$ 重复使用 8 次，FAME 产率仍达到 84.8%。

Borah 等（2022）设计合成了 WO$_3$/石墨烯量子点（GQD）复合催化剂，用于催化地沟油脂交换反应生产生物柴油，通过 Box-Behnken 设计（BBD）的响应面方法（RSM）对制备工艺条件进行优化，结果显示，优化条件下 FAME 产率最高可达（96.8±0.16）%。此外，对酯交换反应的动力学进行研究，发现其遵循拟一级反应动力学，其指前因子为 1.72×10^6 min^{41}，反应活化能为 55.92 kJ/mol。

Ibrahim 等（2020）使用空果串（EFB）作为前驱体，经磺化后得到改性的 EFB（AEFB），并通过浸渍法将 NiO、MnO、Na$_2$SiO$_3$ 负载于 AEFB，合成出 Na$_2$SiO$_3$-NiO-MnO/AC、NiO-MnO/AC、NiO/AC 三个磁性纳米催化剂。XRD 分析结果显示，NiO/AC、NiO-MnO/AC、Na$_2$SiO$_3$-NiO-MnO/AC 晶体尺寸分别为 13.87 nm、28.38 nm 和 39.64 nm，比表面积分别为 23.78 m^2/g、12.69 m^2/g、16.8 m^2/g；NH$_3$-TPD 结果表明，Na$_2$SiO$_3$-NiO-MnO/AC 催化剂的催化活性位点显著增加，且表现出更高的酸性；VSM 数据显示，Na$_2$SiO$_3$-NiO-MnO/AC 的磁化强度和磁饱和值分别为 40.27 emu/g、86.04 emu/g。催化活性测试表明，Na$_2$SiO$_3$-NiO-MnO/AC 催化棕榈酸馏出物与甲醇酯化反应，能获得 96% 的转化率，催化反应机理如图 3-30 所示。此外，Na$_2$SiO$_3$-NiO-MnO/AC 催化剂很容易使用外部磁铁从反应混合物中分离出来，并且可有效循环使用 6 次。

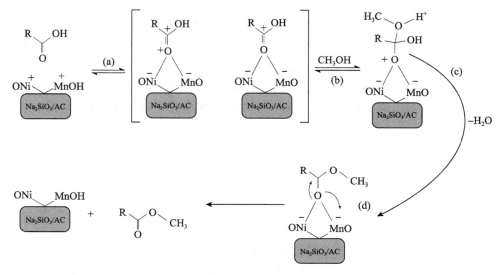

图 3-30　Na₂SiO₃-NiO-MnO/AC 催化酯化反应机理图（Ibrahim 等，2020）

Zhang 和 Chen 等（2019）采用浸渍法制备了一系列不同氧化锂负载量的 Li-Y₂O₃复合型催化剂，经活性测试，0.1Li-Y₂O₃催化剂在合成生物柴油反应中展现最高催化活性。对 0.1Li-Y₂O₃进行表征发现，0.1Li-Y₂O₃复合催化剂各组分之间的电子转移与 Y₂O₃纳米晶体晶界处形成的畸变区产生强的相互作用，导致 Y₂O₃的碱性随 Li 的加入而发生显著变化；另外，Li 的负载增强了催化剂表面氧原子的给电子能力，使催化剂更容易从甲醇中捕获 H⁺，提高了生物柴油产率。此外，0.1Li-Y₂O₃还具有显著的耐酸和耐水性能。

Rozina 等（2022）从水飞蓟叶水提物中合成得到 Ag₂O 纳米颗粒，并将其用于催化非粮竹叶花椒油（*Zanthoxylum armatum*）生产生物柴油，在最佳条件下，FAME 产率为 95%，且获得的竹叶花椒生物柴油产品的主要理化指标满足国际 ASTM D-6571 和 EN 14214 标准。

3.12　小结

本章针对金属氧化物基催化材料的最新研究进展进行了概述，详细分析了各类金属氧化物基催化材料的物理化学特性及催化行为。但从已报道的文献可知，金属氧化物基催化材料仍存在一些弊端，如纳米金属氧化物基催化材料颗粒太细难以从反应体系中完全分离,不利于催化材料的回收循环使用;部分金属氧化物基催化材料的重复使用次数较少,循环使用过程中活性下降较快;金属氧化物与其他组分间复合时相互作用弱,活性组分或基团在反应体系中容易发生组分和结构的变化等,这在一定程度上限制了金属氧化物基催化材料在绿色催化领域中的应用。因此,未来金属氧化物基催化材料应大力发展成本低廉、原料来源广泛、规模化的合成工艺,并着力通过生物、物理、化学等方法对金属氧化物基催化材料结构进行设计,如精确构筑酶-金属氧化物协同催化界面结构、多元金属协同催化界面结构、酸-碱双功能活性客体高度均匀分散的金属氧化物基复合结构等,并对合成的金属氧化物基催化材料产生高催化活性的微观机理进行深入研究,借助量子化学的方法解释金属氧化物基催化材料的催化机制与路径,将实验现象和理论计算相结合,建立结构与催化性能间的关联,以期获得适用于工业绿色催化的高活性、高稳定性的多相金属氧化物基催化材料。

参考文献

Abdala E, Nur O, Mustafa M A. Efficient biodiesel production from algae oil using Ca-doped ZnO nanocatalyst[J]. Industrial & Engineering Chemistry Research, 2020, 59: 19235-19243.

AbdelDayem H M, Salib B G, El-Hosiny F I. Facile synthesis of hydrothermal stable hierarchically macro-mesoporous hollow microspheres γ-Al_2O_3-graphene oxide composite: As a new efficient acid-base catalyst for transesterification reaction for biodiesel production[J]. Fuel, 2020, 277: 118106.

Abdullah R F, Rashid U, Taufiq-Yap Y H, et al. Synthesis of bifunctional nanocatalyst from waste palm kernel shell and its application for biodiesel production[J]. RSC Advances, 2020, 10: 27183-27193.

Acosta P I, Campedelli R R, Correa E L, et al. Efficient production of biodiesel by using a highly active calcium oxide prepared in presence of pectin as heterogeneous catalyst[J]. Fuel, 2020, 271: 117651.

Adipah S, Takase M. Acid treated attapulgite functionalized with sodium compounds as novel bifunctional heterogeneous solid catalysts for biodiesel production[J]. Kinetics and Catalysis, 2020, 61(3): 405-413.

Afsharizadeh M, Mohsennia M. Catalytic synthesis of biodiesel from waste cooking oil and corn oil over zirconia-based metal oxide nanocatalysts[J]. Reaction Kinetics, Mechanisms and Catalysis, 2019, 128: 443-459.

Aghel B, Gouran A, Shahsavari P. Optimizing the production of biodiesel from waste cook-

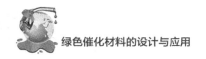
ing oil utilizing industrial waste-derived MgO/CaO catalysts[J]. Chemical Engineering & Technology, 2022, 45(2): 348-354.

Aghilinategh M, Barati M, Hamadanian M. The modified supercritical media for one-pot biodiesel production from Chlorella vulgaris using photochemically-synthetized $SrTiO_3$ nanocatalyst[J]. Renewable Energy, 2020, 160: 176-184.

Ahmad S, Chaudhary S, Pathak V V, et al. Optimization of direct transesterification of Chlorella pyrenoidosa catalyzed by waste egg shell based heterogenous nano-CaO catalyst[J]. Renewable Energy, 2020, 160: 86-97.

Akhtar M T, Ahmad M, Shaheen A, et al. Comparative study of liquid biodiesel from*Sterculia foetida* (Bottle tree) using $CuO-CeO_2$ and Fe_2O_3 nano catalysts[J]. Frontiers in Energy Research, 2019,7: 4.

Alcañiz-Monge J, El Bakkali B, Trautwein G, et al. Zirconia-supported tungstophosphoric heteropolyacid as heterogeneous acid catalyst for biodiesel production[J]. Applied Catalysis B: Environmental, 2018, 224: 194-203.

Aleman-Ramirez J L, Moreira J, Torres-Arellano S, et al. Preparation of a heterogeneous catalyst from moringa leaves as a sustainable precursor for biodiesel production[J]. Fuel, 2021, 284: 118983.

Alhassan F H, Rashid U, Taufiq-Yap Y H. Synthesis of waste cooking oil-based biodiesel via effectual recyclable bi-functional $Fe_2O_3-MnO-SO_4^{2-}/ZrO_2$ nanoparticle solid catalyst[J]. Fuel, 2015, 142: 38-45.

Alhassan H, Rashid U, Yunus R, et al. Synthesis of ferric-manganese doped tungstated zirconia nanoparticles as heterogeneous solid superacid catalyst for biodiesel production from waste cooking oil[J]. International Journal of Green Energy, 2015, 12: 987-994.

Ali R M, Elkatory M R, Hamad H A. Highly active and stable magnetically recyclable $CuFe_2O_4$ as a heterogenous catalyst for efficient conversion of waste frying oil to biodiesel[J]. Fuel, 2020, 268: 117297.

AlKahlaway A A, Betiha M A, Aman D, et al. Facial synthesis of ferric molybdate ($Fe_2(MoO_4)_3$) nanoparticle and its efficiency for biodiesel synthesis via oleic acid esterification[J]. Environmental Technology & Innovation, 2021, 22: 101386.

Al-Saadi A, Mathan B, He Y. Esterification and transesterification over $SrO-ZnO/Al_2O_3$ as a novel bifunctional catalyst for biodiesel production [J]. Renewable Energy, 2020, 158: 388-399.

Amani H, Ahmad Z, Hameed B H. Highly active alumina-supported Cs-Zr mixed oxide catalysts forlow-temperature transesterification of waste cooking oil[J]. Applied Catalysis A: General, 2014, 487: 16-25.

Amania T, Haghighi M, Rahmanivahid B. Microwave-assisted combustion design of magnetic Mg-Fe spinel for MgO-based nanocatalyst used in biodiesel production: Influence of heating-approach and fuel ratio[J]. Journal of Industrial and Engineering Chemistry, 2019, 80: 43-52.

Ambat I, Srivastava V, Haapaniemi E, et al. Nano-magnetic potassium impregnated ceria as catalyst for the biodiesel production[J]. Renewable Energy, 2019, 139: 1428-1436.

Amesho K T T, Lin Y C, Chen C E, et al. Kinetics studies of sustainable biodiesel synthesis from Jatropha curcas oil by exploiting bio-waste derived CaO-based heterogeneous catalyst via microwave heating system as a green chemistry technique[J]. Fuel, 2022, 323: 123876.

Ashok A, Ratnaji T, John Kennedy L, et al. Magnetically recoverable Mg substituted zinc ferrite nanocatalyst for biodiesel production: Process optimization, kinetic and thermodynamic analysis[J]. Renewable Energy,2021, 163: 480-494.

Asikin-Mijan N, Lee H V, Taufiq-Yap Y H. Synthesis and catalytic activity of hydration-dehydration treated clamshell derived CaO for biodiesel production[J]. Chemical Engineering Research and Design, 2015, 102: 368-377.

Attari A, Abbaszadeh-Mayvan A, Taghizadeh-Alisaraei A. Process optimization of ultrasonic-assisted biodiesel production from waste cooking oil using waste chicken eggshell-derived CaO as a green heterogeneous catalyst[J]. Biomass and Bioenergy, 2022, 158: 106357.

Badday A S, Abdullah A Z, Lee K T. Ultrasound-assisted transesterification of crude Jatropha oil using alumina-supported heteropolyacid catalyst[J]. Applied Energy, 2013, 105: 380-388.

Bahador F, Foroutan R, Nourafkan E, et al. Enhancement of biodiesel production from chicken fat using MgO and MgO@Na$_2$O nanocatalysts[J]. Chemical Engineering and Technology, 2021, 44(1): 77-84.

Bai L Q, Tajikfar A, Tamjidi S, et al. Synthesis of MnFe$_2$O$_4$@graphene oxide catalyst for biodiesel production from waste edible oil[J]. Renewable Energy, 2021, 170: 426-437.

Bambase Jr M E, Almazan R A R, Demafelis R B, Biodiesel production from refined coconut oil using hydroxideimpregnated calcium oxide by cosolvent method[J]. Renewable Energy, 2021, 163: 571-578.

Bargole S S, Singh P K, George S, et al. Valorisation of low fatty acid content waste cooking oil into biodiesel through transesterification using a basic heterogeneous calcium-based catalyst[J]. Biomass and Bioenergy, 2021, 146: 105984.

Baskar G, Soumiya S. Production of biodiesel from castor oil using iron (II) doped zinc oxide nanocatalyst[J]. Renewable Energy, 2016, 98: 101-107.

Bekhradinassab E, Tavakoli A, Haghighi M, et al. Catalytic biofuel production over 3D macro-structured cheese-like Mn-promoted TiO$_2$ isotype: Mn-catalyzed microwave-combustion design[J]. Energy Conversion and Management, 2022, 251: 114916.

Bento H B S, Reis C E R, Cunha P G, et al. One-pot fungal biomass-to-biodiesel process:

Influence of the molar ratio and the concentration of acid heterogenous catalyst on reaction yield and costs[J]. Fuel, 2021, 300: 120968.

Berrones-Hernández R, Pérez-Luna Y C, Sánchez-Roque Y, et al. Heterogeneous esterification of waste cooking oil with sulfated titanium dioxide (STi)[J]. BioEnergy Research, 2019, 12: 653-664.

Boffito D C, Crocellà V, Pirola C, et al. Ultrasonic enhancement of the acidity, surface area and free fatty acids esterification catalytic activity of sulphated ZrO_2-TiO_2 systems[J]. Journal of Catalysis, 2013, 297: 17-26.

Boonphayak P, Khansumled S, Yatongchai C. Synthesis of CaO-SiO_2 catalyst from lime mud and kaolin residue for biodiesel production[J]. Materials Letters, 2021, 283: 128759.

Booramurthy V K, Kasimani R, Subramanian D, et al. Production of biodiesel from tannery waste using a stable and recyclable nano-catalyst: An optimization and kinetic study[J]. Fuel, 2020, 260: 116373.

Borah M J, Sarmah H J, Bhuyan N, et al. Application of Box-Behnken design in optimization of biodiesel yield using WO_3/graphene quantum dot (GQD) system and its kinetics analysis [J]. Biomass Conversion and Biorefinery, 2022, 12: 221-232.

Calero J, Luna D, Sancho E D, et al. Development of a new biodiesel that integrates glycerol, by using CaO as heterogeneous catalyst, in the partial methanolysis of sunflower oil[J]. Fuel, 2014, 122: 94-102.

Cao X Y, Xu H, Li F S, et al. One-step direct transesterification of wet yeast for biodiesel production catalyzed by magnetic nanoparticle-immobilized lipase[J]. Renewable Energy, 2021, 171: 11-21.

Cao Y, Dhahad H A, Esmaeili H, MgO@CNT@K_2CO_3 as a superior catalyst for biodiesel production from waste edible oil using two-step transesterification process[J]. Process Safety and Environmental Protection, 2022, 161: 136-146.

Changmai B, Rano R, Vanlalveni C, et al. A novel *Citrus sinensis* peel ash coated magnetic nanoparticles as an easily recoverable solid catalyst for biodiesel production[J]. Fuel, 2021, 286: 119447.

Changmai B, Wheatley A E H, Rano R, et al. A magnetically separable acid-functionalized nanocatalyst for biodiesel production[J]. Fuel, 2021, 305: 121576.

Chen G C, Guo C Y, et al. Well-dispersed sulfated zirconia nanoparticles as high efficiency catalysts for the synthesis of bis(indolyl)methanes and biodiesel[J]. Catalysis Communications, 2013, 41: 70-74.

Chen G C, Qiao H B, Cao J K, et al. Well-dispersed sulfated mesoporous WO_3/SiO_2 hybrid colloidal spheres: High-efficiency catalysts for the synthesis of fatty acid alkyl esters[J]. Fuel, 2016, 163: 41-47.

Chen G Y, Shan R, Shi J F, et al. Ultrasonic-assisted production of biodiesel from transesterification of palm oil over ostrich eggshell-derived CaO catalysts[J]. Bioresource Technology, 2014, 171: 428-432.

Chen G Y, Shan R, Yan B B, et al. Remarkably enhancing the biodiesel yield from palm oil upon abalone shell-derived CaO catalysts treated by ethanol[J]. Fuel Processing Technology, 2016, 143: 110-117.

Chen S Y, Mochizuki T, Abe Y, et al. Production of high-quality biodiesel fuels from various vegetable oils over Ti-incorporated SBA-15 mesoporous silica[J]. Catalysis Communications, 2013, 41: 136-139.

Chen Y S, Yang C M, Hoang T T N, et al. Porous magnesia-alumina composite nanoparticle for biodiesel production[J]. Fuel, 2021, 285: 119203.

Chiang C L, Lin K S, Shu C W, et al. Enhancement of biodiesel production via sequential esterification/transesterification over solid superacidic and superbasic catalysts[J]. Catalysis Today, 2020, 348: 257-269.

Chingakham C, David A, Sajith V. Fe_3O_4 nanoparticles impregnated eggshell as a novel catalyst for enhanced biodiesel production[J]. Chinese Journal of Chemical Engineering, 2019, 27: 2835-2843.

Corro G, Pal U, Tellez N. Biodiesel production from Jatropha curcas crude oil using ZnO/SiO_2 photocatalyst for free fatty acids esterification[J]. Applied Catalysis B: Environmental, 2013, 129: 39-47.

da Conceiçao L R V, Carneiro L M, Giordani D S, et al. Synthesis of biodiesel from macaw palm oil using mesoporous solid catalyst comprising 12-molybdophosphoric acid and niobia[J]. Renewable Energy, 2017, 113: 119-128.

da Silva A P T, Bredda E H, de Castro H F, et al. Enzymatic catalysis: An environmentally friendly method to enhance the transesterification of microalgal oil with fuel oil for production of fatty acid esters with potential application as biolubricants[J]. Fuel, 2020, 273: 117786.

da Silva Castro L, Barañano A G, Pinheiro C J G, et al. Biodiesel production from cotton oil using heterogeneous CaO catalysts from eggshells prepared at different calcination temperatures[J]. Green Processing and Synthesis, 2019, 8: 235-244.

Dahdah E, Estephane J, Haydar R, et al. Biodiesel production from refined sunflower oil over Ca-Mg-Al catalysts: Effect of the composition and the thermal treatment[J]. Renewable Energy, 2020, 146: 1242-1248.

Dai Y M, Li Y Y, Lin J H, et al. Applications of M_2ZrO_2 (M=Li, Na, K) composite as a catalyst for biodiesel production[J]. Fuel, 2021, 286: 119392.

Davoodbasha M, Pugazhendhi A, Kim J W, et al. Biodiesel production through transesterification of Chlorella vulgaris: Synthesis and characterization of CaO nanocatalyst[J]. Fuel,

2021，300：121018.

Dawood S，Koyande A K，Ahmad M，et al. Synthesis of biodiesel from non-edible (*Brachychiton populneus*) oil in the presence of nickel oxide nanocatalyst：Parametric and optimisation studies[J]. Chemosphere, 2021，278：130469.

De A，Boxi S S. Application of Cu impregnated TiO$_2$ as a heterogeneous nanocatalyst for the production of biodiesel from palm oil[J]. Fuel, 2020，265：117019.

Degfie T A，Mamo T T，Mekonnen Y S. Optimized biodiesel production from waste cooking oil (WCO) using calcium oxide (CaO) nanocatalyst[J]. Scientific Reports, 2019，9：18982.

Dehghani S，Haghighi M，Vardast N. Structural/texture evolution of CaO/MCM-41 nanocatalyst by doping various amounts of cerium for active and stable catalyst：Biodiesel production from waste vegetable cooking oil[J]. International Journal of Energy Research. 2019，43：3779-3793.

Dhawan M S，Barton S C，Yadav G D. Interesterification of triglycerides with methyl acetate for the co-production biodiesel and triacetin using hydrotalcite as a heterogenous base catalyst[J]. Catalysis Today, 2021，375：101-111.

Ding J，Zhou C W，Wu Z W，et al. Core-shell magnetic nanomaterial grafted spongy-structured poly (ionic liquid)：A recyclable Brönsted acid catalyst for biodiesel production[J]. Applied Catalysis A，General, 2021，616：118080.

Ding W，Cui M Y，Wang L Z. A mesoporous SnO-γ-Al$_2$O$_3$ nanocomposite prepared by a seeding-crystallization method and its catalytic esterification performances[J]. New Journal of Chemistry, 2021，45：14797-14802.

Du L X，Li Z，Ding S X，et al. Synthesis and characterization of carbon-based MgO catalysts for biodiesel production from castor oil[J]. Fuel, 2019，258：116122.

Duan Y N，Wu Y L，Shi Y C，et al. Esterification of octanoic acid using SiO$_2$ doped sulfated aluminum-based solid acid as catalyst[J]. Catalysis Communications, 2016，82：32-35.

Elias S，Rabiu A M，Okeleye B I，et al. Bifunctional heterogeneous catalyst for biodiesel production from waste vegetable oil[J]. Applied Sciences, 2020，10：3153.

El-Nahas A M，Salaheldin T A，Zaki T，et al. Functionalized cellulose-magnetite nanocomposite catalysts for efficient biodiesel production[J]. Chemical Engineering Journal, 2017，322：167-180.

Embong N H，Hindryawati N，Bhuyar P，et al. Enhanced biodiesel production via esterification of palm fatty acid distillate (PFAD) using rice husk ash (NiSO$_4$)/SiO$_2$ catalyst[J]. Applied Nanoscience, 2021. https://link. springer. com/article/10. 1007/s13204-021-01922-4.

Esipovich A，Danov S，Belousov A，et al. Improving methods of CaO transesterification activity[J]. Journal of Molecular Catalysis A：Chemical, 2014，395：225-233.

Esmaeili H，Yeganeh G，Esmaeilzadeh F. Optimization of biodiesel production from Moringa oleifera seeds oil in the presence of nano-MgO using Taguchi method[J]. International Nano Letters, 2019, 9: 257-263.

Farooq M, Ramli A, gul M, et al. Utilization of indigenous gurgure (Monotheca Buxifolia) waste seeds as a potential feedstock for biodiesel production using environmentally benign bismuth modified CaO catalyst[J]. Chemical Engineering Research and Design, 2022, 183: 67-76.

Farooq M, Ramli A, Naeem A, et al. Effect of different metal oxides on the catalytic activity of γ-Al_2O_3-MgO supported bifunctional heterogeneous catalyst in biodiesel production from WCO [J]. RSC Advances, 2016, 6: 872-881.

Fasanya O O, Gbadamasi S, Osigbesan A A, et al. Effect of hydrothermal treatment on the properties of calcium oxide from eggshells used as a biodiesel catalyst[J]. Chemical Engineering & Technology, 2022, 45(2): 283-290.

Fatimah I, Purwiandono G, Sahroni I, et al. Recyclable catalyst of ZnO/SiO_2 prepared from salacca leaves ash for sustainable biodiesel conversion[J]. South African Journal of Chemical Engineering, 2022, 40: 134-143.

Fatimah I, Rubiyanto D, Taushiyah A, et al. Use of ZrO_2 supported on bamboo leaf ash as a heterogeneous catalyst in microwave-assisted biodiesel conversion[J]. Sustainable Chemistry and Pharmacy, 2019, 12: 100129.

Feyzi M, Norouzi L. Preparation and kinetic study of magnetic $Ca/Fe_3O_4@SiO_2$ nanocatalysts for biodiesel production[J]. Renewable Energy, 2016, 94: 579-586.

Foroutan R, Mohammadi R, Esmaeili H, et al. Transesterification of waste edible oils to biodiesel using calcium oxide@magnesium oxide nanocatalyst[J]. Waste Management, 2020, 105: 373-383.

Foroutan R, Mohammadi R, Ramavandi B. Waste glass catalyst for biodiesel production from waste chicken fat: Optimization by RSM and ANNs and toxicity assessment[J]. Fuel, 2021, 291: 120151.

Foroutan R, Mohammadi R, Razeghi J, et al. Biodiesel production from edible oils using algal biochar/CaO/K_2CO_3 as a heterogeneous and recyclable catalyst[J]. Renewable Energy, 2021, 168: 1207-1216.

Foroutan R, Peighambardoust S J, Mohammadi R, et al. Application of waste chalk/$CoFe_2O_4/K_2CO_3$ composite as a reclaimable catalyst for biodiesel generation from sunflower oil[J]. Chemosphere, 2022, 289: 133226.

Foroutan R, Peighambardoust S J, Mohammadi R, et al. One-pot transesterification of non-edible Moringa oleifera oil over a $MgO/K_2CO_3/HAp$ catalyst derived from poultry skeletal waste [J]. Environmental Technology and Innovation, 2021, 21: 101250.

Furusawa T, Kadota R, Satoa M, et al. Improvement of the performance of encapsulated CaO and active carbon powders for rapeseed oil methanolysis to fatty acid methyl esters under

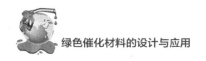

condensed light irradiation[J]. Fuel Processing Technology, 2016, 154: 197-203.

Gao X, Chen C, Zhang W L, et al. Sulfated TiO_2 supported molybdenum-based catalysts for transesterification of Jatropha seed oil: Effect of molybdenum species and acidity properties [J]. Renewable Energy, 2022, 191: 357-369.

Ghasemzadeh B, Matin A A, Habibi B, et al. Cotton/Fe_3O_4@SiO_2@$H_3PW_{12}O_{40}$ a magnetic heterogeneous catalyst for biodiesel production: Process optimization through response surface methodology[J]. Industrial Crops & Products, 2022, 181: 114806.

Ghavami K, Akhlaghian F, Rahmani F. Potassium compounds-Al_2O_3 catalyst synthesized by using the sol-gel urea combustion method for transesterification of sunflower and waste cooking oils[J]. Biomass Conversion and Biorefinery, 2022, 12: 1139-1152.

Gonçalves M A, Lourenço Mares E K, Zamian J R, et al. Statistical optimization of biodiesel production from waste cooking oil using magnetic acid heterogeneous catalyst MoO_3/$SrFe_2O_4$ [J]. Fuel, 2021, 304: 121463.

Gouran A, Aghel B, Nasirmanesh F. Biodiesel production from waste cooking oil using wheat bran ash as a sustainable biomass[J]. Fuel, 2021, 295: 120542.

Guldhe A, Singh P, Ansari F A, et al. Biodiesel synthesis from microalgal lipids using tungstated zirconia as a heterogeneous acid catalyst and its comparison with homogeneous acid and enzyme catalysts[J]. Fuel, 2017, 187: 180-188.

Guliani D, Sobti A, Toor A P. Titania impregnated mesoporous MCM-48 as a solid photocatalyst for the synthesis of methyl palmitate: Reaction mechanism and kinetics[J]. Renewable Energy, 2022, 191: 405-417.

Guo M L, Jiang W Q, Chen C, et al. Process optimization of biodiesel production from waste cooking oil by esterification of free fatty acids using La^{3+}/ZnO-TiO_2 photocatalyst[J]. Energy Conversion and Management, 2021, 229: 113745.

Guo M L, Jiang W Q, Ding J C. Highly active and recyclable CuO/ZnO as photocatalyst for transesterification of waste cooking oil to biodiesel and the kinetics [J]. Fuel, 2022, 315: 123254.

Gurunathan B, Ravi A. Process optimization and kinetics of biodiesel production from neem oil using copper doped zinc oxide heterogeneous nanocatalyst[J]. Bioresource Technology, 2015, 190: 424-428.

Gutierréz-López A N, Mena-Cervantes V Y, García-Solares S M, et al. NaFeTiO$_4$/Fe_2O_3-FeTiO$_3$ as heterogeneous catalyst towards a cleaner and sustainable biodiesel production from *Jatropha curcas* L. oil[J]. Journal of Cleaner Production, 2021, 304: 127106.

Hashim L H, Halilu A, Sudarsanam P, et al. Bifunctional rice husk-derived SiO_2-Cu-Al-Mg nanohybrid catalyst for onepot conversion of biomass-derived furfural to furfuryl acetate[J]. Fuel, 2020, 275: 117953.

Hassan H MA, Alhumaimess M S, Alsohaimi I H, et al. Biogenic-mediated synthesis of the Cs_2O-MgO/MPC nanocomposite for biodiesel production from olive oil[J]. ACS Omega, 2020, 5: 27811-27822.

Hattori H. Heterogeneous basic catalysis[J]. Chemical Reviews, 1995, 95: 537-558.

Hossain M N, Bhuyan M S U S, Alam A H M A, et al. Optimization of biodiesel production from waste cooking oil using S-TiO_2/SBA-15 heterogeneous acid catalyst[J]. Catalysts, 2019, 9: 67.

Hossain M, Muntaha N, Mohammad Osman Goni L K, et al. Triglyceride conversion of waste frying oil up to 98.46% using low concentration K^+/CaO catalysts derived from eggshells [J]. ACS Omega, 2021, 6: 35679-35691.

Hsiao M C, Kuo J Y, Hsieh S A, et al. Optimized conversion of waste cooking oil to biodiesel using modified calcium oxide as catalyst via a microwave heating system[J]. Fuel, 2020, 266: 117114.

Hu N M, Ning P, He L, et al. Near-room temperature transesterification over bifunctional Cu_nO-Bs/SBA-15 catalyst for biodiesel production[J]. Renewable Energy, 2021, 170: 1-11.

Huang C C, Ho S H, Chang J S, et al. A sulfated/chlorinated Sr-Fe composite oxide as a novel solid and reusable superacid catalyst for oleic acid esterification[J]. New Journal of Chemistry, 2020, 44: 13669-13684.

Ibrahim N A, Rashid U, Choong T S Y, et al. Synthesis of nanomagnetic sulphonated impregnated Ni/Mn/Na_2SiO_3 as catalyst for esterification of palm fatty acid distillate[J]. RSC Advances, 2020, 10: 6098-6108.

Ibrahim S M, Mustafa A. Synthesis and characterization of new bifunctional SnZrSi oxide catalysts for biodiesel production[J]. Journal of Molecular Liquids, 2022, 354: 118811.

Ibrahim S M. Preparation, characterization and application of novel surfacemodified $ZrSnO_4$ as Sn-based TMOs catalysts for the stearic acid esterification with methanol to biodiesel[J]. Renewable Energy, 2021, 173: 151-163.

Islam A, Taufiq-Yap Y H, Ravindra P, et al. Biodiesel synthesis over millimetric γ-Al_2O_3/KI catalyst[J]. Energy, 2015, 89: 965-973.

Iuliano M, Sarno M, Pasquale S D, et al. *Candida rugosa* lipase for the biodiesel production from renewable sources[J]. Renewable Energy, 2020, 162: 124-133.

Jamil F, Al-Riyami M, Al-Haj L, et al. Waste *Balanites aegyptiaca* seed oil as a potential source for biodiesel production in the presence of a novel mixed metallic oxide catalyst[J]. International Journal of Energy Research, 2021, 45(12): 17189-17202.

Jeenpadiphat S, Björk E M, Odén M, et al. Propylsulfonic acid functionalized mesoporous silica catalysts foresterification of fatty acids[J]. Journal of Molecular Catalysis A: Chemical, 2015, 410: 253-259.

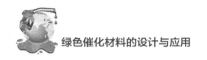

Jeon H，Kim D J，Kim S J，et al. Synthesis of mesoporous MgO catalyst templated by a PDMS-PEO comb-like copolymer for biodiesel production[J]. Fuel Processing Technology，2013，116：325-331.

Jiménez-Morales I，Santamaría-González J，Maireles-Torres P，et al. Methanolysis of sunflower oil catalyzed by acidic Ta_2O_5 supported on SBA-15[J]. Applied Catalysis A：General，2011，405：93-100.

Jiménez-Morales I，Santamaría-González J，Maireles-Torres P，et al. Zirconium doped MCM-41 supported WO_3 solid acid catalysts for the esterification of oleic acid with methanol[J]. Applied Catalysis A：General，2010，379：61-68.

Joorasty M，Hemmati A，Rahbar-Kelishami A. NaOH/clinoptilolite-Fe_3O_4 as a novel magnetic catalyst for producing biodiesel from Amygdalus scoparia oil：Optimization and kinetic study[J]. Fuel，2021，303：121305.

Jume B H，Gabris M A，Nodeh H R，et al. Biodiesel production from waste cooking oil using a novel heterogeneous catalyst based on graphene oxide doped metal oxide nanoparticles[J]. Renewable Energy，2020，162：2182-2189.

Junior E G S，Justo O R，Perez V H，et al. Biodiesel synthesis using a novel monolithic catalyst with magnetic properties（$K_2CO_3/\gamma-Al_2O_3/Sepiolite/\gamma-Fe_2O_3$）by ethanolic route[J]. Fuel，2020，271：117650.

Kaur M，Malhotra R，Ali A. Tungsten supported Ti/SiO_2 nanoflowers as reusable heterogeneous catalyst for biodiesel production[J]. Renewable Energy，2018，116：109-119.

Kaur N，Ali A. Kinetics and reusability of Zr/CaO as heterogeneous catalyst for the ethanolysis and methanolysis of Jatropha crucas oil[J]. Fuel Processing Technology，2014，119：173-184.

Kaur N，Ali A. Lithium zirconate as solid catalyst for simultaneous esterification and transesterification of low quality triglycerides[J]. Applied Catalysis A：General，2015，489：193-202.

Kawashima A，Matsubara K，Honda K. Acceleration of catalytic activity of calcium oxide for biodiesel production[J]. Bioresource Technology，2009，100：696-700.

Kazemifard S，Nayebzadeh H，Saghatoleslami N，et al. Application of magnetic alumina-ferric oxide nanocatalyst supported by KOH for in-situ transesterification of microalgae cultivated in wastewater medium[J]. Biomass and Bioenergy，2019，129：105338.

Kelarijani A F，Zanjani N G，Pirzaman A K. Ultrasonic assisted transesterification of rapeseed oil to biodiesel using nano magnetic catalysts[J]. Waste and Biomass Valorization，2020，11：2613-2621.

Kesserwan F，Ahmad M N，Khalil M，et al. Hybrid CaO/Al_2O_3 aerogel as heterogeneous catalyst for biodiesel production[J]. Chemical Engineering Journal，2020，385：123834.

Khakestarian M, Taghizadeh M, Fallah N. Magnetic mesoporous KOH/Fe$_3$O$_4$@MCM-41 nanocatalyst for biodiesel production from waste cooking oil: Optimization of process variables and kinetics study[J]. Environmental Progress & Sustainable Energy, 2022, e13863.

Khaligh N G, Mihankhah T, Shahnavaz Z, et al. Solar energy and TiO$_2$ nanotubes: Biodiesel production from waste cooking olive oil[J]. Environmental Progress & Sustainable Energy, 2021, 40(2): e13537.

Khan I W, Naeem A, Farooq M, et al. Biodiesel production by valorizing waste non-edible wild olive oil using heterogeneous base catalyst: Process optimization and cost estimation[J]. Fuel, 2022, 320: 123828.

Khan I W, Naeem A, Farooq M, et al. Reusable Na-SiO$_2$@CeO$_2$ catalyst for efficient biodiesel production from non-edible wild olive oil as a new and potential feedstock[J]. Energy Conversion and Management, 2021, 231: 113854.

Khandan M, Saffarzadeh-Matin S, Shalmashi A. Green hydrophobization of fume silica: Tailoring of heterogeneous basic catalyst for biodiesel production[J]. Journal of Cleaner Production, 2020, 260: 121066.

Khatibi M, Khorasheh F, Larimi A. Biodiesel production via transesterification of canola oil in the presence of NaeK doped CaO derived from calcined eggshell[J]. Renewable Energy, 2021, 163: 1626-1636.

Kong P S, Pérès Y, Wan Daud W M A, et al. Esterification of glycerol with oleic acid over hydrophobic zirconia-silica acid catalyst and commercial acid catalyst: optimization and influence of catalyst acidity[J]. Frontiers in Chemistry, 2019, 7: 205.

Kouzu M, Kajita A, Fujimori A. Catalytic activity of calcined scallop shell for rapeseed oil transesterification to produce biodiesel[J]. Fuel, 2016, 182: 220-226.

Krishna Rao A V R, Dudhe P, Chelvam V. Role of oxygen defects in basicity of Se doped ZnO nanocatalyst for enhanced triglyceride transesterification in biodiesel production[J]. Catalysis Communications, 2021, 149: 106258.

Krishnamurthy K N, Sridhara S N, Ananda Kumar C S. Optimization and kinetic study of biodiesel production from *Hydnocarpus wightiana* oil and dairy waste scum using snail shell CaO nano catalyst[J]. Renewable Energy, 2020, 146: 280-296.

Krishnan S G, Pua F L, Zhang F. Oil palm empty fruit bunch derived microcrystalline cellulose supported magnetic acid catalyst for esterification reaction: An optimization study[J]. Energy Conversion and Management: X, 2022, 13: 100159.

Kumar N, Srivastava V C. Dimethyl carbonate synthesis via transesterification of propylene carbonate using an efficient reduced graphene oxide-supported ZnO nanocatalyst[J]. Energy and Fuels, 2020, 34: 7455-7464.

Kumar P, Matoh L, Srivastava V C, et al. Synthesis of zinc/ferrocyanide nano-composite catalysts having a high activity for transesterification reaction[J]. Renewable Energy, 2020, 148: 946-952.

Kumar U, Gupta P. Modeling and optimization of novel biodiesel production from non-edible oil with musa balbisiana root using hybrid response surface methodology along with african buffalo optimization[J]. Reaction Kinetics, Mechanisms and Catalysis, 2020, 130: 875-901.

Kuniyil M, Shanmukha Kumar J V, Adil S F, et al. Production of biodiesel from waste cooking oil using ZnCuO/N-doped graphene nanocomposite as an efficient heterogeneous catalyst [J]. Arabian Journal of Chemistry, 2021, 14: 102982.

Kuwahara Y, Kaburagi W, Nemoto K, et al. Esterification of levulinic acid with ethanol over sulfated Si-doped ZrO_2 solid acid catalyst: Study of the structure-activity relationships[J]. Applied Catalysis A: General, 2014, 476: 186-196.

Lani N S, Ngadi N, Inuwa I M. New route for the synthesis of silica-supported calcium oxide catalyst in biodiesel production[J]. Renewable Energy, 2020, 156: 1266-1277.

Lani N S, Ngadi N. Highly efficient CaO-ZSM-5 zeolite/Fe_3O_4 as a magnetic acid-base catalyst upon biodiesel production from used cooking oil[J]. Applied Nanoscience, 2022, https://doi.org/10.1007/s13204-021-02121-x.

Li D M, Feng W P, Chen C, et al. Transesterification of Litsea cubeba kernel oil to biodiesel over zinc supported on zirconia heterogeneous catalysts[J]. Renewable Energy, 2021, 177: 13-22.

Li H, Liu F S, Helian Y, et al. Inspection of various precipitant on SrO-based catalyst for transesterification: Catalytic performance, reusability and characterizations[J]. Catalysis Today, 2021, 376: 197-204.

Li H, Liu F S, Ma X L, et al. Catalytic performance of strontium oxide supported by MIL-100(Fe) derivate as transesterification catalyst for biodiesel production[J]. Energy Conversion and Management, 2019, 180: 401-410.

Li H, Niu S L, Lu C M, et al. Calcium oxide functionalized with strontium as heterogeneous transesterification catalyst for biodiesel production[J]. Fuel, 2016, 176: 63-71.

Li H, Wang Y B, Ma X L, et al. A novel magnetic CaO-based catalyst synthesis and characterization: Enhancing the catalytic activity and stability of CaO for biodiesel production[J]. Chemical Engineering Journal, 2020, 391: 123549.

Li H, Wang Y B, Ma X L, et al. Synthesis of CaO/ZrO_2 based catalyst by using UiO-66 (Zr) and calcium acetate for biodiesel production[J]. Renewable Energy, 2022, 185: 970-977.

Li K T, Wang C K. Esterification of lactic acid over TiO_2-Al_2O_3 catalysts[J]. Applied Catalysis A: General, 2012, 433-434: 275-279.

Li L J, Yu X M, Xu L, et al. Fabrication of a novel type visible-light-driven heterojunction photocatalyst: Metal-porphyrinic metal organic framework coupled with PW_{12}/TiO_2[J]. Chemi-

and heterogeneous catalyst for biodiesel production via simultaneous esterification and transester-ification of waste cottonseed oil[J]. Renewable Energy, 2018, 119: 32-44.

Mamo T T, Mekonnen Y S. Microwave-assisted biodiesel production from microalgae, *Scenedesmus species*, using goat bone-made nano-catalyst[J]. Applied Biochemistry and Biotechnology, 2020, 190: 1147-1162.

Maneerung T, Kawi S, Dai Y J, et al. Sustainable biodiesel production via transesterification of waste cooking oil by using CaO catalysts prepared from chicken manure[J]. Energy Conversion and Management, 2016, 123: 487-497.

Maneerung T, Kawi S, Wang C H. Biomass gasification bottom ash as a source of CaO catalyst for biodiesel production via transesterification of palm oil[J]. Energy Conversion and Management, 2015, 92: 234-243.

Marinkovi ć M, Waisi H, Blagojevi S, et al. The effect of process parameters and catalyst support preparation methods on the catalytic efficiency in transesterification of sunflower oil over heterogeneous KI/Al_2O_3-based catalysts for biodiesel production[J]. Fuel, 2022, 315: 123246.

Melero J A, Bautista L F, Iglesias J, et al. Production of biodiesel from waste cooking oil in a continuous packed bed reactor with an agglomerated Zr-SBA-15/bentonite catalyst[J]. Applied Catalysis B: Environmental, 2014, 145: 197-204.

Melero J A, Bautista L F, Iglesias J, et al. Zr-SBA-15 acid catalyst: Optimization of the synthesis and reaction condition for biodiesel production from low-grade oils and fats[J]. Catalysis Today, 2012, 195: 44-53.

Miladinovic M R, Krstic J B, Zdujic M V, et al. Transesterification of used cooking sunflower oil catalyzed by hazelnut shell ash[J]. Renewable Energy, 2022, 183: 103-113.

Mitran G, Pavel O D, Marcu I C. Molybdena-vanadia supported on alumina: Effective catalysts for the esterification reaction of acetic acid with n-butanol[J]. Journal of Molecular Catalysis A: Chemical, 2013, 370: 104-110.

Mohadesi M, Aghel B, Gouran A, et al. Transesterification of waste cooking oil using Clay/CaO as a solid base catalyst[J]. Energy, 2022, 242: 122536.

Mohamed M M, Bayoumy W A, El-Faramawy H, et al. A novel a-Fe_2O_3/AlOOH (γ-Al_2O_3) nanocatalyst for efficient biodiesel production from waste oil: Kinetic and thermal studies [J]. Renewable Energy, 2020, 160: 450-464.

Mohamed M M, El-Faramawy H. An innovative nanocatalyst$a$-Fe_2O_3/AlOOH processed from gibbsite rubbish ore for efficient biodiesel production via utilizing cottonseed waste oil[J]. Fuel, 2021, 297: 120741.

Moyo LB, Iyuke S E, Muvhiiwa R F, et al. Application of response surface methodology for optimization of biodiesel production parameters from waste cooking oil using a membrane reactor[J]. South African Journal of Chemical Engineering, 2021, 35: 1-7.

Munir M, Ahmad M, Saeed M, et al. Biodiesel production from novel non-edible caper (*Capparis spinosa L.*) seeds oil employing Cu-Ni doped ZrO_2 catalyst[J]. Renewable and Sustainable Energy Reviews, 2021, 138: 110558.

Mutalib A A A, Ibrahim M L, Matmin J, et al. SiO_2-rich sugar cane bagasse ash catalyst for transesterification of palm oil[J]. BioEnergy Research, 2020, 13: 986-997.

Mutlu V N, Yilmaz S. Esterification of cetyl alcohol with palmitic acid over WO_3/Zr-SBA-15 and Zr-SBA-15 catalysts[J]. Applied Catalysis A: General, 2016, 522: 194-200.

Mutreja V, Singh S, Ali A. Potassium impregnated nanocrystalline mixed oxides of La and Mg as heterogeneous catalysts for transesterification [J]. Renewable Energy, 2014, 62: 226-233.

Nabibah-Fauzi N, Asikin-Mijan N, Ibrahim M L, et al. Sulfonated SnO_2 nanocatalysts via a selfpropagating combustion method for esterification of palm fatty acid distillate[J]. RSC Advances, 2020, 10: 29187-29201.

Naeem A, Khan I W, Farooq M, et al. Kinetic and optimization study of sustainable biodiesel productionfrom waste cooking oil using novel heterogeneous solid base catalyst[J]. Bioresource Technology, 2021, 328: 124831.

Nasreen S, Liu H, Qureshi L A, et al. Cerium-manganese oxide as catalyst for transesterification of soybean oil with subcritical methanol[J]. Fuel Processing Technology, 2016, 148: 76-84.

Naushad M, Ahamad T, Khan M R. Fabrication of magnetic nanoparticles supported ionic liquid catalyst for transesterification of vegetable oil to produce biodiesel[J]. Journal of Molecular Liquids, 2021, 330: 115648.

Navas M B, Ruggera J F, Lick I D, et al. A sustainable process for biodiesel production using Zn/Mg oxidic species as active, selective and reusable heterogeneous catalysts[J]. Bioresources and Bioprocessing, 2020, 7: 4.

Naveenkumar R, Baskar G. Process optimization, green chemistry balance and technoeconomic analysis of biodiesel production from castor oil using heterogeneous nanocatalyst [J]. Bioresource Technology, 2021, 320: 124347.

Nayebzadeh H, Naderi F, Rahmanivahid B. Assessment the synthesis conditions of separable magnetic spinel nanocatalyst for green fuel production: Optimization of transesterification reaction conditions using response surface methodology[J]. Fuel, 2020, 271: 117595.

Nayebzadeh H, Saghatoleslami N, Haghighi M, et al. Catalytic activity of KOH-CaO-Al_2O_3 nanocomposites in biodiesel production: Impact of preparation method[J]. International Journal of Self-Propagating High-Temperature Synthesis, 2019, 28(1): 18-27.

Nayebzadeh H, Saghatoleslami N, Tabasizadeh M. Application of microwave irradiation for fabrication of sulfated ZrO_2-Al_2O_3 nanocomposite via combustion method for esterification reaction: process condition evaluation[J]. Journal of Nanostructure in Chemistry, 2019, 9: 141-152.

Ngaosuwan K, Chaiyariyakul W, Inthong O, et al. La₂O₃/CaO catalyst derived from eggshells: Effects of preparation method and La content on textural properties and catalytic activity for transesterification[J]. Catalysis Communications, 2021, 149: 106247.

Nguyen H C, Pan J W, Su C H, et al. Sol-gel synthesized lithium orthosilicate as a reusable solid catalyst for biodiesel production[J]. International Journal of Energy Research, 2021, 45(4): 6239-6249.

Niju S, Kirthikaa M, Arrthi S, et al. Fish-bone-doped sea shell for biodiesel production from waste cooking oil[J]. Journal of The Institution of Engineers (India): Series E, 2020, 101 (1): 53-60.

Niju S, Meera Sheriffa Begum K M, Anantharaman N. Enhancement of biodiesel synthesis over highly active CaO derived from natural white bivalve clam shell[J]. Arabian Journal of Chemistry, 2016, 9: 633-639.

Noreen S, Khalid K, Iqbal M, et al. Eco-benign approach to produce biodiesel from neem oil using heterogeneous nano-catalysts and process optimization[J]. Environmental Technology & Innovation, 2021, 22: 101430.

Oke E O, Adeyi O, Okolo B I, et al. Heterogeneously catalyzed biodiesel production from *Azadiricha Indica* oil: Predictive modelling with uncertainty quantification, experimental optimization and techno-economic analysis[J]. Bioresource Technology, 2021, 332: 125141.

Olubunmi B E, Alade A F, Ebhodaghe S O, et al. Optimization and kinetic study of biodiesel production from beef tallow using calcium oxide as a heterogeneous and recyclable catalyst [J]. Energy Conversion and Management: X, 2022, 14: 100221.

Palitsakun S, Koonkuer K, Topool B, et al. Transesterification of Jatropha oil to biodiesel using SrO catalysts modified with CaO from waste eggshell[J]. Catalysis Communications, 2021, 149: 106233.

Patel A, Brahmkhatri V. Kinetic study of oleic acid esterification over 12-tungstophosphoric acid catalyst anchored to different mesoporous silica supports[J]. Fuel Processing Technology, 2013, 113: 141-149.

Patil A, Baral S S, Dhanke P, et al. Biodiesel production using prepared novel surface functionalised TiO₂ nano-catalyst in hydrodynamic cavitation reactor[J]. Materials Today: Proceedings, 2020, 27: 198-203.

Pavlović S M, Marinković D M, Kostić M D, et al. A CaO/zeolite-based catalyst obtained from waste chicken eggshell and coal fly ash for biodiesel production [J]. Fuel, 2020, 267: 117171.

Pavlović S M, Marinković D M, Kostić M D, et al. The chicken eggshell calcium oxide ultrasonically dispersed over lignite coal fly ash-based cancrinite zeolite support as a catalyst for biodiesel production[J]. Fuel, 2021, 289: 119912.

Peixoto A F, Soliman M M A, Pinto T V, et al. Highly active organosulfonic aryl-silica nanoparticles as efficient catalysts for biomass derived biodiesel and fuel additives[J]. Biomass and Bioenergy, 2021, 145: 105936.

Peng W L, Hao P, Luo J H, et al. Guanidine-functionalized amphiphilic silica nanoparticles as a pickering interfacial catalyst for biodiesel production[J]. Industrial & Engineering Chemistry Research, 2020, 59: 4273-4280.

Pinto B F, Garcia M A S, Costa J C S, et al. Effect of calcination temperature on the application of molybdenum trioxide acid catalyst: Screening of substrates for biodiesel production[J]. Fuel, 2019, 239: 290-296.

Pradhan G, Sharma Y C. Green synthesis of glycerol carbonate by transesterification of bio glycerol with dimethyl carbonate over Mg/ZnO: A highly efficient heterogeneous catalyst[J]. Fuel, 2021, 284: 118966.

Prestigiacomo C, Biondo M, Galia A, et al. Interesterification of triglycerides with methyl acetate for biodiesel production using a cyclodextrin-derived SnO@γ-Al$_2$O$_3$ composite as heterogeneous catalyst[J]. Fuel, 2022, 321: 124026.

Pu H P, Zhang L Y, Du D Q, et al. One-step synthesis of mesoporous sulfated zirconia nanoparticles with anionic template[J]. Korean Journal of Chemical Engineering, 2012, 29: 1285-1288.

Putra M D, Irawan C, Udiantoro, et al. A cleaner process for biodiesel production from waste cooking oil using waste materials as a heterogeneous catalyst and its kinetic study[J]. Journal of Cleaner Production, 2018, 195: 1249-1258.

Qu T X, Niu S L, Zhang X Y, et al. Preparation of calcium modified Zn-Ce/Al$_2$O$_3$ heterogeneous catalyst for biodiesel production through transesterification of palm oil with methanol optimized by response surface methodology[J]. Fuel, 2021, 284: 118986.

Rabie A M, Shaban M, Abukhadra M R, et al. Diatomite supported by CaO/MgO nanocomposite as heterogeneous catalyst for biodiesel production from waste cooking oil[J]. Journal of Molecular Liquids, 2019, 279: 224-231.

Rahman N J A, Ramli A, Jumbri K, et al. Tailoring the surface area and the acid-base properties of ZrO$_2$ for biodiesel production from *Nannochloropsis* sp. [J]. Scientific Reports, 2019, 9: 16223.

Rahman W U, Khan A M, Anwer A H, et al. Parametric optimization of calcined and Zn-doped waste egg-shell catalyzed biodiesel synthesis from *Hevea brasiliensis* oil[J]. Energy Nexus, 2022, 6: 100073.

Rajendiran N, Gurunathan B. Optimization and techno-economic analysis of biodiesel production from *Calophyllum inophyllum* oil using heterogeneous nanocatalyst[J]. Bioresource

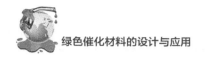

绿色催化材料的设计与应用

Technology, 2020, 315: 123852.

Ramlee N N, Illias R M, Toemen S, et al. Esterification of a waste cooking oil using metal-hybrid catalysts for chemoenzymatic reactions[J]. Materials Today: Proceedings, 2021, 47: 1280-1286.

Ramli N A S, Sivasubramaniam D, Amin N A S. Esterification of levulinic acid using ZrO_2-supported phosphotungstic acid catalyst for ethyl levulinate production[J]. BioEnergy Research, 2017, 10: 1105-1116.

Razak Z K A, Kamarullah S H, Khazaai S N M, et al. Synthesis of alumina-CaO-KI catalyst for the production of biodiesel from rubber seed oil[J]. Malaysian Journal of Analytical Sciences, 2018, 22(2): 279-285.

Rezania S, Kamboh M A, Arian S S, et al. Conversion of waste frying oil into biodiesel using recoverable nanocatalyst based on magnetic graphene oxide supported ternary mixed metal oxide nanoparticles[J]. Bioresource Technology, 2021, 323: 124561.

Rezania S, Mahdinia S, Oryani B, et al. Biodiesel production from wild mustard (*Sinapis Arvensis*) seed oil using a novel heterogeneous catalyst of LaTiO$_3$ nanoparticles[J]. Fuel, 2022, 307: 121759.

Roschat W, Siritanon T, Yoosuk B, et al. Biodiesel production from palm oil using hydrated lime-derived CaO as a low-cost basic heterogeneous catalyst[J]. Energy Conversion and Management, 2016, 108: 459-467.

Roy T, Agarwal A K, Sharma Y C. A cleaner route of biodiesel production from waste frying oil using novel potassium tin oxide catalyst: A smart liquid-waste management[J]. Waste Management, 2021, 135: 243-255.

Rozina, Ahmad M, Asif S, et al. Conversion of the toxic and hazardous Zanthoxylum armatum seed oil into methyl ester using green and recyclable silver oxide nanoparticles[J]. Fuel, 2022, 310: 122296.

Rozina, Ahmad M, Elnaggar A Y, et al. Sustainable and eco-friendly synthesis of biodiesel from novel and non-edible seed oil of Monotheca buxifolia using green nano-catalyst of calcium oxide[J]. Energy Conversion and Management: X, 2022, 13: 100142.

Rozina, Ahmad M, Zafar M. Conversion of waste seed oil of Citrus aurantium into methyl ester via green and recyclable nanoparticles of zirconium oxide in the context of circular bioeconomy approach[J]. Waste Management, 2021, 136: 310-320.

Sabzevar A M, Ghahramaninezhad M, Shahrak M N. Enhanced biodiesel production from oleic acid using TiO$_2$-decorated magnetic ZIF-8 nanocomposite catalyst and its utilization for used frying oil conversion to valuable product[J]. Fuel, 2021, 288: 119586.

Sahani S, Banerjee S, Sharma Y. Study of 'co-solvent effect' on production of biodiesel from *Schleichera Oleosa* oil using a mixed metal oxide as a potential catalyst[J]. Journal of the

Taiwan Institute of Chemical Engineers, 2018, 86: 42-56.

Salimi Z, Hosseini S A. Study and optimization of conditions of biodiesel production from edible oils using $ZnO/BiFeO_3$ nano magnetic catalyst[J]. Fuel, 2019, 239: 1204-1212.

Salinas D, Pecchi G, Fierro J LG. K_2O supported on sol-gel CeO_2-Al_2O_3 and La_2O_3-Al_2O_3 catalysts for the transesterification reaction of canola oil[J]. Journal of Molecular Catalysis A: Chemical, 2016, 423: 503-510.

Saravanan K, Tyagi B, Bajaj H C. Esterification of caprylic acid with alcohol over nano-crystalline sulfated zirconia[J]. Journal of Sol-Gel Science and Technology, 2012, 62: 13-17.

Saravanan K, Tyagi B, Bajaj H C. Nano-crystalline, mesoporous aerogel sulfated zirconia as an efficient catalyst for esterification of stearic acid with methanol[J]. Applied Catalysis B: Environmental, 2016a, 192: 161-170.

Saravanan K, Tyagi B, Shukla R S, et al. Esterification of palmitic acid with methanol over template-assisted mesoporous sulfated zirconia solid acid catalyst[J]. Applied Catalysis B: Environmental, 2015, 172-173: 108-115.

Saravanan K, Tyagi B, Shukla R S, et al. Solvent free synthesis of methyl palmitate over sulfated zirconia solid acid catalyst[J]. Fuel, 2016b, 165: 298-305.

Saxena V, Sharma S, Pandey L M. Fe(Ⅲ) doped ZnO nano-assembly as a potential heterogeneous nano-catalyst for the production of biodiesel [J]. Materials Letters, 2019, 237: 232-235.

Seffati K, Esmaeili H, Honarvar B, et al. $AC/CuFe_2O_4@CaO$ as a novel nanocatalyst to produce biodiesel from chicken fat[J]. Renewable Energy, 2020, 147: 25-34.

Shaban M, Hosny R, Rabie A M, et al. Zinc aluminate nanoparticles: Preparation, characterization and application as efficient and economic catalyst in transformation of waste cooking oil into biodiesel[J]. Journal of Molecular Liquids, 2020, 302: 112377.

Shahbazi F, Mahdavi V, Zolgharnein J. Preparation and characterization of SrO/MgO nanocomposite as a novel and efficient base catalyst for biodiesel production from waste cooking oil: a statistical approach for optimization[J]. Journal of the Iranian Chemical Society, 2020, 17: 333-349.

Shao G N, Sheikh R, Hilonga A, et al. Biodiesel production by sulfated mesoporous titania-silica catalysts synthesized by the sol-gel process from less expensive precursors[J]. Chemical Engineering Journal, 2013, 215-216: 600-607.

Shi G L, Yu F, Wang Y, et al. A novel one-pot synthesis of tetragonal sulfated zirconia catalyst with high activity for biodiesel production from the transesterification of soybean oil[J]. Renewable Energy, 2016, 92: 22-29.

Shi M, Zhang P B, Fan M M, et al. Influence of crystal of Fe_2O_3 in magnetism and activity of nanoparticle $CaO@Fe_2O_3$ for biodiesel production[J]. Fuel, 2017, 197: 343-347.

Shu Q, Liu X Y, Huo Y T, et al. Construction of a Brönsted-Lewis solid acid catalyst

La-PW-SiO$_2$/SWCNTs based on electron withdrawing effect of La(Ⅲ) on π bond of SWCNTs for biodiesel synthesis from esterification of oleic acid and methanol[J]. Chinese Journal of Chemical Engineering, 2022, 44: 351-362.

Sierra-Cantor J F, Parra-Santiago J J, Guerrero-Fajardo C A. Leaching and reusing analysis of calcium-zinc mixed oxides as heterogeneous catalysts in the biodiesel production from refined palm oil[J]. International Journal of Environmental Science and Technology, 2019, 16: 643-654.

Silva Junior J L, Nobre F X, de Freitas F A, et al. Copper molybdate synthesized by sono-chemistry route at room temperature as an efficient solid catalyst for esterification of oleic acid [J]. Ultrasonics Sonochemistry, 2021, 73: 105541.

Singh A, Sinha S, Choudhary A K, et al. Optimization of performance and emission charac-teristics of CI engine fueled with Jatropha biodiesel produced using a heterogeneous catalyst (CaO)[J]. Fuel, 2020, 280: 118611.

Singh H, Ali A. Potassium and 12-tungstophosphoric acid loaded alumina as heterogeneous catalyst for the esterification as well as transesterification of waste cooking oil in a single pot[J]. Asia-pacific Journal of Chemical Engineering, 2020, e2585.

Singh R, Bux F, Sharma Y C. Optimization of biodiesel synthesis from microalgal (*Spirulina platensis*) oil by using a novel heterogeneous catalyst, β-strontium silicate (β-Sr$_2$SiO$_4$)[J]. Fuel, 2020, 280: 118312.

Singh R, Kumar A, Sharma Y C, et al. Biodiesel synthesis from microalgae (*Anabaena PCC 7120*) by using barium titanium oxide (Ba$_2$TiO$_4$) solid base catalyst[J]. Bioresource Tech-nology, 2019, 287: 121357.

Singh S, Mukherjee D, Dinda S, et al. Synthesis of CoO-NiO promoted sulfated ZrO$_2$ super-acid oleophilic catalyst via co-precipitation impregnation route for biodiesel production[J]. Renewable Energy, 2020, 158: 656-667.

Sipayung R, Budiyono. Optimization of biodiesel production from used cooking oil using modified calcium oxide as catalyst and N-Hexane as solvent[J]. Materials Today: Proceedings, 2022, 63: S32-S39.

Soltani S, Khanian N, Choong T S Y, et al. Microwave-assisted hydrothermal synthesis of sulfonated TiO$_2$-GO core-shell solid spheres as heterogeneous esterification mesoporous catalyst for biodiesel production[J]. Energy Conversion and Management, 2021, 238: 114165.

Soltani S, Rashid U, Yunus R, et al. Biodiesel production in the presence of sulfonated mesoporous ZnAl$_2$O$_4$ catalyst via esterification of palm fatty acid distillate (PFAD)[J]. Fuel, 2016a, 178: 253-262.

Soltani S, Rashid U, Yunus R, et al. Post-functionalization of polymeric mesoporous C@ Zn coreeshell spheres used for methyl ester production[J]. Renewable Energy, 2016b, 99: 1235-

1243.

Soltani S, Shojaei T R, Khanian N, et al. Artificial neural network method modeling of microwave-assisted esterification of PFAD over mesoporous TiO$_2$-ZnO catalyst[J]. Renewable Energy, 2022, 187: 760-773.

Soria-Figueroa E, Mena-Cervantes V Y, García-Solares M, et al. Statistical optimization of biodiesel production from waste cooking oil using CaO as catalyst in a Robinson-Mahoney type reactor[J]. Fuel, 2020, 282: 118853.

Stojković I J, Miladinović M R, Stamenković O S, et al. Biodiesel production by methanolysis of waste lard from piglet roasting over quicklime[J]. Fuel, 2016, 182: 454-466.

Subbiah V, Zwol P V, Dimian A C, et al. Glycerol esters from real waste cooking oil using a robust solid acid catalyst[J]. Topics in Catalysis, 2014, 57: 1545-1549.

Sulaiman N F, Wan Abu Bakar W A, Ali R. Response surface methodology for the optimum production of biodiesel over Cr/Ca/γ-Al$_2$O$_3$ catalyst: Catalytic performance and physicochemical studies[J]. Renewable Energy, 2017, 113: 697-705.

Sun C H, Hu Y, Sun F B, et al. Comparison of biodiesel production using a novel porous Zn/Al/Co complex oxide prepared from different methods: Physicochemical properties, reaction kinetic and thermodynamic studies[J]. Renewable Energy, 2022, 181: 1419-1430.

Sun H, Sun K, Wang F, et al. Catalytic self-activation of Ca-doped coconut shell for in-situ synthesis of hierarchical porous carbon supported CaO transesterification catalyst[J]. Fuel, 2021, 285: 119192.

Suresh T, Sivarajasekar N, Balasubramani K. Enhanced ultrasonic assisted biodiesel production from meat industry waste (pig tallow) using green copper oxide nanocatalyst: Comparison of response surface and neural network modelling[J]. Renewable Energy, 2021, 164: 897-907.

Takeno M L, Mendonça I M, Barros S S, et al. A novel CaO-based catalyst obtained from silver croaker (*Plagioscion squamosissimus*) stone for biodiesel synthesis: Waste valorization and process optimization[J]. Renewable Energy, 2021, 172: 1035-1045.

Tang Y, Ren H M, Chang F Q, et al. Nano KF/Al$_2$O$_3$ particles as an efficient catalyst for no-glycerol biodiesel production by coupling transesterification[J]. RSC Advances, 2017, 7: 5694-5700.

Tangy A, Pulidindi I N, Dutta A, et al. Strontium oxide nanoparticles for biodiesel production: Fundamental insights and recent progress[J]. Energy & Fuels, 2021, 35(1): 187-200.

Tangy A, Pulidindi I N, Gedanken A. SiO$_2$ beads decorated with SrO nanoparticles for biodiesel production from waste cooking oil using microwave irradiation[J]. Energy and Fuels, 2016, 30: 3151-3160.

Teo S H, Islam A, Chan E S, et al. Efficient biodiesel production from Jatropha curcus using CaSO₄/Fe₂O₃-SiO₂ core-shell magnetic nanoparticles[J]. Journal of Cleaner Production, 2019, 208: 816-826.

Teo S H, Rashid U, Taufiq-Yap Y H. Heterogeneous catalysis of transesterification of jatropha curcas oil over calcium-cerium bimetallic oxide catalyst[J]. RSC Advances, 2014, 4: 48836-48847.

Turkkul B, Deliismail O, Seker E. Ethyl esters biodiesel production from *Spirulina* sp. and *Nannochloropsis oculata* microalgal lipids over alumina-calcium oxide catalyst[J]. Renewable Energy, 2020, 145: 1014-1019.

Tzompantzi, Carrera Y, Morales-Mendoza G, et al. ZnO-Al₂O₃-La₂O₃ layered double hydroxides as catalysts precursors for the esterification of oleic acid fatty grass at low temperature[J]. Catalysis Today, 2013, 212: 164-168.

Ul Islam M G, Jan M T, Farooq M, et al. Biodiesel production from wild olive oil using TPA decorated Cr-Al acid heterogeneous catalyst[J]. Chemical Engineering Research and Design, 2022, 178: 540-549.

Vahid B R, Haghighi M, Alaei S, et al. Reusability enhancement of combustion synthesized MgO/MgAl₂O₄ nanocatalyst in biodiesel production by glow discharge plasma treatment[J]. Energy Conversion and Management, 2017, 143: 23-32.

Vahid B R, Saghatoleslami N, Nayebzadeh H, et al. Effect of alumina loading on the properties and activityof SO₄²⁻/ZrO₂ for biodiesel production: Process optimization via response surface methodology[J]. Journal of the Taiwan Institute of Chemical Engineers, 2018, 83: 115-123.

Vinoth Arul Raj J, Bharathiraja B, Vijayakumar B, et al. Biodiesel production from microalgae Nannochloropsis oculata using heterogeneous Poly Ethylene Glycol (PEG) encapsulated ZnOMn²⁺ nanocatalyst[J]. Bioresource Technology, 2019, 282: 348-352.

Wang A P, Quan W X, Zhang H, et al. Heterogeneous ZnO-containing catalysts for efficient biodiesel production[J]. RSC Advance, 2021,11(33): 20465-20478.

Wang H G, Li Y X, Yu F, et al. A stable mesoporous super-acid nanocatalyst for eco-friendly synthesis of biodiesel[J]. Chemical Engineering Journal, 2019, 364: 111-122.

Wang S L, Tang R Z, Zhang Y Z, et al. 12-Molybdophosphoric acid supported on titania: A highly active and selective heterogeneous catalyst for the transesterification of dimethyl carbonate and phenol[J]. Chemical Engineering Science, 2015, 138: 93-98.

Wang S, Pu J L, Wu J Q, et al. SO₄²⁻/ZrO₂ as a solid acid for the esterification of palmitic acid with methanol: Effects of the calcination time and recycle method[J]. ACS Omega, 2020, 5: 30139-30147.

Wang X M, Zeng Y N, Jiang L Q, et al. Highly stable NaFeO₂-Fe₃O₄ composite catalyst from blast furnace dust for efficient production of biodiesel at low temperature[J]. Industrial

Crops & Products, 2022a, 182: 114937.

Wang Y P, Fan L L, Dai L L, et al. Synthesis of biodiesel using ZrO_2 polycrystalline ceramic foam catalyst in a tubular reactor[J]. China Petroleum Processing and Petrochemical Technology, 2015, 17(3): 67-75.

Wang Y T, Wang X M, Gao D, et al. Efficient production of biodiesel at low temperature using highly active bifunctional Na-Fe-Ca nanocatalyst from blast furnace waste[J]. Fuel, 2022b, 322: 124168.

Wang Y, Wang D, Tan M H, et al. Monodispersed hollow SO_3 H-functionalized carbon/silica as efficient solid acid catalyst for esterification of oleic acid[J]. ACS Applied Materials & Interfaces, 2015, 7: 26767-26775.

Wei Q, Hu J, Zhang H, et al. Efficient synthesis of dimethyl carbonate via transesterification from ethylene carbonate with methanol using $KAlO_2/\gamma$-Al_2O_3 heterogeneous catalyst[J]. ChemistrySelect, 2020, 5: 7826-7834.

Welter R A, Santana H, de la Torre L G, et al. Methyl oleate synthesis by TiO_2 photocatalytic esterification of oleic acid: Optimisation by response surface quadratic methodology, reaction kinetics and thermodynamics[J]. ChemPhotoChem, 2022, 6(7): e202200007.

Wu W, Zhu M M, Zhang D K. An experimental and kinetic study of canola oil transesterification catalyzed by mesoporous alumina supported potassium[J]. Applied Catalysis A: General, 2017, 530: 166-173.

Xia S G, Li J, Chen G Y, et al. Magnetic reusable acid-base bifunctional Co doped Fe_2O_3-CaO nanocatalysts for biodiesel production from soybean oil and waste frying oil[J]. Renewable Energy, 2022, 189: 421-434.

Xie W L, Gao C L, Li J B. Sustainable biodiesel production from low-quantity oils utilizing $H_6PV_3MoW_8O_{40}$ supported on magnetic Fe_3O_4/ZIF-8 composites [J]. Renewable Energy, 2021c, 168: 927-937.

Xie W L, Huang M Y. Enzymatic production of biodiesel using immobilized lipase on core-shell structured Fe_3O_4@MIL-100(Fe) composites[J]. Catalysts, 2019, 9: 850.

Xie W L, Huang M Y. Fabrication of immobilized *Candida rugosa* lipase on magnetic Fe_3O_4-poly(glycidyl methacrylate-co-methacrylic acid) composite as an efficient and recyclable biocatalyst for enzymatic production of biodiesel[J]. Renewable Energy, 2020a, 158: 474-486.

Xie W L, Wan F. Basic ionic liquid functionalized magnetically responsive Fe_3O_4@HKUST-1 composites used for biodiesel production[J]. Fuel, 2018, 220: 248-256.

Xie W L, Wang H. Grafting copolymerization of dual acidic ionic liquid on core-shell structured magnetic silica: A magnetically recyclable Brönsted acid catalyst for biodiesel production by one-pot transformation of low-quality oils[J]. Fuel, 2021b, 283: 118893.

Xie W L, Wang H. Immobilized polymeric sulfonated ionic liquid on core-shell structured

Fe_3O_4/SiO_2 composites: A magnetically recyclable catalyst for simultaneous transesterification and esterifications of low-cost oils to biodiesel[J]. Renewable Energy, 2020, 145: 1709-1719.

Xie W L, Wang H. Immobilized polymeric sulfonated ionic liquid on core-shell structured Fe_3O_4/SiO_2 composites: A magnetically recyclable catalyst for simultaneous transesterification and esterifications of low-cost oils to biodiesel[J]. Renewable Energy, 2020b, 145: 1709-1719.

Xie W L, Wang Q. Synthesis of heterogenized polyoxometalate-based ionic liquids with Brönsted-Lewis acid sites: A magnetically recyclable catalyst for biodiesel production from low-quality oils[J]. Journal of Industrial and Engineering Chemistry, 2020c, 87: 162-172.

Xie W L, Xiong Y F, Wang H Y. Fe_3O_4-poly(AGE-DVB-GMA) composites immobilized with guanidine as a magnetically recyclable catalyst for enhanced biodiesel production [J]. Renewable Energy, 2021a, 174: 758-768.

Xu L L, Yang X, Yu X D, et al. Preparation of mesoporous polyoxometalate-tantalum pentoxide composite catalyst for efficient esterification of fatty acid[J]. Catalysis Communications, 2008, 9: 1607-1611.

Yan K, Wu G S, Wen J L, et al. One-step synthesis of mesoporous $H_4SiW_{12}O_{40}$-SiO_2 catalysts for the production of methyl and ethyl levulinate biodiesel[J]. Catalysis Communications, 2013, 34: 58-63.

Yang C M, Huynh M V, Liang T Y, et al. Metal-organic framework-derived Mg-Zn hybrid nanocatalyst for biodiesel production[J]. Advanced Powder Technology, 2022, 33: 103365.

Yaşar F. Biodiesel production via waste eggshell as a low-cost heterogeneous catalyst: Its effects on some critical fuel properties and comparison with CaO[J]. Fuel, 2019, 255: 115828.

Yin P, Chen W, Liu W, et al. Efficient bifunctional catalyst lipase/organophosphonic acid-functionalized silica for biodiesel synthesis by esterification of oleic acid with ethanol[J]. Bioresource Technology, 2013, 140: 146-151.

Yoo S J, Lee H S, Veriansyah B, et al. Synthesis of biodiesel from rapeseed oil using supercritical methanol with metal oxide catalysts[J]. Bioresource Technology, 2010, 101: 8686-8689.

Yu S T, Wu S S, Li L, et al. Upgrading bio-oil from waste cooking oil by esterification using SO_4^{2-}/ZrO_2 as catalyst[J]. Fuel, 2020, 276: 118019.

Yusuff A S, Bhonsle A K, Trivedi J, et al. Synthesis and characterization of coal fly ash supported zinc oxide catalyst for biodiesel production using used cooking oil as feed[J]. Renewable Energy, 2021, 170: 302-314.

Yusuff A S, Owolabi J O. Synthesis and characterization of alumina supported coconut chaff catalyst for biodiesel production from waste frying oil[J]. South African Journal of Chemical Engineering, 2019, 30: 42-49.

Zahed M A, Revayati M, Shahcheraghi N, et al. Modeling and optimization of biodiesel synthesis using TiO_2-ZnO nanocatalyst and characteristics of biodiesel made from waste sunflower oil[J]. Current Research in Green and Sustainable Chemistry, 2021, 4: 100223.

Zeng X R, Wang L L, Wang J L. Silica-supported morpholine alkaline ionic liquid catalysts for preparation of biodiesel[J]. The Canadian Society for Chemical Engineering, 2020, 99(6): 1307-1315.

Zhan C C, Cao X H, Xu B J, et al. Visible light induced molecularly imprinted Dawson-type heteropoly acid cobalt (Ⅱ) salt modified TiO_2 composites: Enhanced photocatalytic activity for the removal of ethylparaben[J]. Colloids and Surfaces A, 2020, 586: 124244.

Zhang J H, Chen S X, Yang R, et al. Biodiesel production from vegetable oil using heterogenous acid and alkali catalyst[J]. Fuel, 2010, 89: 2939-2944.

Zhang N, Xue H Y, Hu R R. The activity and stability of CeO_2@CaO catalysts for the production of biodiesel[J]. RSC Advances, 2018, 8: 32922-32929.

Zhang P B, Chen X, Yue C G, et al. Lithium doping Y_2O_3: A highly efficient solid base catalyst for biodiesel synthesis with excellent water resistance and acid resistance[J]. Catalysis Letters, 2019, 149: 2433-2443.

Zhang P B, Liu P, Fan M M, et al. High-performance magnetite nanoparticles catalyst for biodiesel production: Immobilization of 12-tungstophosphoric acid on SBA-15 works effectively [J]. Renewable Energy, 2021, 175: 244-252.

Zhang P B, Shi M, Liu Y L, et al. Sr doping magnetic CaO parcel ferrite improving catalytic activity on the synthesis of biodiesel by transesterification[J]. Fuel, 2016, 186: 787-791.

Zhang R Y, Zhu F F, Dong Y, et al. Function promotion of SO_4^{2-}/Al_2O_3-SnO_2 catalyst for biodiesel production from sewage sludge[J]. Renewable Energy, 2020, 147: 275-283.

Zhang Y J, Niu S L, Han K H, et al. Synthesis of the SrO-CaO-Al_2O_3 trimetallic oxide catalyst for transesterification to produce biodiesel[J]. Renewable Energy, 2021, 168: 981-990.

Zhen B, Jiao Q Z, Zhang Y P, et al. Acidic ionic liquid immobilized on magnetic mesoporous silica: Preparation and catalytic performance in esterification[J]. Applied Catalysis A: General, 2012, 445-446: 239-245.

Zhu Z Y, Liu Y B, Cong W J, et al. Soybean biodiesel production using synergistic CaO/Ag nano catalyst: Process optimization, kinetic study, and economic evaluation[J]. Industrial Crops and Products, 2021, 166: 113479.

Zik N A F A, Sulaiman S, Jamal P. Biodiesel production from waste cooking oil using calcium oxide/nanocrystal cellulose/polyvinyl alcohol catalyst in a packed bed reactor[J]. Renewable Energy, 2020, 155: 267-277.

Zou N, Lin X C, Li M T, et al. Ionic liquid@amphiphilic silica nanoparticles: Novel catalysts for converting waste cooking oil to biodiesel[J]. ACS Sustainable Chemistry & Engineering, 2020, 8: 18054-18061.

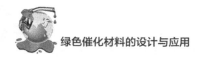

Zulfiqar A，Mumtaz M W，Mukhtar H，et al. Lipase-PDA-TiO₂ NPs：An emphatic nano-biocatalyst for optimized biodiesel production from Jatropha curcas oil[J]. Renewable Energy，2021，169：1026-1037.

第4章 镍基MOFs固载多酸复合材料的合成及应用

多酸由于同时具有酸性和氧化还原性,可作为一种优异的双功能催化材料,但多酸在极性溶剂中具有较大的溶解度,很难作为异相催化材料使用。基于此,本章采用镍基金属有机框架(Ni-MOF)为载体材料应用于磷钼酸、磷钨酸、硅钨酸的固定,合成出一系列复合催化材料(HPMo/Ni-MOF、HPW/Ni-MOF、HSiW/Ni-MOF),应用 XRD、FTIR、NH_3-TPD、SEM、TEM、物理吸附、XPS 等技术手段对催化剂的结构和表面形貌进行了表征分析,并将其用于酯化反应考查其催化性能,对复合催化剂的稳定性也进行了评价;最后,对 HPMo/Ni-MOF 复合催化剂催化的酯化反应动力学进行了研究(Zhang 等,2021)。

4.1 实验部分

4.1.1 主要试剂

对苯二甲酸($C_8H_6O_4$,H_2-BDC,AR),磷钨酸($H_3PW_{12}O_{40}$,HPW,AR),磷钼酸($H_3PMo_{12}O_{40}$,HPMo,AR),硅钨酸($H_4SiW_{12}O_{40}$,HSiW,AR),购于阿拉丁试剂有限公司;六水硝酸镍[$Ni(NO_3)_2 \cdot 6H_2O$,AR],油酸(C18:1,AR),N,N-二甲基甲酰胺(DMF,AR),购于国药集团化学试剂有限公司。

4.1.2 催化剂的合成及表征方法

催化剂制备方法是将 2 mmol $Ni(NO_3)_2 \cdot 6H_2O$ 溶于 DMF(32 mL)、乙醇(2 mL)和水(2 mL)的混合溶液中,室温超声 10 min;随后将 1 mmol H_2-BDC 和

0.5 g HPMo(或 HPW、HSiW)加入上述溶液,室温磁力搅拌 1 h,得到均匀的绿色混合溶液。将此混合物装入不锈钢水热反应釜,在电热鼓风干燥箱中 150 ℃反应 6 h。反应结束后高压水热釜冷却至室温后离心收集样品,并用 DMF 及去离子水交叉洗涤数次,得到的催化剂样品 90 ℃干燥 12 h 后放入干燥器备用,三种复合催化材料分别命名为 HPMo/Ni-MOF、HPW/Ni-MOF、HSiW/Ni-MOF。按照上述催化剂制备方法,不加多酸制备得到的样品命名为 Ni-MOF。

催化剂样品 X 射线粉末衍射谱(XRD)经 Bruker D8 ADVANCE 型 X 射线衍射仪检测,条件为 Cu Kα($\lambda = 1.540\ 6$ Å)源,电压 40 kV,电流 30 mA,步长为 0.02,检测后扣除背景;X 射线光电子能谱(XPS)分析催化剂表面化学组成,在 ESCALAB 250XI 仪器(美国赛默飞世尔科技公司)上测定;使用透射电子显微镜(TEM)用来观察样品内部结构,仪器为美国 FEI 公司透射电镜(FEI Tecnai G2 20),样品前处理方法为催化剂样品粉末超声辅助分散于无水乙醇,碳铜栅格(使用前 80 ℃真空干燥)浸入悬浮液中;使用扫描电子显微镜(SEM)用来观察样品表面结构,仪器为日本日立公司(Hitachi S4800);样品程序升温脱附(NH_3-TPD)于 AutoChem II 2920 化学分析仪上测得,吸附前,将 50 mg 样品放于 U 形管中,于 473 K,氦气流下吹扫 1 h,随后降到 323 K,在 NH_3/Ar(体积分数,10%)下吸附 1.0 h,物理吸附的氨气在 323 K 下,经纯氦气吹扫 1 h,升温速率为 10 K/min,终止温度为 973 K,TCD 检测 NH_3 脱附信号;PerkinElmer 100 型傅立叶红外光谱仪(FTIR)用于催化剂样品官能团的鉴定,仪器为珀金埃尔默仪器(上海)有限公司;样品比表面积在 Quadrasorb evoTM 全自动比表面和孔隙度分析仪上测得,利用 BET 法在 $P/P_0 = 0.05 \sim 1.0$ 得到比表面积,平均孔径由 BJH 法得到。

4.1.3 催化性能评价

在 50 mL 不锈钢高压反应釜中,加入一定量的油酸和计算量的无水甲醇,随后加入适量的复合催化剂和磁力搅拌子置于油浴中,在设定温度下反应一定的时间。反应结束后,将反应釜从油浴中取出,冷却至室温,离心回收催化剂,旋转蒸发出过量的甲醇和水,得到油酸甲酯产品。按《动物和植物的脂肪和油酸值和酸度测定》(ISO 660—2009)测定原料酸值及产物酸值,并由反应前后酸值的变化计算油酸的转化率,其计算公式如下:

$$转化率 = \frac{初始酸值 - 产物酸值}{初始酸值} \times 100\%$$ (4.1)

4.2 催化剂的表征

图 4-1 为 Ni-MOF、HPMo/Ni-MOF、HPW/Ni-MOF 及 HSiW/Ni-MOF 样品的 XRD 谱图。从图中可知,Ni-MOF 在 8.3°、15.0°、15.9°、17.0°、25.8°、28.1°、30.0°处出现明显的衍射峰,与文献报道保持一致(Han 等,2018)。而对于 HPW/Ni-MOF 和 HSiW/Ni-MOF 样品,其 XRD 衍射图谱均与 Ni-MOF 衍生图谱保持一致,但其峰强度有所下降,这可能是由于 Ni-MOF 框架中引入了多酸后,Ni-MOF 的结构受到一定的影响(Hu 等,2021)。另外,对比 Ni-MOF 衍射图谱,HPMo/Ni-MOF 仅在 8.1°、25.8°、28.3°处出现衍射峰,这可能是由于 Ni-MOF 与 HPMo 之间的强相互作用。它也是表明成功合成了 HPMo/Ni-MOF 复合催化材料。

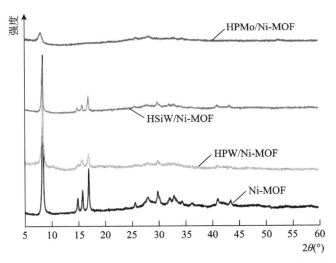

图 4-1 Ni-MOF、HPMo/Ni-MOF、HPW/Ni-MOF 及 HSiW/Ni-MOF 样品的 XRD 谱图

对 Ni-MOF、HPMo/Ni-MOF、HPW/Ni-MOF 及 HSiW/Ni-MOF 样品进行了 FTIR 谱图,结果如图 4-2 所示。对于 Ni-MOF 的 FTIR 谱图,$1\,500\sim1\,650\ cm^{-1}$ 及 $1\,300\sim1\,460\ cm^{-1}$ 出现的特征吸收峰分别归属为—COOH 不对称和对称伸缩振动(Wang 等,2021a),$1\,000\sim1\,200\ cm^{-1}$ 处为 C-O 的振动吸收峰(Al-Enizi 等,2020),$750\ cm^{-1}$ 处为 Ni-O 的吸收振动峰(Ramasubbu 等,2019),证实 Ni-MOF 中含有镍离子。而对于引入不同多酸的复合催化剂样品,HPMo/Ni-MOF、HPW/Ni-MOF 及 HSiW/Ni-MOF 的 FTIR 曲线与 Ni-MOF 的 FTIR 曲线相似,表明三种多酸的引入没有

改变载体 Ni-MOF 基体的框架结构。值得注意的是，HPMo/Ni-MOF 在 1 064 cm^{-1}、930 cm^{-1}、860 cm^{-1} 处出现的吸收峰归属为典型的 Keggin 型 HPMo 的结构特征峰，但三个吸收峰表现一定的红移，这可能由于在 HPMo/Ni-MOF 复合物中存在 Ni-MOF 与 HPMo 的强相互作用，这与 XRD 图谱表征分析结果一致。

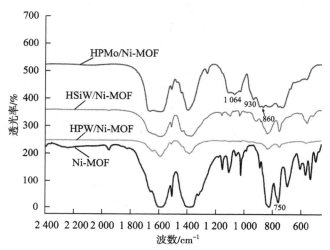

图 4-2 Ni-MOF、HPMo/Ni-MOF、HPW/Ni-MOF 及 HSiW/Ni-MOF 样品的 FTIR 谱图

图 4-3 为 HPMo/Ni-MOF、HPW/Ni-MOF 及 HSiW/Ni-MOF 样品的 NH$_3$-TPD 谱图。由图 4-3 可知，三个复合催化剂在 400 ℃ 左右都展示了中等酸性位，但

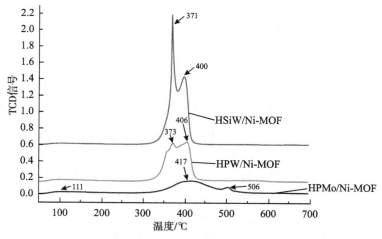

图 4-3 HPMo/Ni-MOF、HPW/Ni-MOF 及 HSiW/Ni-MOF 样品的 NH$_3$-TPD 谱图

HPMo/Ni-MOF 是在 417 ℃ 展示了一个宽的脱附峰,而 HPW/Ni-MOF 样品在 373 ℃、406 ℃ 展示脱附峰,HSiW/Ni-MOF 样品在 371 ℃、400 ℃ 展示脱附峰,其 HPMo/Ni-MOF 在最高脱附峰温高于 HPW/Ni-MOF 样品 11 ℃、高于 HSiW/Ni-MOF 样品 17 ℃,表明 HPMo/Ni-MOF 的酸性较其他样品的高。另外,HPMo/Ni-MOF 样品在 111 ℃ 及 506 ℃ 都出现了脱附峰,表明 HPMo/Ni-MOF 存在弱酸性位及强酸性位。由于 HPMo/Ni-MOF 样品较其他样品存在强酸位,这有利于促进酯化反应的进行,提高反应速率。

图 4-4 为 Ni-MOF、HPMo/Ni-MOF、HPW/Ni-MOF 及 HSiW/Ni-MOF 样品的 SEM 图。从 SEM 图中可知,Ni-MOF 的 SEM 图呈现不规则皱褶的纳米片结构,与文献报道一致(Wang 等,2019)。引入多酸后,三个样品的形貌均发生了较大的变化,其中 HPW/Ni-MOF 呈现为花状结构,HSiW/Ni-MOF 呈现为不规则聚集的颗粒棒,而 HPMo/Ni-MOF 主要由褶皱纳米片和花状结构组成,这是由于引入多酸后,复合材料中的主客体间的相互作用导致的。同时,从 HPMo/Ni-MOF 的 SEM 图还可以看到样品的表面附着一些尺寸在 50～100 nm 的小颗粒,说明 Ni-MOF 表面负载了 HPMo。此外,从 HPMo/Ni-MOF 样品的 TEM 图(图 4-5)可以明显观察到孔洞结构。因此,HPMo/Ni-MOF 独特的结构能够提供催化剂和底物更多的接触活性位点,有利提高反应的效率。

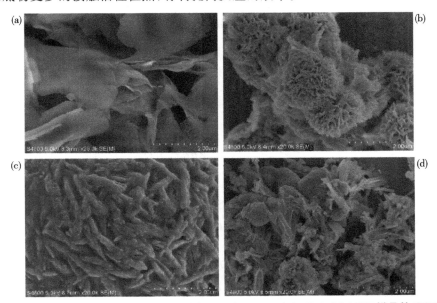

图 4-4 **(a)Ni-MOF、(b)HPW/Ni-MOF、(c)HSiW/Ni-MOF、(d)HPMo/Ni-MOF 样品的 SEM 图**

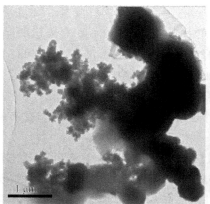

图 4-5 HPMo/Ni-MOF 样品的 TEM 图

图 4-6 为 Ni-MOF 及 HPMo/Ni-MOF 样品的氮气吸附-脱附等温线及孔径分布图。从图中可知,Ni-MOF 及 HPMo/Ni-MOF 具有相似的氮气等温吸-脱附曲线,属于Ⅳ型回滞环,说明两个样品均存在介孔结构(Ning 等,2021)。另外,Ni-MOF 的比表面积、平均孔径分别为 30.6 m²/g、12.3 nm,而 HPMo/Ni-MOF 的比表面积、平均孔径分别为 203.5 m²/g、6.5 nm,引入 HPMo 后,HPMo/Ni-MOF 的比表面积得到增加,这是由于 HPMo 附着在 Ni-MOF 纳米片状的缘故(Ling 等,2021),而平均孔径减少是由于部分 HPMo 占据了 Ni-MOF 的部分孔道,这也证实了磷钼酸被负载于 Ni-MOF 纳米片状上。

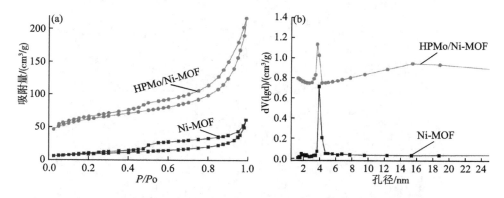

图 4-6 Ni-MOF 及 HPMo/Ni-MOF 样品的氮气吸附-脱附等温线(a)及孔径分布图(b)

图 4-7 为 XPS 的高分辨图谱,探究了 HPMo/Ni-MOF 样品的表面化学组成,分别为 XPS 全谱图、C 1s、Ni 2p 及 Mo 3d 分峰图谱。XPS 光谱分析表明,HP-

Mo/Ni-MOF 样品中存在 Ni、C、O、Mo 四种元素;其 C 1s 出现 2 个峰,其结合能分别为 284.7 eV 和 288.5 eV,分别归因于苯基中的 C—C/C =C 及羧酸基团中的 C =O(Hu 等,2019)。另外,光谱 Ni 2p 可以拟出 4 个峰,其结合能为 855.6 eV、861.5 eV 归属为 Ni 2$p_{3/2}$,结合能为 873.5 eV、879.7 eV 归属为 Ni 2$p_{1/2}$,表明样品中 Ni 以二价存在(Yu 等,2021),而结合能为 861.5 eV、879.7 eV 归属为 Ni 2p 的卫星峰(Wang 等,2021b);同时,从 Mo 3d XPS 光谱中能拟合出 2 个峰,其结合能为 232.5 eV、235.6 eV,分别归属为 Mo 3$d_{5/2}$ 和 Mo 3$d_{3/2}$,比较以前的报道(Zheng 等,2017;Wang 等,2021c),其结合能有所降低,这可能是由于 HPMo 与 Ni-MOF 之间存在一个强的相互作用(Meng 等,2019)。综上表明成功合成了 HPMo/Ni-MOF 复合催化剂,这与 XRD、FTIR、氮气吸附-脱附等温线分析结果相一致。

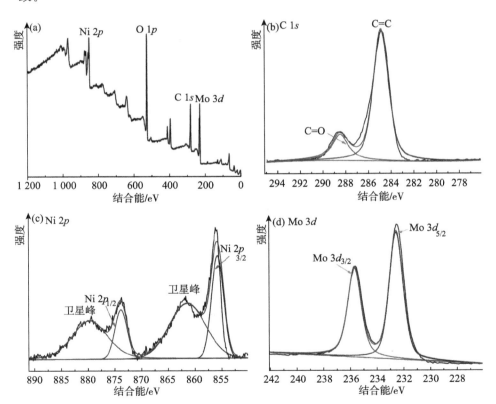

图 4-7　HPMo/Ni-MOF 的全谱图(a)、C 1s (b)、Ni 2p (c)及 Mo 3d (d)XPS 谱图

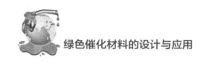

4.3 不同复合催化剂催化油酸和甲醇转化为油酸甲酯

　　为了寻找具有优异催化性能的镍基 MOFs 固载多酸复合材料,对制备的四种催化材料的催化活性进行了测试,反应条件为:温度为 160 ℃,油酸与甲醇摩尔比为 1∶20,催化剂量为 0.09 g,实验结果如图 4-8 所示。从图中可以看出,随着反应时间的增加,四种催化剂催化油酸酯化反应的转化率也在不断增加。然而,HPW/Ni-MOF 及 HSiW/Ni-MOF 表现出的活性与 Ni-MOF 相当,而 HPMo/Ni-MOF 催化剂展现出优异的催化活性,反应时间为 5 h 时,油酸转化率达到 86.1%,这是由于 HPMo/Ni-MOF 催化剂具有较高的酸性、大的比表面积及存在 HPMo 与 Ni-MOF 协同催化效应。因此,HPMo/Ni-MOF 作为进一步研究的催化剂用于后续的研究。

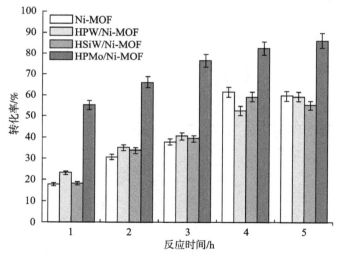

图 4-8　不同复合催化剂催化油酸与甲醇的酯化反应

4.4 动力学研究

　　为更好地解释 HPMo/Ni-MOF 在催化油酸与甲醇酯化反应具有优异的催化活性,对该酯化反应体系进行了动力学研究。

1. 动力学模型建立

本实验选择油酸与甲醇酯化反应生成油酸甲酯和水的反应体系,建立动力学模型。其反应方程式如下:

$$a\text{ 油酸(A)}+b\text{ 甲醇(B)}\xrightleftharpoons{}c\text{ 油酸甲酯(C)}+d\text{ 水(D)} \tag{4.2}$$

反应速率如方程式如下:

$$r=\frac{\mathrm{d}C_\mathrm{A}}{\mathrm{d}t}=k'C_\mathrm{A}^a C_\mathrm{B}^b-k''C_\mathrm{C}^c C_\mathrm{D}^d \tag{4.3}$$

式中:c_A、c_B、c_C、c_D 为反应物(油酸、甲醇)和产物(油酸甲酯、水)的浓度;a、b、c、d 为相应反应物和产物的级数;k'、k'' 为酯化反应正反应、逆反应的反应速率常数。

在上述可逆反应体系中,甲醇浓度远远大于油酸浓度,可认为油酸与甲醇制备生物柴油过程的反应速率与甲醇浓度无关。即 $C_\mathrm{B}\gg C_\mathrm{A}$,$k'C_\mathrm{B}^b$ 可视为常数,令 $k'C_\mathrm{B}^b=k$,则 k 为修正反应速率常数。另外,过量的甲醇有利于促进正反应的进行,即 $k'\gg k''$。综上,该反应体系可以被看作准一级动力学方程(Alismaeel 等,2018)。因此,反应速率如方程式(4.3)可简化为公式(4.4):

$$-\frac{\mathrm{d}C_\mathrm{A}}{\mathrm{d}t}=kC_\mathrm{A} \tag{4.4}$$

另外,X 为反应时间为 t 时,油酸的转化率,C_A0 为油酸的初始浓度。可得到公式(4.5):

$$C_\mathrm{A}=C_\mathrm{A0}(1-X) \tag{4.5}$$

由式(4.4)和式(4.5),得

$$-\ln(1-\eta)=kt \tag{4.6}$$

根据阿伦尼乌斯方程,反应动力学常数 k 与反应温度之间的关系如式:

$$\ln k=-E_\mathrm{a}/RT+\ln A \tag{4.7}$$

式中:R 为理想气体常数,T 为反应温度,A 为指前因子,E_a 为活化能。

2. 动力学参数测定

通过油酸与甲醇酯化反应进行动力学研究,反应条件为:不同反应温度(140 ℃、150 ℃、160 ℃),不同反应时间 (1~5 h),油酸与甲醇摩尔比为 1：20,催化剂用量为 0.09 g。如图 4-9 所示。

基于图 4-9 的结果及方程式(4.6),用 Origin 软件以-ln(1-η) 对反应时间 t 作

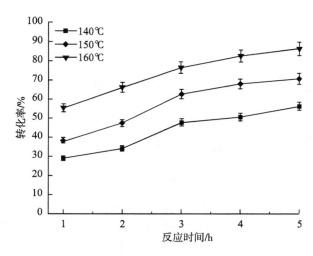

图 4-9　不同反应温度下油酸转化率与反应时间的关系

图，进行线性回归得直线，如图 4-10（a）所示。根据图 4-10（a）的结果，可以得到相应的速率常数 k 值及 R^2 值。从得到的数据可知，三条曲线的 R^2 均大于 0.9，且反应速率常数（k）随着反应温度增加而不断增加，表明油酸与甲醇的酯化反应符合拟一级动力学模型。

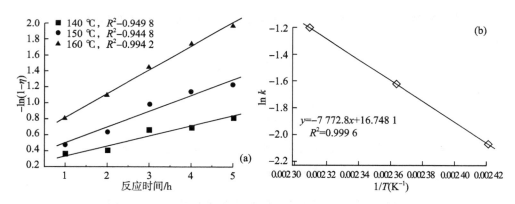

图 4-10　（a）不同反应温度下的反应时间和 -ln(1-η) 的线性图，（b）ln$k$ 对 1/T 作图

　　根据求得的速率常数 k 值及方程式（4.7），用 Origin 软件以 ln$k$ 对反应时间 1/T 作图，进行线性回归得直线，结果图 4-10（b）所示。由直线的斜率求得该反应体系所需活化能为 64.6 kJ/mol，表明本实验测得的活化能较低。依据以前的文献报道（Mohamed 等，2021），活化能大于 15 kJ/mol，表明该反应为反应动力学区域。同时,本工作中油酸与甲醇酯化反应的活化能与文献中报道的该类酯化反应的活化能相似(Mahmoud 等,2020;Liu 等,2015)。

4.5 HPMo/Ni-MOF 催化剂重复使用性能研究

在催化剂用量为 0.09 g、油酸与甲醇摩尔比为 1∶20、反应温度 160 ℃、反应时间 4 h 的催化条件下研究了 HPMo/Ni-MOF 复合材料的重复使用性能,每次反应结束后通过离心回收催化剂,并用甲醇洗涤后直接用于下一次反应,结果如图 4-11 所示。经过 10 次反应后,油酸转化率从 83.5% 下降到 73.5%,转化率仅降低了 10%,这表明 HPMo/Ni-MOF 复合材料在重复使用过程中维持一个较高的催化活性。对新 HPMo/Ni-MOF 催化剂及回收后的 HPMo/Ni-MOF 催化剂进行 FTIR 表征(图 4-12),结果显示,重复使用前后复合催化剂的 FTIR 曲线相似,但出现了一些新的吸收峰,这可能是由于反应过程中催化剂吸附少量反应物和产物。另外,HPMo/Ni-MOF 催化剂重复使用后,催化活性的下降可能考虑到每次回收催化剂过程中少部分催化剂的损失,以及反应过程中活性组分 HPMo 的少量流失(Nazir 等,2021;Suryajaya 等,2021)。基于以上分析,HPMo/Ni-MOF 催化剂具有良好的重复使用性。

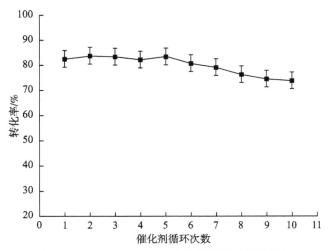

图 4-11 HPMo/Ni-MOF 复合材料循环使用研究

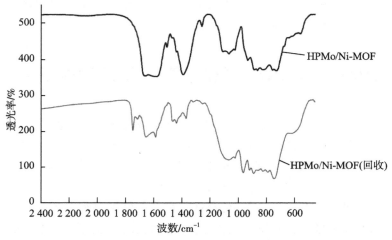

图 4-12　新 HPMo/Ni-MOF 催化剂及回收催化剂 FT-IR 谱图

4.6　小结

　　本章研究采用一锅水热法合成了 Ni-BDC 负载的多酸（HPMo、HPW、HSiW）复合材料，并将其用于催化油酸与甲醇的酯化反应。结果表明，在合成的复合催化剂中，HPMo/Ni-MOF 具有高的酸性、大的比表面积、存在 HPMo 和 Ni-MOF 协同催化效应，在酯化反应中展现优异的催化活性。在反应温度 160 ℃，反应时间 5 h，催化剂用量 0.09 g，油酸与甲醇摩尔比 1∶20，油酸转化率为 86.1%。此外，复合材料 HPMo/Ni-MOF 循环使用 10 次后，转化率仍达 73.5%，具有良好的重复使用性。且 HPMo/Ni-MOF 催化的反应符合准一级动力学，活化能为 64.6 kJ/mol。总之，HPMo/Ni-MOF 复合催化剂对酯化反应生产生物柴油具有高的催化性能，在清洁生产领域具有良好的应用前景。

参考文献

Alismaeel Z T，Abbas A S，Albayati T M，et al. Biodiesel from batch and continuous oleic acid esterification using zeolite catalysts[J]. Fuel，2018，234：170-176.

Al-Enizi A M，Ubaidullah M，Ahmed J，et al. Synthesis of NiOx@NPC composite for high-performance supercapacitor via waste PET plastic-derived Ni-MOF[J]. Composites Part B：

Engineering, 2020, 183: 107655.

Han X, Tao K, Ma Q X, et al. Microwave-assisted synthesis of pillared Ni-based metal-organic framework and its derived hierarchical NiO nanoparticles for supercapacitors[J]. Journal of Materials Science-Materials in Electronics, 2018, 29: 14697-14704.

Hu D W, Song X J, Wu S J, et al. Solvothermal synthesis of Co-substituted phosphomolybdate acid encapsulated in the UiO-66 framework for catalytic application in olefin epoxidation [J]. Chinese Journal of Catalysis, 2021, 42: 356-366.

Hu P F, Chen C C, Wang Y F, et al. Room-temperature self-assembled preparation of porous $ZnFe_2O_4$/MIL-100(Fe) nanocomposites and their visible-light derived photocatalytic properties[J]. Chemistry Select, 2019, 4: 9703-9709.

Ling L Q, Tu Y, Long X Y, et al. The one-step synthesis of multiphase SnS_2 modified by NH_2-MIL-125(Ti) with effective photocatalytic performance for Rhodamine B under visible light [J]. Optical Materials, 2021, 111: 110564.

Liu W, Yin P, Liu X, et al. Biodiesel production from the esterification of fatty acid over organophosphonic acid[J]. Journal of Industrial and Engineering Chemistry, 2015, 21: 893-899.

Mahmoud H R, El-Molla S A, Ibrahim M M. Biodiesel production via stearic acid esterification over mesoporous ZrO_2/SiO_2 catalysts synthesized by surfactant-assisted sol-gel autocombustion route[J]. Renewable Energy, 2020, 160: 42-51.

Meng J Q, Wang X Y, Yang X, et al. Enhanced gas-phase photocatalytic removal of aromatics over direct Z-scheme-dictated $H_3PW_{12}O_{40}$/g-C_3N_4 film-coated optical fibers[J]. Applied Catalysis B: Environmental, 2019, 251: 168-180.

Mohamed M M, El-Faramawy H. An innovative nanocatalyst α-Fe_2O_3/AlOOH processed from gibbsite rubbish ore for efficient biodiesel production via utilizing cottonseed waste oil[J]. Fuel, 2021, 297: 120741.

Nazir M H, Ayoub M, Zahid I, et al. Development of lignin based heterogeneous solid acid catalyst derived from sugarcane bagasse for microwave assisted-transesterification of waste cooking oil[J]. Biomass and Bioenergy, 2021, 146: 105978.

Ning Y L, Niu S L, Wang Y Z, et al. Sono-modified halloysite nanotube with $NaAlO_2$ as novel heterogeneous catalyst for biodiesel production: Optimization via GA_BP neural network [J]. Renewable Energy, 2021, 175: 391-404.

Ramasubbu V, Kumar P R, Mothi E M, et al. Highly interconnected porous TiO_2-Ni-MOF composite aerogel photoanodes for high power conversion efficiency in quasi-solid dye-sensitized solar cells[J]. Applied Surface Science, 2019, 496: 143646.

Suryajaya S K, Mulyono Y R, Santoso S P, et al. Iron (Ⅱ) impregnated double-shelled hollow mesoporous silica as acid-base bifunctional catalyst for the conversion of low-quality oil to methyl esters[J]. Renewable Energy, 2021, 169: 1166-1174.

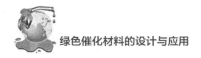

Wang C, Li A R, Ma Y L. Phosphomolybdic acid niched in the metal-organic framework UiO-66 with defects: An efficient and stable catalyst for oxidative desulfurization[J]. Fuel Processing Technology, 2021c, 212: 106629.

Wang M H, Wang C B, Zhu L, et al. Bimetallic NiCo metal-organic frameworks for efficient non-Pt methanol electrocatalytic oxidation[J]. Applied Catalysis A: General, 2021a, 619: 118159.

Wang M H, Wang C B, Zhu L, et al. Bimetallic NiCo metal-organic frameworks for efficient non-Pt methanol electrocatalytic oxidation[J]. Applied Catalysis A: General, 2021b, 619: 118159.

Wang Y Z, Liu Y X, Wang H Q, et al. Ultrathin NiCo-MOF nanosheets for high-performance supercapacitor electrodes[J]. ACS Applied Energy Materials, 2019, 2: 2063-2071.

Yu L H, Fan W Q, He N, et al. Effect of unsaturated coordination on photoelectrochemical properties of Ni-MOF/TiO$_2$ photoanode for water splitting[J]. International Journal of Hydrogen Energy, 2021, 46: 17741-17750.

Zhang Q Y, Luo Q Z, Wu Y P, et al. Construction of a Keggin heteropolyacid/Ni-MOF catalyst for esterification of fatty acids[J]. RSC Advances, 2021, 11(53): 33416-33424.

Zheng X, Gong C L, Liu H, et al. Preparation of phosphomolybdic acid coated carbon nanotubes and its supercapacitive properties[J]. Journal of Inorganic Materials, 2017, 32(2): 127-134.

第 5 章　MOFs 固载金属掺杂的多酸复合材料的合成及应用

　　纯多酸存在比表面积较小、在反应中易溶于极性溶剂转化为均相催化、难以回收循环利用等问题,常常导致反应出现失活。为此,可采用化学方法对多酸结构、性质进行改性,以获得异相催化的改性多酸,其中通过离子交换法部分或全部取代纯多酸中反荷阳离子 H^+ 生成功能化多酸盐,调节了多酸阴离子表面电负性,从而调控其酸性,并降低其在极性溶剂中的溶解性。基于此,本章采用 Sn^{2+}、Zr^{4+} 将其掺杂到磷钨酸及硅钨酸中得到改性多酸,并固载到金属有机框架(Cu-BTC、Fe-BTC、UiO-66)上。应用 XRD、FTIR、NH_3-TPD、SEM、TEM、物理吸附等技术手段对复合材料的结构和表面形貌进行表征分析,并考查其催化性能及重复使用性(Zhang 等,2020a;2020b)。

5.1　实验部分

5.1.1　主要试剂

　　均苯三甲酸(H_3-BTC,AR),对苯二甲酸(H_2-BDC,AR),硅钨酸(H_4SiW_{12}-O_{40},HSiW,AR)和磷钨酸($H_3PW_{12}O_{40}$,HPW,AR)购于阿拉丁试剂有限公司;硝酸锆[$Zr(NO_3)_4 \cdot 5H_2O$,AR],氯化锆($ZrCl_4$,AR),九水合硝酸铁[$Fe(NO_3)_3 \cdot 9H_2O$,AR],二水合氯化亚锡($SnCl_2 \cdot 2H_2O$,AR),一水合乙酸铜[$(CH_3COO)_2Cu \cdot H_2O$,AR],油酸(C18:1,AR),N,N-二甲基甲酰胺(DMF,AR),无水甲醇(AR)购于国药集团化学试剂有限公司。

5.1.2 材料性质的表征方法

催化剂样品 X 射线粉末衍射谱(XRD)经 Bruker D8 ADVANCE 型 X 射线衍射仪检测,条件为 Cu Kα(λ=1.540 6 Å)源,电压 40 kV,电流 30 mA,步长为 0.02,检测后扣除背景;使用透射电子显微镜(TEM)用来观察样品内部结构,仪器为美国 FEI 公司透射电镜(FEI Tecnai G2 20),样品前处理方法为催化剂样品粉末超声辅助分散于无水乙醇,碳铜栅格(使用前需 80 ℃真空干燥)浸入悬浮液中;使用扫描电子显微镜(SEM)用来观察样品表面结构,仪器为日本日立公司(Hitachi S4800);样品程序升温脱附(NH$_3$-TPD)于 AutoChem Ⅱ 2920 化学分析仪上测得,吸附前,将 50 mg 样品放于 U 形管中,于 473 K,氦气流下吹扫 1 h,随后降到 323 K,在 NH$_3$/Ar 下吸附 1 h,物理吸附的氨气在 323 K 下,经纯氮气吹扫 1 h,升温速率为 10 K/min,终止温度为 973 K,TCD 检测 NH$_3$ 脱附信号;PerkinElmer 100 型傅立叶红外光谱仪(FTIR)用于催化剂样品官能团的鉴定,仪器为珀金埃尔默仪器(上海)有限公司;样品比表面积在 Quadrasorb evoTM 全自动比表面和孔隙度分析仪上测得,利用 BET 法在 P/P_0=0.05～1.0 得到比表面积,平均孔径由 BJH 法得到;使用 NETZSCH/STA 409 型同步热分析仪检测样品的热稳定性,在氮气气氛下,以 90 ℃/min 从室温升温至 600 ℃得到待测样品的热重分析(TG)曲线。

5.1.3 催化性能评价

在 50 mL 不锈钢高压反应釜中,加入一定量的油酸和计算量的无水甲醇,随后加入适量的复合催化剂和磁力搅拌子置于油浴中,在设定温度下反应一定的时间。反应结束后,将反应釜从油浴中取出,冷却至室温,离心回收催化剂,旋转蒸发出过量的甲醇和水,得到油酸甲酯产品。按《动植物脂肪和油 酸值和酸度的测定》(ISO 660—2020)测定原料酸值及产物酸值,并由反应前后酸值的变化计算油酸的转化率。

5.2 Cu-BTC 负载 Sn(Ⅱ)掺杂的磷钨酸催化剂的合成及应用

5.2.1 催化剂的合成

催化剂合成方法如下：

(1)称取 0.288 g HPW 和 0.0338 g $SnCl_2 \cdot 2H_2O$ 分别溶于 5 mL 去离子水、5 mL 无水乙醇中,随后在磁力搅拌条件下将 $SnCl_2$ 溶液逐滴加入 HPW 溶液,接着在室温继续搅拌 3 h 后转至 120 ℃真空干燥箱,干燥过夜得到 $Sn_{1.5}PW$ 样品;

(2)将 0.06 g $(CH_3COO)_2Cu \cdot H_2O$ 和 0.6 g 乙酸溶于 6 mL 去离子水中,记为 A 溶液,将 0.16 g H_3-BTC 溶解在 6 mL DMF 中,记为 B 溶液,将 B 溶液滴加到 A 溶液中,磁力搅拌 3 h,通过离心收集蓝色沉淀,并用热乙醇回流洗涤两次,再用热水洗涤一次,120 ℃干燥 8 h,得到 Cu-BTC 样品;

(3)将不同量的 $Sn_{1.5}PW(0.25 g, 0.5 g, 0.75 g)$溶解于 10 mL 去离子水中搅拌,随后加入 0.5 g Cu-BTC 加入 $Sn_{1.5}PW$ 体系中,超声 10 min 后常温下磁力搅拌 8 h,去离子水洗涤 3 次,120 ℃干燥 12 h,得到的催化剂 $Sn_{1.5}PW/Cu-BTC-x$ 样品放入干燥器备用,$Sn_{1.5}PW$ 负载量为 0.25 g、0.5 g、0.75 g 的复合催化剂分别命名为 $Sn_{1.5}PW/Cu-BTC-0.5$、$Sn_{1.5}PW/Cu-BTC-1$、$Sn_{1.5}PW/Cu-BTC-1.5$。

5.2.2 催化剂的表征

图 5-1 展示了 $Sn_{1.5}PW$、Cu-BTC、各种负载量的 $Sn_{1.5}PW/Cu-BTC$ 复合物的 XRD 谱图。由图可知,合成的 $Sn_{1.5}PW$ 样品在 2θ 为 10.5°、14.8°、18.2°、20.8°、23.3°、25.7°、29.7°、35.4°、38.0°处有衍射峰,归属为 Keggin 型 HPW 结构衍射峰(Pasha 等,2019),合成的 Cu-BTC 的 XRD 谱图也与文献报道一致(Yang 等,2015)。当 $Sn_{1.5}PW$ 负载于 Cu-BTC 时,各种负载量的 $Sn_{1.5}PW/Cu-BTC$ 复合物的衍射峰强度均有减弱,且观察不到明显的 $Sn_{1.5}PW$ 样品的特征衍射峰,说明引入的 $Sn_{1.5}PW$ 较好地分散在 Cu-BTC 基体表面;另外,$Sn_{1.5}PW/Cu-BTC-1$ 的 XRD 谱图中的衍射峰强度稍高于 $Sn_{1.5}PW/Cu-BTC-0.5$ 和 $Sn_{1.5}PW/Cu-BTC-1.5$ 样品,这考虑到主客体之间的相互作用。基于以上分析,可推测硅 $Sn_{1.5}PW$ 被成功负载于 Cu-BTC 载体材料上。

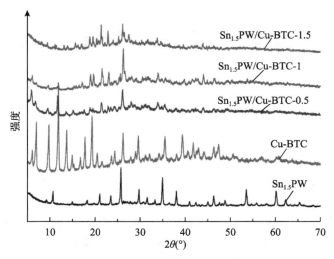

图 5-1　$Sn_{1.5}PW$、Cu-BTC 及 $Sn_{1.5}PW/Cu\text{-}BTC\text{-}x$ 样品的 XRD 谱图

　　纯 HPW 和 $Sn_{1.5}PW$ 的 FTIR 谱图如图 5-2 所示,从图中可知,两个样品在 $1\,080\ cm^{-1}$,$982\ cm^{-1}$,$889\ cm^{-1}$ 和 $801\ cm^{-1}$ 处均出现了特征吸收峰,这归属为典型的 Keggin 型结构特征峰,与文献结果一致(Zhang 等,2016)。而 Cu-BTC、各种负载量的 $Sn_{1.5}PW/Cu\text{-}BTC\text{-}x$ 复合物的 FTIR 如图 5-3 所示,从 FTIR 曲线可以看

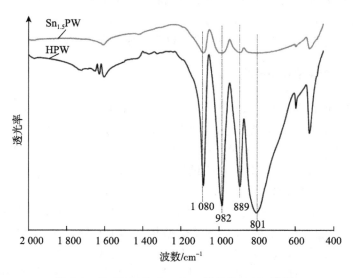

图 5-2　纯 HPW 和 $Sn_{1.5}PW$ 样品的 FTIR 谱图

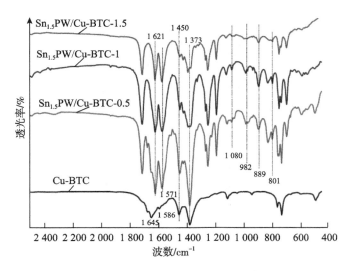

图 5-3　Cu-BTC 及 Sn$_{1.5}$PW/Cu-BTC-x 样品的 FTIR 谱图

到,所有样品在 1 350～1 800 cm^{-1} 处均有明显特征吸收峰,说明存在—COOCu 基团,但对比 Cu-BTC 的 FTIR 谱图,部分特征吸收峰产生了红移,这考虑到 Sn$_{1.5}$PW 和 Cu-BTC 基体间的相互作用。另外,各种负载量的 Sn$_{1.5}$PW/Cu-BTC-x 复合物的 FTIR 谱图均能观察到 4 个典型的 Keggin 型结构特征峰,Sn$_{1.5}$PW/Cu-BTC-x 各杂化物分别在 1 080 cm^{-1}、982 cm^{-1}、889 cm^{-1}、801 cm^{-1} 处出现 4 个峰,说明成功合成了 Sn$_{1.5}$PW /Cu-BTC 复合物。

对纯 HPW、Sn$_{1.5}$PW、Cu-BTC、各种负载量的 Sn$_{1.5}$PW/Cu-BTC-x 复合物的扫描电子显微镜(SEM)图如图 5-4 所示。纯 HPW 的 SEM 图呈现大块状结构。当 Sn^{2+} 掺杂后的 Sn$_{1.5}$PW 样品呈现出形状不规则结构且表面粗糙,说明 Sn^{2+} 成功掺杂 HPW,这与之前的报道的结果相似(Cai 等,2021)。此外,Cu-BTC 的 SEM 图显示为不规则的八面晶体结构,且结晶度低,其颗粒尺寸为 100～200 nm;当 Sn$_{1.5}$PW 负载于 Cu-BTC 材料上时,晶体结构得到了一定的改善,表明在复合物的制备过程中存在强主客体间相互作用。值得注意的是,当负载 0.5 g Sn$_{1.5}$PW 时,Sn$_{1.5}$PW/Cu-BTC-1 的表面形貌光滑,观察不到 Sn$_{1.5}$PW 团聚,这有可能是由于 Sn$_{1.5}$PW 均匀地附着在 Cu-BTC 基体上;对比 Sn$_{1.5}$PW/Cu-BTC-0.5 和 Sn$_{1.5}$PW /Cu-BTC-1.5 样品,在 100～250 nm,Sn$_{1.5}$PW /Cu-BTC-1 样品显示的颗粒尺寸较小,说明 Sn$_{1.5}$PW/Cu-BTC-1 复合物具有一个较高的比表面积。基于以上分析,Sn$_{1.5}$PW/Cu-BTC-1 复合物被作为进一步研究的催化剂进行以下表征分析。

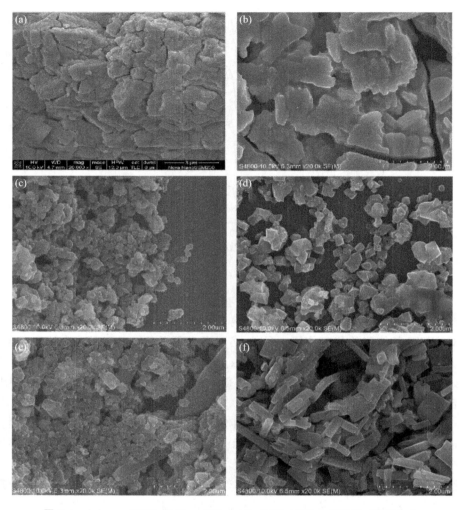

图 5-4　(a)pure HPW,(b)Sn$_{1.5}$PW,(c)Cu-BTC,(d)Sn$_{1.5}$PW/Cu-BTC-0.5,
(e)Sn$_{1.5}$PW/Cu-BTC-1,and (f) Sn$_{1.5}$PW/Cu-BTC-1.5 样品的 SEM 图

　　Sn$_{1.5}$PW/Cu-BTC-1 复合物的透射电子显微镜(TEM)如图 5-5 所示。从图中可知,Sn$_{1.5}$PW/Cu-BTC-1 复合物展现八面体结构,说明负载 Sn$_{1.5}$PW 后 Cu-BTC 原有的八面体结构没有遭到破坏。从图 5-5(c)还可以看到复合物样品边缘变得粗糙,且能明显观察到边缘附着 Sn$_{1.5}$PW 小颗粒,与 XRD 和 SEM 分析结果一致。

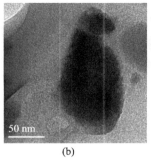
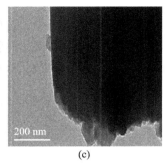

(a) (b) (c)

图 5-5 Sn$_{1.5}$PW/Cu-BTC-1 样品的 TEM 图

图 5-6(a)为 Cu-BTC 和 Sn$_{1.5}$PW/Cu-BTC-1 的 N$_2$ 等温吸脱附曲线。如图所示,两个样品的曲线类型都属于 I 型,表明材料存在较为明显的微孔结构。从孔径分布曲线[图 5-6(b)]可以看出两个样品的孔径分布较为狭窄,均在 2～10 nm;经过吸附-脱附曲线计算得到样品的比表面积及平均孔径,其中,Cu-BTC 的比表面积、平均孔径分别为 578.2 m^2/g、2.38 nm,Sn$_{1.5}$PW/Cu-BTC-1 的比表面积、平均孔径分别为 29.7 m^2/g、7.11 nm,从数据可以得到负载 Sn$_{1.5}$PW 后,复合物的比表面积减少,而平均孔径增大,这可能是由于 Sn$_{1.5}$PW 附着在框架中及 Cu-BTC 中部分原有微孔的坍塌(Jeona 等,2019)。这也证实了 Sn$_{1.5}$PW 被负载于 Cu-BTC 材料上。

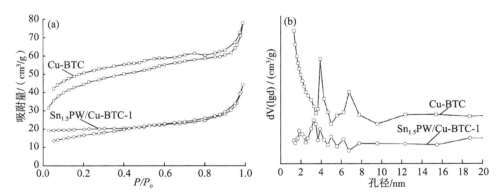

图 5-6 Cu-BTC 及 Sn$_{1.5}$PW/Cu-BTC-1 样品的(a) N$_2$-吸附-脱附图及(b)孔径分布

热重分析(TG)一般用于表征分析催化剂的热稳定性,Sn$_{1.5}$PW、Cu-BTC、Sn$_{1.5}$PW/Cu-BTC-1 的 TG 曲线如图 5-7 所示。从 TG 曲线可知,Sn$_{1.5}$PW 样品展现高的稳定性,从 40 ℃ 到 600 ℃,失重率仅为 6%;对于 Cu-BTC 和 Sn$_{1.5}$PW/Cu-

BTC-1 样品,TG 曲线均展示两个明显的失重过程,分别为 40 ℃到 250 ℃、250 ℃到400 ℃,这是可能分别归因于催化剂表面吸附的水、复合物中结合水和部分 Cu-BTC 框架的分解(Azmoon 等,2019;Xie 等,2018);而从 400 ℃到 600 ℃,两个样品失重不明显。以上分析表明所制备的复合催化剂具有较高的热稳定性。

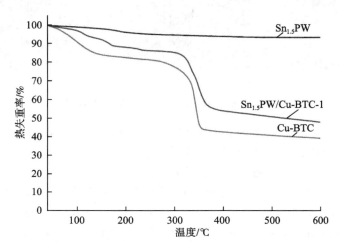

图 5-7 $Sn_{1.5}PW$、Cu-BTC 及 $Sn_{1.5}PW$/Cu-BTC-1 样品的 TG 曲线

为了确定 $Sn_{1.5}PW$/Cu-BTC 复合催化剂表面的酸性,通过 NH_3-TPD 来进行分析(图 5-8)。从 NH_3-TPD 曲线可以看出,$Sn_{1.5}PW$/Cu-BTC 复合催化剂有两个

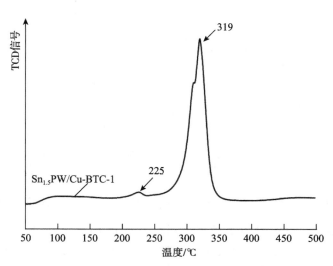

图 5-8 $Sn_{1.5}PW$/Cu-BTC-1 纳米样品的 NH_3-TPD 曲线

中等强酸位点所对应的脱附峰，分别处于 225 ℃ 与 319 ℃ 附近；同时，经 NH₃-TPD 测试得到该催化剂有一个较高的酸量（24.6 mmol/g），说明该复合催化剂能够有效催化酯化反应。

5.2.3　不同催化剂催化活性评估

在催化剂用量为 0.2 g、油酸与甲醇摩尔比为 1∶20，反应温度为 160 ℃ 的条件下研究了不同 $Sn_{1.5}PW$ 负载量的 $Sn_{1.5}PW/Cu\text{-}BTC$ 纳米复合催化剂的催化活性，结果见图 5-9。从图中可以看出，随着 $Sn_{1.5}PW$ 负载量的增加，相应的油酸转化率也随之增加。反应时间为 5 h 时，$Sn_{1.5}PW/Cu\text{-}BTC\text{-}1$ 和 $Sn_{1.5}PW/Cu\text{-}BTC\text{-}1.5$ 催化油酸与甲醇酯化反应的转化率分别为 93.7%、92.1%，这可能是由于催化剂的大比表面积及催化剂中活性组分 $Sn_{1.5}PW$ 的增加，使转化率得到提升。考虑到添加过多 $Sn_{1.5}PW$，会导致颗粒聚集，拟选用 $Sn_{1.5}PW/Cu\text{-}BTC\text{-}1$ 作为后续研究的催化剂。

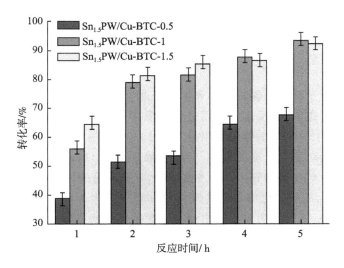

图 5-9　各种催化剂催化油酸的酯化反应

5.2.4　油酸与甲醇酯化反应条件优化

在 $Sn_{1.5}PW/Cu\text{-}BTC\text{-}1$ 催化剂用量为 0.2 g、油酸与甲醇摩尔比为 1∶20 的条件下，研究了反应温度及时间对酯化反应的影响，实验结果如图 5-10 所示。随着反应温度的增加，油酸转化率随之增加。在反应时间为 4 h 时，反应温度由 120 ℃

升到 160 ℃时,随着温度的升高,油酸的转化率由 52.0%升到 87.7%,因为油酸与甲醇的酯化反应是一个吸热的过程。另外,当继续增加酯化反应时间时,油酸的转化率增加不明显。考虑各方面因素,选择 160 ℃、4 h 作为最佳反应温度及反应时间。

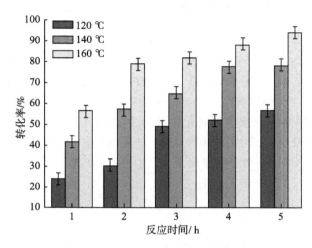

图 5-10　反应时间及反应温度对酯化反应的影响

甲醇的用量是影响油酸转化率和生物柴油生产成本的一个重要因素;同时,由于酯化反应是可逆的,在反应中使用过量的甲醇可以得到较高的油酸转化率。为此,在 $Sn_{1.5}PW/Cu$-BTC-1 催化剂用量为 0.2 g、反应温度为 160 ℃的条件下研究了不同甲醇用量对酯化反应的影响,实验结果如图 5-11(a)所示。随着油酸与甲醇的摩尔比从 1:10 增加到 1:20,油酸转化率有明显的增大;当油酸与甲醇摩尔比增加到 1:30,油酸转化率相比油酸与甲醇摩尔比为 1:20,油酸转化率趋于平稳且有下降趋势,这是考虑到反应物和催化剂被过量的甲醇稀释,导致油酸转化率稍有降低(Nandiwale 等,2013)。因此,选择油酸与甲醇摩尔比为 1:20。

通常,当催化剂的使用量增加时会提供更多的催化活性位点,因此能够提高反应的转化率。在反应温度为 160 ℃、油酸与甲醇摩尔比为 1:20 的条件下,研究了催化剂用量对酯化反应的影响,实验结果如图 5-11(b)所示。当反应时间为 4 h、$Sn_{1.5}PW/Cu$-BTC-1 催化剂用量分别为 0.15 g 和 0.20 g 时,油酸的转化率分别为 60.9%和 87.7%,这是由于催化剂用量的增加使活性位随之增加,使转化率得到明显的增加。而继续增加催化剂的用量为 0.25 g 时,油酸的转化率为 87.2%,油酸的转化率无明显变化。因此,选 $Sn_{1.5}PW/Cu$-BTC-1 催化剂的最佳用量为 0.20 g。

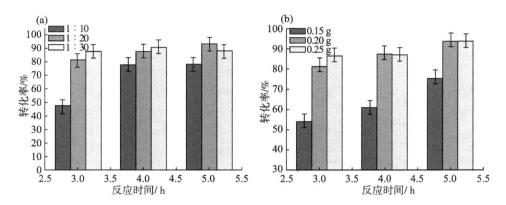

图5-11　油酸与甲醇的摩尔比(a)及催化剂用量(b)对酯化反应的影响

5.2.5　酯化反应动力学研究

本实验选择油酸与甲醇酯化反应生成油酸甲酯和水的反应体系,建立动力学模型。在上述可逆反应体系中,甲醇浓度远远大于油酸浓度,可认为油酸与甲醇制备生物柴油过程的反应速率与甲醇浓度无关,且过量的甲醇有利于促进正反应的进行。因此,该反应体系可以被看作准一级动力学方程(Kaur 等,2015；Shalini 等,2018)。可以得到反应速率方程如下:

$$-\ln(1-\eta)=k \tag{5.1}$$

根据阿伦尼乌斯方程,反应动力学常数 k 与反应温度之间的关系如式:

$$\ln k=-E_a/RT+\ln A \tag{5.2}$$

式中:R 为理想气体常数,T 为反应温度,A 为指前因子,E_a 为活化能。

基于图5-10的实验结果,用 Origin 软件以 $-\ln(1-\eta)$ 对反应时间 t 作图,进行线性回归得直线,如图 5-12(a)所示。由图可知,可以得到相应的速率常数 k 值及 R^2 值,其中速率常数(k)随着反应温度增加而不断增加,表明油酸与甲醇的酯化反应符合准一级动力学模型,同时,反应温度为 120 ℃、140 ℃、160 ℃时,R^2 分别为 0.910 6、0.937 2、0.944 6,说明拟合度较好。根据求得的速率常数 k 值及阿伦尼乌斯方程,用 Origin 软件以 $\ln k$ 对反应时间 $1/T$ 作图,进行线性回归得直线,结果如图 5-12(b)所示。由直线的斜率求得该反应体系所需活化能为 38.3 kJ/mol,低于文献报道值(Lieu 等,2016；Mazubert 等,2014),同时,也说明该反应体系也为反应动力学区域(Patel 等,2013)。

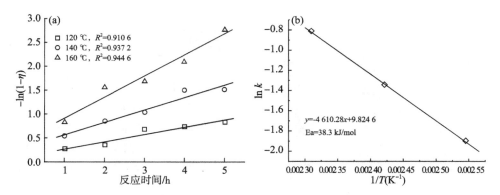

图 5-12　(a)不同反应温度下的反应时间和－ln(1－η)的线性图,(b)ln$k$ 对 1/T 作图

5.2.6　重复使用性能研究

催化剂的重复使用性被认为是催化剂的重点特性,为了研究 $Sn_{1.5}PW/Cu$-BTC-1 催化剂的可重复使用性,每次反应完成后通过离心分离,并用无水甲醇洗涤后直接使用于下一次酯化反应。在上述探索出的最佳反应条件下(油酸与甲醇摩尔比为 1:20,反应温度 160 ℃,反应时间 4 h,催化剂用量 0.2 g)进行了 7 次循环实验。从图 5-13 可以看到,催化剂可以重复使用 7 次,并且在前 3 次重复使用中都保持了大于 80% 的转化率,表现出高的稳定性。当重复使用次数增加时,反应

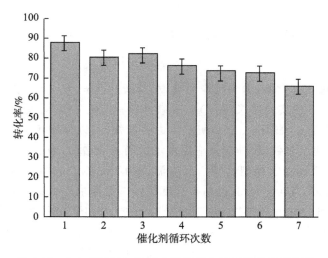

图 5-13　Sn1.5PW/Cu-BTC-1 纳米复合材料重复使用研究

的油酸转化率稍有下降。为了研究催化活性下降的原因，对新 $Sn_{1.5}PW/Cu$-BTC-1 催化剂及回收后的 $Sn_{1.5}PW/Cu$-BTC-1 催化剂进行 XRD、FTIR 表征(图 5-14)。由图可知，反应前后催化剂的 XRD 曲线较为相似，但衍射峰强度有所下降，而从反应前后催化剂的 FTIR 曲线可以明显观察到 4 个典型的 Keggin 型结构特征峰，说明反应过程中，$Sn_{1.5}PW/Cu$-BTC-1 催化剂保持较好的稳定性。针对催化活性的下降，这可能由于反应过程中活性组分的少量流失所致。

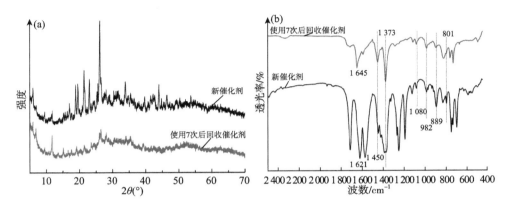

图 5-14　**(a)新 $Sn_{1.5}PW/Cu$-BTC-1 催化剂及回收催化剂 XRD 谱图；**
(b)新 $Sn_{1.5}PW/Cu$-BTC-1 催化剂及回收催化剂 FTIR 谱图

5.3　MOFs 负载 Zr 掺杂的硅钨酸催化剂的合成及应用

5.3.1　催化剂的合成

(1)ZrSiW 的制备(Zhang 等,2017)：将 0.57 g 的 HSiW 溶于去离子水中，随后将 $Zr(NO_3)_4$ 溶液滴加到上述溶液中，室温下搅拌 1 h，升温到 70 ℃搅拌 3 h，110 ℃下干燥后得到的 ZrSiW 盐。ZrSiW/UiO-66 纳米复合材料的合成：将 0.51 g $ZrCl_4$ 和 0.327 5 g H_2-BDC 溶于 18 mL DMF 溶液中，随后将 ZrSiW 样品添加到上述的溶液中并室温下搅拌 1 h，将获得的混合物装入聚四氟乙烯做内衬的不锈钢高压水热釜，于烘箱中 120 ℃水热反应 6 h。反应结束经冷却后通过离心分离得到沉淀物，用 DMF 和去离子水交替洗涤 3 次，120 ℃干燥 24 h 得到 ZrSiW/UiO-66 纳米复合材料，放入干燥器备用。相同的方法，在不加入 ZrSiW 条件下制备 UiO-66

样品。

（2）称取 2.424 g Fe(NO₃)₃·9H₂O 和 ZrSiW 样品溶于 18 mL 去离子水中。然后，加入 0.63 g H₃-BTC 到上述溶液中并室温下搅拌 1 h。将得到的混合物放入 50 mL 四氟乙烯内衬不锈钢高压釜中，于烘箱中 120 ℃水热反应 6 h。反应结束经冷却后通过离心分离得到沉淀物，用 150 mL 乙醇洗涤 3 次，接着用热乙醇处理 3 h，120 ℃干燥 24 h 得到 ZrSiW/Fe-BTC 纳米复合材料，放入干燥器备用。相同的方法，在不加入 ZrSiW 条件下制备 Fe-BTC 样品。

5.3.2　催化剂的表征

对 ZrSiW、Fe-BTC、ZrSiW/Fe-BTC、ZrSiW/Fe-BTC（回收）、UiO-66、ZrSiW/UiO-66 和 ZrSiW/UiO-66（回收）样品进行了红外光谱分析，如图所示（图 5-15）。ZrSiW 的 FTIR 光谱上明显观察到 4 个典型特征吸收峰，分别为 980 cm⁻¹（W＝O）、927 cm⁻¹（Si-O）、884 cm⁻¹（W-O）和 781 cm⁻¹（W-Oe-W），ZrSiW 具有 Keggin 型 HSiW 结构的特征峰（da Silva 等，2019）。此外，在 ZrSiW/Fe-BTC 和 ZrSiW/UiO-66 的 FTIR 曲线上也观察到了 4 个典型吸收峰，但峰发生一些移动，这可能是由于 Fe-BTC、UiO-66 表面附着 ZrSiW，导致它们之间存在强的相互作用，表明 MOFs 基体上嵌入了 ZrSiW 分子（Liao 等，2019）。与 Fe-BTC 的 FTIR 曲线比较，ZrSiW/Fe-BTC 样品的 FTIR 曲线具有与 Fe-BTC 相同吸收峰（1 636、1 585、1 454、759 和 710 cm⁻¹），说明 ZrSiW/Fe-BTC 复合物中存在 Fe-BTC 框架结构（Yang 等，2016），相同的结果在 UiO-66 和 ZrSiW/UiO-66 的 FTIR 曲线也能观察到。以上分析表明成功将 ZrSiW 封装到 MOFs 基体中。

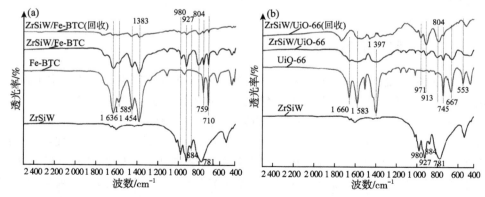

图 5-15　ZrSiW、Fe-BTC、ZrSiW/Fe-BTC 和 ZrSiW/Fe-BTC（回收）催化剂的 FTIR 谱图（a）；ZrSiW、UiO-66、ZrSiW/UiO-66 和 ZrSiW/UiO-66（回收）催化剂的 FTIR 谱图（b）

ZrSiW、Fe-BTC、ZrSiW/Fe-BTC、UiO-66 和 ZrSiW/UiO-66 的 XRD 谱图如图 5-16 所示。从图中可以看出,ZrSiW 具有相对较高的结晶度,而 Fe-BTC 具有结晶度低、UiO-66 结晶度高,这是由于样品制备过程中使用了不同的有机配体。当 Zr-SiW 嵌入 MOFs 中时,从 ZrSiW/Fe-BTC 和 ZrSiW/UiO-66 纳米复合物中观察到 Zr-SiW 晶体在 25.7°和 28.2°的峰完全消失,说明 ZrSiW 较为均匀地分散到 Fe-BTC 和 UiO-66 框架中(Férey 等,2005)。另外,ZrSiW/UiO-66 纳米复合物显示出一个宽的衍射峰,表明存在无定态,这考虑到 Zr 掺杂的多金属氧酸盐与 UiO-66 材料之间的相互作用,本团队以前的研究中也可观察到了类似的结果(Zhang 等,2020c)。

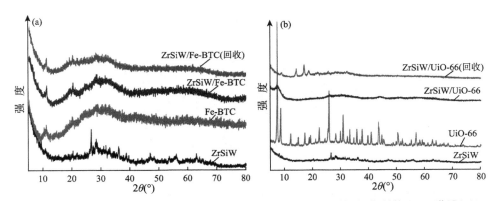

图 5-16 ZrSiW、Fe-BTC、ZrSiW/Fe-BTC 和 ZrSiW/Fe-BTC(回收)催化剂的 XRD 谱图(a);ZrSiW、UiO-66、ZrSiW/UiO-66 和 ZrSiW/UiO-66(回收)催化剂的 XRD 谱图(b)

图 5-17 为 ZrSiW/Fe-BTC 和 ZrSiW/UiO-66 纳米复合物的氮气吸附-脱附等温线图和孔径分布图。从图中可以看出,ZrSiW/Fe-BTC 的氮气吸附-脱附等温线

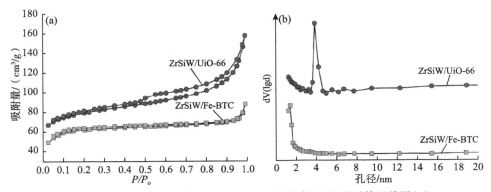

图 5-17 ZrSiW/Fe-BTC 和 ZrSiW/UiO-66 的氮气吸附-脱附等温线图(a);ZrSiW/Fe-BTC、ZrSiW/UiO-66 的孔径分布(b)

介于Ⅰ型和Ⅳ型之间,且具有滞后环,说明 ZrSiW/Fe-BTC 存在微孔和介孔。而 ZrSiW/UiO-66 样品的等温线在相对压力为 0.50～0.97 范围内呈Ⅳ型,具有 H4 滞后环,说明复合物中存在介孔。另外,ZrSiW/UiO-66 的平均孔径、孔容和比表 面积(3.9 nm、0.243 cm³/g 和 249.4 m²/g)较 ZrSiW/Fe-BTC 样品(2.8 nm、 0.135 cm³/g 和 191.5 m²/g)的高。数据显示,ZrSiW/UiO-66 纳米复合物的相对 较大的孔隙和较高的比表面积更有利于酯化反应的进行。

ZrSiW、Fe-BTC、ZrSiW/Fe-BTC、UiO-66 和 ZrSiW/UiO-66 样品的 SEM 图 (图 5-18)。ZrSiW 呈现大方块结构。当 ZrSiW 封装到 MOFs 框架时,Fe-BTC 和

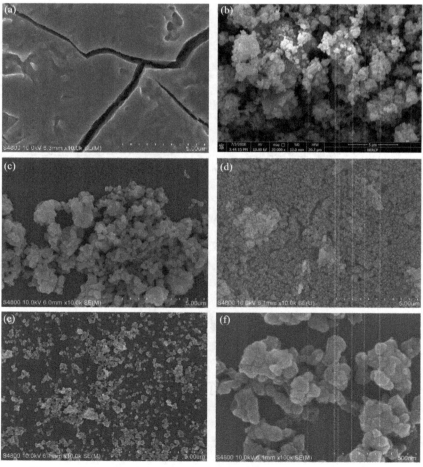

图 5-18　(a)ZrSiW、(b)Fe-BTC、(c)ZrSiW/Fe-BTC、(d)UiO-66、(e 和 f) **ZrSiW/UiO-66 样品的 SEM 图**

ZrSiW/Fe-BTC 的形貌较为相似,表现为颗粒尺寸为 200～300 nm 不规则的近球形状;对于 UiO-66 和 ZrSiW/UiO-66 样品,UiO-66 为不规则的聚集近球形状,颗粒尺寸约为 200 nm,而添加 ZrSiW 后,UiO-66 原有结构没有显著变化,且颗粒的分散性得到改善,其粒径 50～200 nm。这表明引入 ZrSiW 能有效防止 UiO-66 粒子的聚集。从以上分析可知,Fe-BTC 和 UiO-66 框架均有一个较好的稳定性。

TG 分析是被用于分析 ZrSiW、ZrSiW/Fe-BTC 和 ZrSiW/UiO-66 样品的热稳定性及失重情况(图 5-19)。对于 ZrSiW 样品,它在 40～600 ℃展示一个热分解过程,失重率约 10%,这是由于物理吸附的水分子和催化剂中强吸附的水分子的受热蒸发。对于 ZrSiW/Fe-BTC 和 ZrSiW/UiO-66 样品,两者都存在两个失重过程,第一个失重过程 40～300 ℃,失重率约为 20%,主要是由于水分子和溶剂的蒸发,第二个失重过程 300～600 ℃,失重率约为 20%,这是由于有机配体的分解和金属-有机框架的坍塌(Zhang,2018)。然而,从 TG 曲线还可以看到,与催化剂相比,ZrSiW/UiO-66 样品比 ZrSiW/Fe-BTC 具有更高的热稳定性,因为 ZrSiW/UiO-66 样品的初始分解温度都较 ZrSiW/Fe-BTC 样品的高,表明 UiO-66 催化剂具有更高的热稳定性,实验结果与 SEM 观察得到的结果一致。

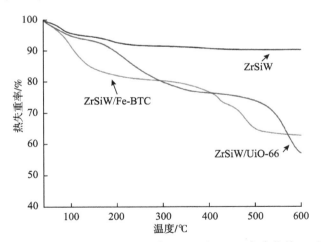

图 5-19 ZrSiW、ZrSiW/Fe-BTC 和 ZrSiW/UiO-66 复合物的 TG 图

以 NH₃ 为探针气体对 ZrSiW/Fe-BTC 和 ZrSiW/UiO-66 纳米复合物进行 TPD 分析,实验结果如图 5-20 所示。一般情况下,NH₃-TPD 曲线的峰值温度和面积可以用来计算样品的酸强度和酸量(Akinfalabi 等,2019)。从两个样品的 NH₃-TPD 曲线可以看到,ZrSiW/UiO-66 催化剂呈现两个吸收峰,其中 100～150 ℃展现了一个弱的吸收峰,对应弱酸性位点,在 150～300 ℃展现了一个中强的吸收

峰,对应中等强度酸性位;而 ZrSiW/Fe-BTC 仅在 100~150 ℃展现了一个弱的吸收峰;同时,ZrSiW/UiO-66 具有较高的 NH$_3$ 脱附量(18.0 mmol/g)。表明 ZrSiW/UiO-66 复合催化剂具有较高的酸性,能够应用于催化油酸与甲醇的酯化反应。

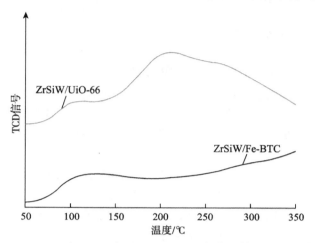

图 5-20 ZrSiW/Fe-BTC 和 ZrSiW/UiO-66 复合物的 NH$_3$-TPD 曲线

5.3.3 不同纳米催化剂催化油酸与甲醇酯化反应

在 ZrSiW/Fe-BTC 和 ZrSiW/UiO-66 纳米复合催化剂的催化下,以油酸与甲醇的酯化反应为目标反应,考察油酸与甲醇摩尔比、反应温度、反应时间和催化剂负载量 4 种因素对酯化反应的影响,优化工艺条件,实验结果如图 5-21 和图 5-22 所示。

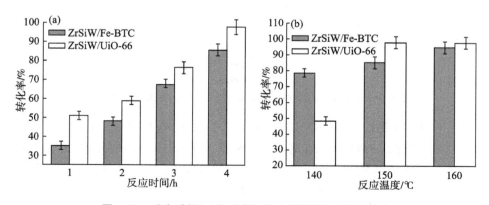

图 5-21 反应时间(a)和反应温度(b)对酯化反应的影响

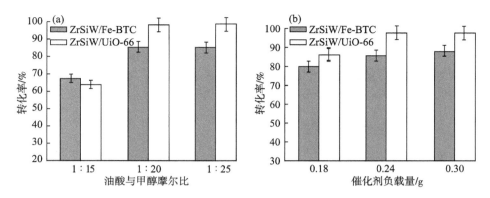

图 5-22 油酸与甲醇摩尔比(a)和催化剂负载量(b)的影响

（1）反应时间和温度对酯化反应影响 在 150 ℃时，催化剂用量为 0.24 g，油酸与甲醇摩尔比为 1：20 的条件下，研究了反应时间对酯化反应的影响，结果如图 5-21(a)所示。从图中可知，油酸转化率随时间的增加而提高。当反应时间为 4 h 时，ZrSiW/Fe-BTC 和 ZrSiW/UiO-66 纳米催化剂催化油酸的酯化反应，其油酸转化率达到最高，分别为 85.5％、98.0％，其反应条件和文献类似（Nandiwale 等，2014）。同时，ZrSiW/UiO-66 的活性高于 ZrSiW/Fe-BTC 催化剂，这与 ZrSiW/UiO-66 纳米复合物具有高的酸性有关。

在反应时间 4 h，催化剂用量为 0.24 g，油酸与甲醇摩尔比为 1：20 的条件下，研究了反应温度（140 ℃、150 ℃和 160 ℃）对酯化反应转化率的影响，如图 5-21(b)所示。从图中可知，在 150 ℃的温度下，ZrSiW/UiO-66 催化剂催化油酸酯化反应得到最佳转化率，为 98.0％。在高于 150 ℃的温度时，油酸转化率增加不明显（Araujo 等，2019）。因此，选择了 150 ℃作为最佳的酯化反应温度。

（2）油酸与甲醇摩尔比和催化剂用量对酯化反应的影响 在催化剂用量为 0.24 g，150 ℃下反应 4 h 的条件下，研究了不同油酸与甲醇摩尔比（1：15～1：25）对酯化反应的影响，结果如图 5-22(a)所示。当油酸与甲醇摩尔比为 1：15 时，油酸转化率较低。然而，对于 ZrSiW/Fe-BTC 和 ZrSiW/UiO-66 纳米催化剂，当油酸与甲醇的摩尔比为 1：20，催化酯化反应其转化率分别为 85.5％和 98.0％。当油酸与甲醇摩尔比继续增加为 1：25，油酸转化率几乎保持恒定，可能是由于稀释作用引起的传质限制。因此，选择油酸与甲醇的摩尔比为1：20。

在油酸与甲醇的摩尔比为 1：20，150 ℃下反应 4 h 的条件下，评估了催化剂用量对油酸酯化反应的影响。从图 5-22(b)可知，随着催化剂用量从 0.18 g 增加到 0.24 g，ZrSiW/FeBTC 纳米催化剂催化酯化反应，转化率从 79.9％增加到

85.5%,而 ZrSiW/UiO-66 纳米催化剂催化酯化反应,转化率从 86.4% 增加到 98.0%。随后继续增加催化剂用量到 0.30 g 时,ZrSiW/Fe-BTC 和 ZrSiW/UiO-66 催化酯化反应的转化率分别为 87.8% 和 97.9%,转化率基本上保持不变。若继续增加催化剂用量引起纳米催化剂的团聚、反应物和产物的扩散性降低(Viola等,2011)。因此,在本研究中最佳催化剂用量选为 0.24 g。

5.3.4 酯化反应机理

图 5-23 为纳米催化剂催化油酸与甲醇酯化反应的可能反应机理。从图中可以看到,长链羧酸的羰基被吸附在纳米催化剂上形成质子化的羰基,在醇分子进攻质子化羰基后除去一分子的水,生成酯。

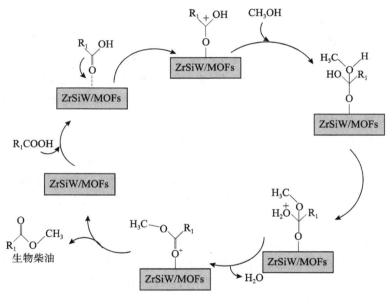

图 5-23　酯化反应机理

5.3.5 催化剂的重复使用性研究

在最佳酯化反应条件下,对 ZrSiW/Fe-BTC 和 ZrSiW/ UiO-66 纳米复合催化剂进行了重复性研究。在每次反应结束后,通过离心回收催化剂,甲醇洗涤两次后直接使用于下一个循环反应中,催化剂重复使用 6 次的实验结果见图 5-24。从图中可以看到,对于两种纳米复合催化剂,在前面的 3 次重复实验中,其催化活性基本没有下降。然而,当催化剂重复使用到第 6 次时,ZrSiW/Fe-BTC 和 ZrSiW/UiO-66 纳米复合物催化的酯化反应,其油酸转化率分别为 79.0% 和 88.9%,表明 ZrSiW/UiO-66 的较 ZrSiW/Fe-BTC 好。为了研究催化剂活性下降的原因,运用 FTIR 和 XRD 分析重复前后的催化剂,结果如图 5-15 和图 5-16 所示)。根据表征结果,第 6 次回收催化剂的 XRD 和 FTIR 曲线与新鲜催化剂的相似,表明两种纳米复合催化剂具有较好的稳定性。其原因可能是引入 ZrSiW 后,ZrSiW 与 MOFs 之间的相互作用增强了它们结构的稳定性。此外,催化活性的下降可能考虑为重复使用过程中浸出了部分活性组分。与文献报道的固体酸催化剂相比(Saravanan 等,2016;Sarno 等,2019),所合成的 ZrSiW/UiO-66 纳米复合物具有更好的催化稳定性。

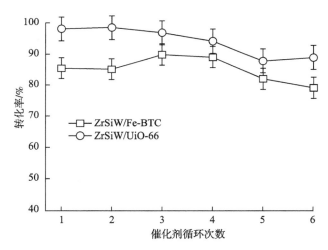

图 5-24　重复性研究(反应条件:油酸与甲醇摩尔比 1∶20,反应温度 150 ℃,催化剂用量 0.24 g,反应时间 4 h)

5.4　小结

本小节先以金属掺杂磷钨酸($Sn_{1.5}PW$)、Cu-BTC 为原料,经浸渍法成功制备了不同 $Sn_{1.5}PW$ 负载量复合催化剂。随着 $Sn_{1.5}PW$ 负载量的提高,催化剂表面活性位点逐渐增加,展现出高的催化活性,考虑到催化剂结构、酸性及合成成本等因素,具有较高的酸量和比表面积的 $Sn_{1.5}PW$/Cu-BTC-1 被认为是最佳的催化剂,用于油酸和甲醇的酯化反应中,在最优反应条件为油酸与甲醇摩尔比为 1∶20,催化

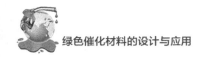

剂用量为 0.2 g，反应时间 4 h，反应温度 160℃ 时可以达到 87.7% 的油酸转化率。另外，$Sn_{1.5}PW/Cu$-BTC-1 催化剂表现出优异的稳定性，可重复使用至少 7 次，并且在前 3 次重复使用中始终保持大于 80% 的转化率。经对 $Sn_{1.5}PW/Cu$-BTC-1 催化剂催化油酸与甲醇的酯化反应的动力学研究发现，所需的活化能（38.3 KJ/mol）较低，且该反应属于化学控制的反应。随后又采用水热法合成了 ZrSiW/Fe-BTC 和 ZrSiW/UiO-66 纳米复合材料，并将其应用于油酸与甲醇的催化酯化反应。与 ZrSiW/Fe-BTC 相比，ZrSiW/UiO-66 纳米复合催化剂具有更高的催化活性，这是由于 ZrSiW/UiO-66 具有更适合酯化反应的结构和高的酸性。以纳米 ZrSiW/UiO-66 为催化剂，在反应温度为 150 ℃、催化剂用量为 0.24 g、油酸与甲醇摩尔比为 1：20、反应时间为 4 h 的条件下，油酸转化率可达 98.0%。此外，ZrSiW/UiO-66 催化剂可重复使用 6 次，油酸转化率仍达 88.9%，转化率仅下降了 9.1%。该催化体系提供了一种廉价、环境友好的金属有机框架负载 Zr 掺杂多金属氧酸盐纳米复合催化剂的合成方法，为工业上制备绿色可再生能源提供了数据参考。

参考文献

Akinfalabi S I，Rashid U，Shean T Y C，et al. Esterification of palm fatty acid distillate for biodiesel production catalyzed by synthesized kenaf seed cake-based sulfonated catalyst[J]. Catalysts，2019，9(5)：482-482.

Araujo R O，da Silva Chaar J，Queiroz L S，et al. Low temperature sulfonation of acai stone biomass derived carbons as acid catalysts for esterification reactions[J]. Energy Conversion and Management，2019，196：821-830.

Azmoon A H，Ahmadpour A，Nayebzadeh H，et al. Fabrication of nanosized SO_4^{2-}/Co-Al mixed oxide via solution combustion method used in esterification reaction：effect of urea-nitrate ratio on the properties and performance[J]. Journal of Nanostructure Chemistry，2019，9：247-258.

Cai J，Yang T T，Yue C Y，et al. Preparation of silver-exchanged heteropolyacid catalyst and its application for biodiesel production[J]. Energy Sources，Part A：Recovery, Utilization, and Environmental Effects，2021，43(1)：96-106.

da Silva M J，de Andrade Leles L C，Ferreira S O，et al. A rare carbon skeletal oxidative rearrangement of camphene catalyzed by Al-exchanged keggin heteropolyacid salts[J]. Chemistry Select，2019，4(26)：7665-7672.

Férey G，Mellot-Draznieks C，Serre C，et al. A chromium terephthalate-based solid with unusually large pore volumes and surface area[J]. Science, 2005, 309(5743): 2040-2042.

Jeona Y, Chia W S, Hwang J, et al. Core-shell nanostructured heteropoly acid-functional-ized metal-organic frameworks: Bifunctional heterogeneous catalyst for efficient biodiesel produc-tion[J]. Applied Catalysis B: Environmental, 2019, 242: 51-59.

Kaur N, Ali A. Preparation and application of $Ce/ZrO_2-TiO_2/SO_4^{2-}$ as solid catalyst for the esterification of fatty acids[J]. Renewable Energy, 2015, 81: 421-431.

Liao X Y, Huang Y F, Zhou Y Q, et al. Homogeneously dispersed HPW/graphene for high efficient catalytic oxidative desulfurization prepared by electrochemical deposition [J]. Applied Surface Science, 2019, 484: 917-924.

Lieu T, Yusup S, Moniruzzaman M. Kinetic study on microwave-assisted esterification of free fatty acids derived from Ceiba pentandra seed oil[J]. Bioresource Technology, 2016, 211: 248-256.

Mazubert A, Taylor C, Aubin J, et al. Key role of temperature monitoring in interpretation of microwave effect on transesterification and esterification reactions for biodiesel production[J]. Bioresource Technology, 2014,161: 270-279.

Nandiwale K Y, Bokade V V. Process optimization by response surface methodology and kinetic modeling for synthesis of methyl oleate biodiesel over $H_3PW_{12}O_{40}$ anchored montmorillon-ite K10[J]. Industrial and Engineering Chemistry Research, 2014, 53(49): 18690-18698.

Nandiwale K Y, Sonar S K, Niphadkar P S, et al. Catalytic upgrading of renewable levulinic acid to ethyl levulinate biodiesel using dodecatungstophosphoric acid supported on desilicated H-ZSM-5 as catalyst[J]. Applied Catalysis A: General, 2013, 460-461: 90-98.

Pasha N, Lingaiah N, Shiva R. Zirconium exchanged phosphotungstic acid catalysts for esterification of levulinic acid to ethyl levulinate[J]. Catalysis Letters, 2019, 149: 2500-2507.

Patel A, Brahmkhatri V. Kinetic study of oleic acid esterification over 12-tungstophosphoric acid catalyst anchored to different mesoporous silica supports[J]. Fuel Processing Technology, 2013, 113: 141-149.

Saravanan K, Tyagi B, Shukla R S, et al. Solvent free synthesis of methyl palmitate over sulfated zirconia solid acid catalyst[J]. Fuel, 2016, 165: 298-305.

Sarno M, Iuliano M. Biodiesel production from waste cooking oil[J]. Green Processing and Synthesis, 2019, 8: 828-836.

Shalini S, Chandra S Y. Economically viable production of biodiesel using a novel heteroge-neous catalyst: Kinetic and thermodynamic investigations[J]. Energy Conversion and Manage-ment, 2018, 171: 969-983.

Viola E, Blasi A, Valerio V, et al. Biodiesel from fried vegetable oils via transesterification by heterogeneous catalysis[J]. Catalysis Today, 2011, 179(1): 185-190.

Xie W L, Wan F. Basic ionic liquid functionalized magnetically responsive $Fe_3O_4@HKUST-1$

composites used for biodiesel production[J]. Fuel, 2018, 220: 248-256.

Yang X L, Qiao L M, Dai W L. One-pot synthesis of a hierarchical microporous-mesoporous phosphotungsticacid-HKUST-1 catalyst and its application in the selective oxidation of cyclopentene to glutaraldehyde[J]. Chinese Journal of Catalysis, 2015, 36: 1875-1885.

Yang Y J, Bai Y, Zhao F Q, et al. Effects of metal organic framework Fe-BTC on the thermal decomposition of ammonium perchlorate[J]. RSC Advances, 2016, 6(71): 67308-67314.

Zhang D Y, Duan M H, Yao X H, et al. Preparation of a novel cellulose-based immobilized heteropoly acid system and its application on the biodiesel production[J]. Fuel, 2016, 172: 293-300.

Zhang M, Shang Q G, Wan Y Q, et al. Self-Template Synthesis of Double-Shell TiO_2@ ZIF-8 Hollow Nanospheres via Sonocrystallization with Enhanced Photocatalytic Activities in Hydrogen Generation[J]. Applied Catalysis B: Environmental, 2018, 241: 149-158.

Zhang Q Y, Lei D D, Luo Q Z, et al. Efficient biodiesel production from oleic acid using metal-organic frameworks encapsulated Zr-doped polyoxometalates nano-hybrids [J]. RSC Advances, 2020b, 10: 8766-8772.

Zhang Q Y, Ling D, Lei D D, et al. Green and facile synthesis of metal-organic framework Cu-BTC supported Sn (Ⅱ)-substituted Keggin heteropoly composites as esterification nanocatalyst for biodiesel production[J]. Frontiers in Chemistry, 2020a, 8, 129.

Zhang Q Y, Ling D, Lei D D, et al. Synthesis and catalytic properties of nickel salts of keggin-type heteropolyacids embedded metal-organic framework hybrid nanocatalyst[J]. Green Processing and Synthesis, 2020c, 9(1): 131-138.

Zhang Q Y, Wei F F, Li Q, et al. Mesoporous $Ag_1 (NH_4)_2 PW_{12} O_{40}$ heteropolyacids as effective catalysts for the esterification of oleic acid to biodiesel[J]. RSC Advances, 2017, 7: 51090-51095.

第6章 MOFs衍生金属氧化物固载多酸的合成及应用

MOFs具有丰富的有机支撑物的高度有序的多孔结构及规则排列的金属节点,可作为模板或前驱体,在适当的热解条件下能衍生得到大比表面积和高孔隙率的多孔金属氧化物材料,在催化领域有着重要的应用价值。本章采用水热法合成锆基金属有机框架(UiO-66)负载的硅钨酸(HSiW),以其作为前驱体,经不同温度煅烧后得到 HSiW@ZrO$_2$复合催化剂,通过 XRD、FTIR、SEM、TEM、氮气吸附-脱附及 NH$_3$-TPD 等技术手段对复合催化剂的物理化学性能进行了表征,并考查其催化活性及稳定性(Zhang 等,2021)。

6.1 实验部分

6.1.1 主要试剂

对苯二甲酸(H$_2$-BDC,AR),硅钨酸(H$_4$SiW$_{12}$O$_{40}$,HSiW,AR),购于阿拉丁试剂有限公司;氯化锆(ZrCl$_4$,AR),油酸(C18:1,AR),N,N-二甲基甲酰胺(DMF,AR),购于国药集团化学试剂有限公司。

6.1.2 催化剂的合成及表征方法

HSiW@UiO-66 前驱体的合成:称取 0.51 g ZrCl$_4$和 0.57 g HSiW 溶于 18 mL DMF 中,室温下搅拌 1 h,随后将 0.327 5 g H$_2$-BDC 加入上述溶液中,搅拌均匀后转至高压水热釜 120 ℃水热反应 6 h,反应结束后高压水热釜冷却至室温后离心收集样品,并用 DMF 及无水乙醇洗涤数次,得到的前驱体 80 ℃干燥 24 h 后

于干燥器保存,记为 HSiW@UiO-66。

UiO-66 衍生的金属氧化物负载 HSiW 的合成:将上述得到 HSiW@UiO-66 前驱体样品放入管式炉中,在空气氛围下以 5 ℃/min 的加热速率升温至 300 ℃、400 ℃、500 ℃维持 2 h,等管式炉冷却到室温后便得到复合催化剂样品,放入干燥器备用。三个热解温度得到的复合催化材料分别命名为 HSiW@ZrO₂-300、HSiW@ZrO₂-400、HSiW@ZrO₂-500。

催化剂样品 X 射线粉末衍射谱(XRD)经 Bruker D8 ADVANCE 型 X 射线衍射仪检测,条件为 Cu Kα($\lambda = 1.540\ 6$ Å)源,电压:40 kV,电流:30 mA,步长为 0.02,检测后扣除背景;使用扫描电子显微镜(SEM)用来观察样品表面结构,仪器为日本日立公司(Hitachi S4800);使用透射电子显微镜(TEM)用来观察样品内部结构,仪器为美国 FEI 公司透射电镜(FEI Tecnai G2 20),样品前处理方法为催化剂样品粉末超声辅助分散于无水乙醇,碳铜栅格(使用前 80 ℃真空干燥)浸入悬浮液中;样品程序升温脱附(NH₃-TPD)于 AutoChem Ⅱ 2920 化学分析仪上测得,吸附前,将 50 mg 样品放于 U 形管中,于 473 K,氮气流下吹扫 1 h,随后降到 323 K,在 NH₃/Ar(体积分数,10%)下吸附 1.0 h,物理吸附的氨气在 323 K 下,经纯氮气吹扫 1 h,升温速率为 10 K/min,终止温度为 973 K,TCD 检测 NH₃ 脱附信号;PerkinElmer 100 型傅立叶红外光谱仪(FTIR)用于催化剂样品官能团的鉴定,仪器为珀金埃尔默仪器(上海)有限公司;样品比表面积在 Quadrasorb evoTM 全自动比表面和孔隙度分析仪上测得,利用 BET 法在 $P/P_0 = 0.05 \sim 1.0$ 得到比表面积,平均孔径由 BJH 法得到。

6.1.3 催化性能评价

在 50 mL 不锈钢高压反应釜中,加入一定量的油酸和计算量的无水甲醇,随后加入适量的纳米复合催化剂和磁力搅拌子置于油浴中,在设定温度下反应一定的时间。每次反应结束后,将反应釜从油浴中取出,冷却至室温,通过高速离心机(8 000 r/min,5~7 min)离心回收催化剂,去除多余的甲醇和水,得到油酸甲酯产品。按《动物和植物的脂肪和油 酸值和酸度测定》(ISO 660—2009)测定原料酸值及产物酸值,并由反应前后酸值的变化计算油酸的转化率。

6.2 催化剂的表征

对 HSiW@UiO-66、HSiW@ZrO₂-300、HSiW@ZrO₂-400、HSiW@ZrO₂-500

样品进行了 XRD 测试,如图 6-1 和图 6-2 所示。根据以前的表征结果(Zhang 等,2019),添加 HSiW 到 UiO-66 框架后,HSiW@UiO-66 较好的保留了 UiO-66 原有结构。从 HSiW@ZrO_2-300 和 HSiW@ZrO_2-400 的 XRD 曲线可以看到,在 15°～35°处出现一个宽的衍射峰,这是表明存在无定形的 ZrO_2(a-ZrO_2)和正方 ZrO_2(t-ZrO_2)(Liu 等,2020a);另外,一个强的衍射峰在 7.2°处是被观察到,而 UiO-66

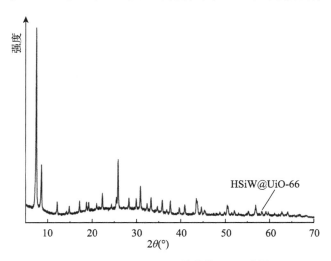

图 6-1 HSiW@UiO-66 样品的 XRD 谱图

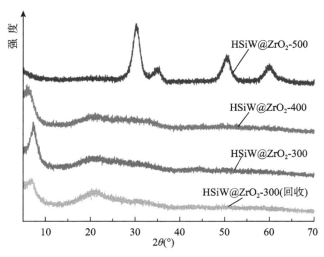

图 6-2 HSiW@ZrO_2-300、HSiW@ZrO_2-400、HSiW@ZrO_2-500
及回收的 HSiW@ZrO_2-300 催化剂的 XRD 谱图

其他衍射峰均消失,表明在热解温度为 300 ℃、400 ℃时,UiO-66 部分分解为 ZrO$_2$。而对于 HSiW@ZrO$_2$-500 样品,在 30.3°、34.8°、50.6°、60.0°处有明显的特征衍射峰,对应的是正方 ZrO$_2$(JCPDS 卡片编号:88-1007)(Lu 等,2020),说明增加热解温度会使 UiO-66 的结构更完全的分解。

图 6-3 为各催化剂的 FTIR 谱图,由图可知,对于 HSiW@UiO-66 样品,在 1 660 cm^{-1}处的特征峰归属为羧基中碳氧双键 C=O 的振动吸收,但 HSiW@UiO-66 经不同温度热解得到样品在 1 660 cm^{-1}处没有出峰,表明 UiO-66 框架经热解转化为 ZrO$_2$,且在 450~800 cm^{-1}处的吸收峰归属为 Zr-O 或 Zr-O-Zr 的特征振动峰(Zolfagharinia 等,2020;Fan 等,2018)。另外,在 HSiW@ZrO$_2$-300 和 HSiW@ZrO$_2$-400 的 FTIR 曲线上能明显看到 Keggin 型结构特征吸收峰(884 cm^{-1}(W-O$_c$-W) and 808 cm^{-1}(W-O$_e$-W))(Parida 等,2007;Zhang 等,2020),而对于 HSiW@ZrO$_2$-500 样品,没有观察到这 2 个峰,表明热解温度为 500 ℃时,HSiW 的 Keggin 型结构遭到破坏,这是说明在热解温度为 300 ℃、400 ℃时,HSiW 仍附着在复合物上,Keggin 型框架结构没有受到破坏。

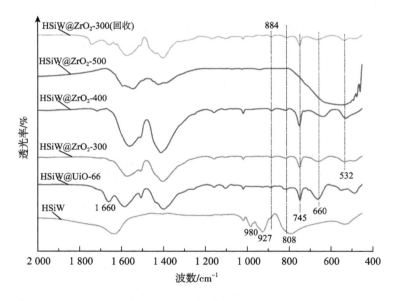

图 6-3   HSiW、HSiW@UiO-66、HSiW@ZrO$_2$-300,HSiW@ZrO$_2$-400、HSiW@ZrO$_2$-500、回收的 HSiW@ZrO$_2$-300 催化剂的 FTIR 谱图

图 6-4 为热解前及不同煅烧后样品的 SEM 谱图,从图中可知,经热解后,催化剂呈现圆球状,且颗粒尺寸从 0.2 μm 增加到 1.0 μm,这是可能是由于热解过程中

原有框架结构中的孔洞减少、有机配体的分解及生成了 ZrO₂ 所致（Chen 等，2021；Wang 等，2021）。同时，从 SEM 图也可以看出随着热解温度的增加，颗粒之间趋于聚集，所以选择 300 ℃ 为较合适的热解温度。

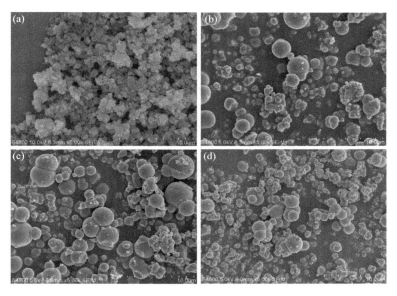

图 6-4　（a）HSiW@UiO-66、（b）HSiW@ZrO₂-300、（c）HSiW@ZrO₂-400、（d）HSiW@ZrO₂-500 样品的 SEM 图

图 6-5 为热解前及 300 ℃ 热解后样品的 TEM 谱图，从图中可知，由于颗粒间的堆积，合成的样品能够明显观察到多孔结构。另外，从 HSiW@ZrO₂-300 样品的 TEM 图可知，该样品呈现为球形，且样品中大颗粒的周围被一些较小的颗粒附着，这是由于 UiO-66 框架在热处理过程中部分分解所致（Sun 等，2020）。

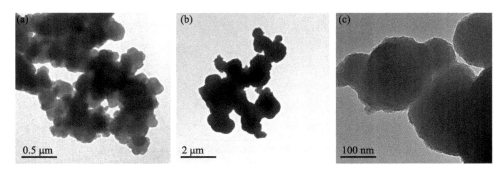

图 6-5　（a）HSiW@UiO-66 和（b，c）HSiW@ZrO₂-300 样品的 TEM 图

　　图 6-6 为热解前后所得到的催化剂的氮气吸附-脱附等温线和孔径分布图。从图中可以看到,热解前后催化剂样品都具有 I 型吸附-脱附等温线,表明催化剂存在微孔结构,这可能由于样品中粒子间的相互堆积所致;同时,热解前后等温线上的滞后回线没有明显的变化,说明热解 HSiW@UiO-66 后原有的 UiO-66 结构在一定程度上得到保留。另外,HSiW@UiO-66 的比表面积、孔容、平均孔径分别为 758.3 m²/g、0.438 cm³/g、2.3 nm,而 HSiW@ZrO₂-300 的比表面积、孔容、平均孔径分别为 338 m²/g、0.212 cm³/g、2.5 nm;相对于 HSiW@UiO-66 来看,热解后的样品仍具有一个大的比表面积利于催化酯化反应,同时样品的孔径增大,说明热解过程中 HSiW 的存在抑制了 UiO-66 框架的过度收缩和颗粒间空腔的形成(Sun 等,2020;Liu 等,2020b)。

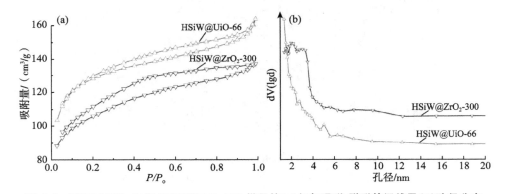

图 6-6　HSiW@UiO-66 和 HSiW@ZrO₂-300 样品的(a)氮气吸附-脱附等温线及(b)孔径分布

　　图 6-7 为 HSiW@ZrO₂-300 复合催化剂的 NH₃-TPD 谱图。从图中可知,该

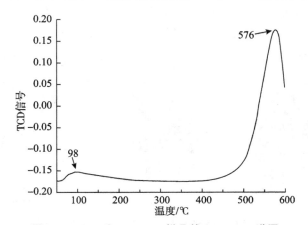

图 6-7　HSiW@ZrO₂-300 样品的 NH₃-TPD 谱图

催化剂呈现两个吸收峰,98 ℃ 及 576 ℃ 分别对应弱酸性位点及中等强度酸性位;同时,HSiW@ZrO$_2$-300 具有较高的 NH$_3$ 脱附量(6.2 mmol/g)。表明 HSiW@-ZrO$_2$-300 具有相对高的酸性。

6.3　不同催化剂催化活性评估

在油酸与甲醇摩尔比为 1∶20、0.15 g 催化剂、反应温度 160 ℃ 的条件下,考查了不同煅烧温度催化剂的催化活性(图 6-8)。结果显示,在不同的反应时间,HSiW@ZrO$_2$-300 的催化活性均高于 HSiW@ZrO$_2$-400 及 HSiW@ZrO$_2$-500。另外,从 SEM 表征分析可知,热解温度的增加,颗粒之间趋于聚集,这不利于反应的进行。因此,HSiW@ZrO$_2$-300 作为进一步研究的催化剂用于后续的研究。

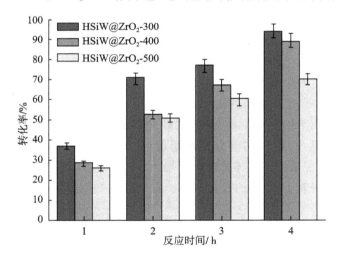

图 6-8　不同煅烧温度样品的催化活性比较

6.4　油酸与甲醇酯化反应条件优化

在 HSiW@ZrO$_2$-300 催化剂用量为 0.15 g、油酸与甲醇摩尔比为 1∶20 的条件下,研究了反应温度对酯化反应的影响,研究结果如图 6-9 所示。从图中可以看出,随着反应温度的增加,油酸转化率随之增加。在 160 ℃ 条件下反应 5 h 时,油酸的转化率 95.4%。

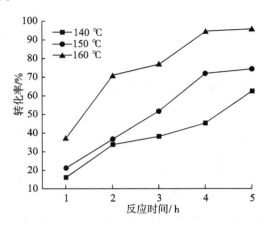

图 6-9 反应温度对酯化反应的影响

图 6-10 为油酸与甲醇摩尔比及催化剂用量对酯化反应的影响。从图 6-10(a)可以看出,随着甲醇含量的增加,酯化反应的转化率也是随之增加的;但反应时间为 4 h 时,油酸与甲醇摩尔比为 1∶20、1∶30 时,油酸转化率增加不大,从经济角度看,1∶20 为本研究中所选的油酸与甲醇摩尔比。从图 6-10(b)可以看出,催化剂用量增加,催化活性位点增加,油酸的转化率也随之增加;但在反应时间为 4 h时,0.15 g 催化剂用量与 0.2 g 催化剂用量,油酸的转化率相差不大,考虑到过量的催化剂可能会使酯化反应体系的黏度增大,非均相催化剂和液相反应物之间的传质阻力增大,限制了反应的进行。为此,最佳催化剂用量为 0.15 g。

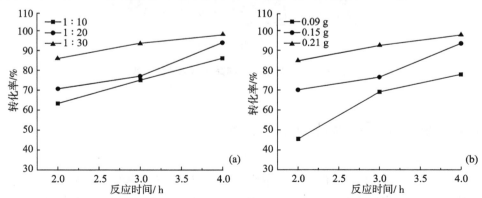

图 6-10 (a)油酸与甲醇摩尔比(反应条件:催化剂用量为 0.15 g、反应温度为 160 ℃)及(b)催化剂用量(反应条件:反应温度为 160 ℃、油酸与甲醇摩尔比为 1∶20)对酯化反应的影响

6.5　催化剂的重复使用性研究

在 HSiW@ZrO$_2$-300 催化剂用量为 0.15 g、油酸与甲醇摩尔比为 1∶20、反应温度 160 ℃的条件下反应 4 h,对 HSiW@ZrO$_2$-300 的稳定性进行了深入的讨论,结果见图 6-11。由图可知,9 次使用后,HSiW@ZrO$_2$-300 催化酯化反应的转化率由原有 94.0% 下降为 82.6%,保持着较高的催化活性,这可能是由于 UiO-66 热解后的产物与 HSiW 有一个强的相互作用,减少了活性物质的浸出。通过对比重复使用前后催化剂的 XRD 及 FTIR 谱图(图 6-2、图 6-3)可知,催化剂的结构基本没有发生变化;并且通过热过滤实验[图 6-11(b)],可以证明 HSiW@ZrO$_2$-300 在催化反应过程的行为是典型的异相催化行为,无活性位点流失。而催化剂经 9 次重复使用下降的活性可能归结为每次回收催化剂过程中少部分催化剂的损失。基于以上分析,纳米多孔 HSiW@ZrO$_2$-300 催化剂具有良好的稳定性。

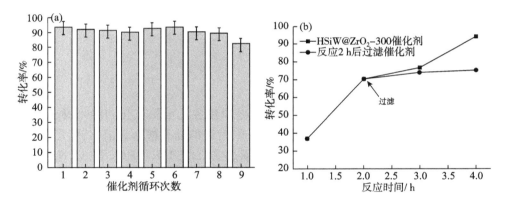

图 6-11　(a) HSiW@ZrO$_2$-300 催化剂的重复使用性研究及(b)热过滤实验

6.6　HSiW@ZrO$_2$-300 催化高酸值非粮油料酯化反应

为了节约合成生物柴油成本,一般采用廉价的非粮油料作为原料,但非粮油料通常含有较多的游离脂肪酸,此时需要对其进行预酯化处理,才能用于下一步酯交换合成生物柴油。因此,研究了 HSiW@ZrO$_2$-300 催化高酸值麻疯树油与甲醇的酯化反应,由图 6-12 可知:当反应 4 h 时,高酸值麻疯树油预酯化反应的转化率达

81.8%，表明 HSiW@TiO₂ 催化剂还能适用于催化高酸值油料的预酯化反应。

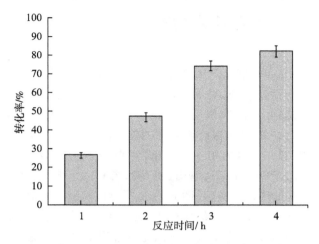

图 6-12　HSiW@ZrO₂-300 催化高酸值麻疯树油预酯化反应（反应条件：
反应温度为 160 ℃、油与甲醇摩尔比为 1∶50、催化剂用量为 0.15 g）

6.7　小结

　　将 MOFs 作为前驱体进行热解可衍生制备多孔金属氧化物纳米材料，基于此，采用水热法制备了金属有机框架 UiO-66 封装的硅钨酸作为前驱体，经热解后得到纳米多孔 HSiW@ZrO₂ 复合催化剂，通过 XRD、FTIR、SEM、TEM、N₂ 吸附脱附及 NH₃-TPD 等技术手段对催化剂的物理化学性能进行了表征，并用于催化油酸与甲醇的酯化反应，考查其催化活性及稳定性。结果表明，HSiW@ZrO₂-300 复合催化剂呈球形，且颗粒间分散度较好，具有高的比表面积及高的酸性，在最佳工艺条件下，催化油酸与甲醇酯化反应，其转化率可达 94.0%。此外，HSiW@ZrO₂-300 复合催化剂可重复使用 9 次，油酸转化率仍达 82.6%，表明复合催化剂的重复使用性能较好。

 参考文献

Chen Y，Li S T，Lv S Y，et al. A novel synthetic route for MOF-derived CuO-CeO₂ catalyst with remarkable methanol steam reforming performance[J]. Catalysis Communications，

2021，149：106215.

Fan M M，Liu H，Zhang P B. Ionic liquid on the acidic organic-inorganic hybrid meso-porous material with good acid-water resistance for biodiesel production[J]. Fuel，2018，215：541-550.

Liu D S，Li M N，Li X C，et al. Core-shell Zn/Co MOFs derived Co_3O_4/CNTs as an efficient magnetic heterogeneous catalyst for persulfate activation and oxytetracycline degradation [J]. Chemical Engineering Journal，2020，387：124008.

Liu T K，Hong X L，Liu G L. In situ generation of the Cu@3D-ZrO_x framework catalyst for selective methanol synthesis from CO_2/H_2[J]. ACS Catalysis，2020，10：93-102.

Lu N Y，Zhang X L，Yan X L，et al. Synthesis of novel mesoporous sulfated zirconia nanosheets derived from Zr-based metal-organic frameworks[J]. Cryst Eng Comm，2020，22：44-51.

Parida K M，Mallick S. Silicotungstic acid supported zirconia：An effective catalyst for esterification reaction[J]. Journal of Molecular Catalysis A：Chemical，2007，275：77-83.

Sun H，Yu X L，Ma X Y，et al. MnO_x-CeO_2 catalyst derived from metal-organic frameworks for toluene oxidation[J]. Catalysis Today，2020，355：580-586.

Wang H Y，Fu W Y，Chen Y W，et al. ZIF-67-derived Co_3O_4 hollow nanocage with efficient peroxidase mimicking characteristic for sensitive colorimetric biosensing of dopamine[J]. Spectrochimica Acta Part A：Molecular and Biomolecular Spectroscopy，2021，246：119006.

Zhang Q Y，Lei D D，Luo Q Z，et al. Efficient biodiesel production from oleic acid using metal-organic framework encapsulated Zr-doped polyoxometalate nano-hybrids［J］. RSC Advances，2020，10：8766-8772.

Zhang Q Y，Lei D D，Luo Q Z，et al. MOF-derived zirconia-supported Keggin heteropoly acid nanoporous hybrids as a reusable catalyst for methyl oleate production[J]. RSC Advances，2021，11：8117-8123.

Zhang Q Y，Yang T T，Liu X F，et al. Heteropoly acid-encapsulated metal-organic framework as a stable and highly efficient nanocatalyst for esterification reaction[J]. RSC Advances，2019，9：16357-16365.

Zolfagharinia S，Kolvari E，Koukabi N，et al. Core-shell zirconia-coated magnetic nanoparticles offering a strong option to prepare a novel and magnetized heteropolyacid based heterogeneous nanocatalyst for three- and four-component reactions[J]. Arabian Journal of Chemistry，2020，13：227-241.

缩略词说明

1,3,5-H_3BTC：1,3,5-benzenetricarboxylic acid,均苯三甲酸

^{31}P NMR：^{31}P nuclear magnetic resonance,^{31}P 核磁共振磷谱

AFM：atomic force microscope,原子力显微镜

ASTM：American Society of Testing Materials,美国材料与试验协会

BBD：Box-Behnken design,中心组合实验设计

BET：brunner-emmet-teller surface area,BET 比表面积

CCD：central composite design,中心复合设计

CCDC：Cambridge Crystallographic Data Center,英国剑桥晶体数据中心

CNTs：carbon nanotubes,碳纳米管

CTAB：cetyl trimethyl ammonium bromide,溴化十六烷基三甲铵

Cu-BTC：HKUST-1,铜基金属有机框架材料

DEC：diethyl carbonate,碳酸二乙酯

DFT：density functional theory,密度泛函理论

DMC：dimethyl carbonate,碳酸二甲酯

DMSO：dimethylsulfoxide,二甲基亚砜

EC：ethylene carbonate,碳酸乙烯酯

EDX：energy dispersive X-ray spectroscopy,能量色散 X 射线光谱仪

EMC：ethyl methyl carbonate,乙基甲基碳酸酯

EN：European standards,欧洲标准

FA：formic acid,甲酸

FAEE：fatty acid ethyl esters,脂肪酸乙酯

FAME：fatty acid methyl ester,脂肪酸甲酯

FFAs：free fatty acids,游离脂肪酸

FTIR：Fourier transform infrared spectrometer,傅立叶变换红外光谱

GB/T：推荐性国家标准

GC/MS：gas chromatography/mass spectrometry，气相色谱-质谱联用仪

GO：graphene oxide，氧化石墨烯

GQD：graphene quantum dot，石墨烯量子点

H_2BDC：terephthalic acid，对苯二甲酸

H_2-TPR：H_2-temperature programmed reduction，H_2程序升温还原分析

HKUST：Hong Kong University of Science and Technology，香港科技大学

HMF：5-hydroxymethylfurfural，5-羟甲基糠醛

HPW（PTA、TPA）：$H_3[P(W_3O_{10})_4]\cdot xH_2O$，磷钨酸

HRTEM：high resolution transmission electron microscope，高分辨率的透射电镜

IL：ionic liquid，离子液体

ISO：International Organization for Standardization，国际标准化组织

LA：levulinic acid，乙酰丙酸

MILs：material of Institute Lavoisier，拉瓦锡材料研究所框架

MOF：metal-organic framework，金属有机框架

MOFs：metal-organic frameworks，金属有机框架材料

NH_3-TPD：ammonia temperature programmed desorption，氨气程序升温脱附分析

NMR：nuclear magnetic resonance，核磁共振磷谱

P123：poly (ethylene oxide)-poly (propylene oxide)-poly (ethylene oxide) triblock copolymer，聚环氧乙烷-聚环氧丙烷-聚环氧乙烷三嵌段共聚物

POMs：polyoxometalates，多金属氧酸盐

PVP：polyvinyl pyrrolidone，聚乙烯吡咯烷酮

Py-FTIR：pyridine-fourier transform infrared spectrometer，吡啶吸附的傅立叶变换红外光谱

rGO：reduced graphene oxide，还原氧化石墨烯

RSM：response surface method，响应曲面法

SA：stearic acid，硬脂酸

SAA：surface area analysis，比表面积分析

SEC：specific energy consumption，能量比耗

SEM：scanning electron microscopy，扫描电镜分析

SEM-EDAX：scanning electron microscope-energy dispersive X-ray analysis,

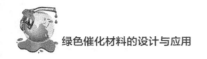

带能谱分析的环境扫描电镜分析

SPC：self-propagating combustion，自蔓延燃烧法

SWCNTs：single-walled carbon nanotubes，单壁纳米碳管

TEM：transmission electron microscope，透射电镜分析

TG（TGA）：thermogravimetric analysis，热重分析

UiO：University of Oslo，奥斯陆大学

ULSD：ultra low sulfur diesel，超低硫柴油

VSM：vibrating sample magnetometer，振动样品磁强计

WFO：waste frying oil，废煎炸油

XPS：X-ray photoelectron spectroscopy，X 射线光电子能谱

XRD：X-ray diffraction，X 射线衍射分析

ZIFs：zeolitic imidazolate frameworks，沸石咪唑酯框架

γ-GVL：γ-valerolactone，γ-戊内酯